Ideenbuch

Wolfgang Raith
Armin Scharf

der Maltechniken

Deutsche Verlags-Anstalt, Stuttgart
Julius Hoffmann Verlag

Die Deutsche Bibliothek - CIP-Einheitsaufnahme

Ideenbuch der Maltechniken /
Wolfgang Raith ; Armin Scharf. - 2. Aufl. -
Stuttgart : Deutsche Verlags-Anstalt ;
Stuttgart : Hoffmann, 1999
ISBN 3-421-03132-0

2. Auflage 1999

Lektorat: Renate Jostmann
Typografische Gestaltung: Brigitte Müller
Druck: Süddeutscher Zeitungsdienst, Aalen
Bindearbeit: Großbuchbinderei Monheim, Monheim
Printed in Germany

ISBN 3-421-03132-0

Inhalt

Vorwort **6**

Glanz und Tiefe **9**

Natürlichkeit und Archaik **17**

Leichtigkeit und Ferne **23**

Flimmern und Farbenspiel **31**

Struktur und Duktus **39**

Wohnen **45**

Essen und Trinken **67**

Einkaufen **79**

Ausstellen **91**

Arbeiten **101**

Heilen **119**

Lernen **131**

Fassade **141**

Objektdaten **152**

Fotonachweis **157**

Stichwortverzeichnis **158**

Vorwort

Farben, Strukturen, Material: Immer ist die Wand mehr als nur ein Teil der Architektur, das Räume definiert, abschließt und trennt. Wände sind auch Schmuckflächen – mal puristisch, mal überreich dekoriert; je nach ästhetischer Auffassung und formaler Bedeutung. Wände prägen die Räume und geben ihnen Atmosphäre. Ihre Gestaltung spiegelt das übergeordnete architektonische Konzept wider oder drückt das Lebensgefühl derer aus, die sich in diesen Räumen bewegen.

Stilisierung, Raumdramaturgie, Ästhetizismus oder Archaik – die Spielarten der Wandgestaltung sind vielfältig, und das nicht erst seit einigen Jahren, sondern bereits während vergangener Epochen der Kunst- und Kulturgeschichte. Dennoch: In der letzten Dekade erfreuten sich Dekoration und Ornament eines neuen Ansehens. Was bis dahin als unehrlich und vordergründig galt, erfuhr mit dem einsetzenden Wertewandel der achtziger Jahre eine Renaissance. Man besann sich erneut der Tradition der Dekorationsmalerei. Zunächst wurden die alten Methoden aufgegriffen, die in der Denkmalpflege nie ganz verloren waren. Doch der »Markt« verlangte bald nach neuen, modernen Ausdrucksformen, Verfahren und Materialien, die einem zeitgemäßen Kontext entsprachen.

Zur Neuinterpretationen überlieferter Maltechniken gesellen sich in der Zwischenzeit immer mehr Techniken, die neue Materialien, neue Farbkombinationen, haptische wie optische Effekte kombinieren und so das Repertoire an handwerklich herstellbaren Oberflächen enorm anwachsen lassen.

Doch gerade diese Fülle erschwert oft die richtige Lösung der gestalterischen Aufgabe. Beliebigkeit statt gezielter Abstimmung, uniforme Reproduktion statt individueller Variation und qualitative Verflachung durch mangelnde Fähigkeit bei Planung und Ausführung sind negative Nebeneffekte dieser »Wiederentdeckung« handwerklicher Kunstfertigkeit. Schon mit unserem ersten Buch »Kreative Maltechniken« gaben wir daher Hilfestellung – vor allem für die praktische Umsetzung. In der Zwischenzeit kamen ganz neue Techniken und Materialien auf den Markt; so verschob sich beispielsweise das Interesse immer weiter in Richtung mineralischer Systeme – vor allem Kalk wurde als ökologisch sinnvolles Bindemittel für Lasuren oder Glättetechniken wiederentdeckt. Mit dem »Ideenbuch der Maltechniken« tragen wir dieser Entwicklung Rechnung; es stellt weniger eine praktische Anleitung dar, sondern ist eine Bestandsaufnahme und ein Beratungsbuch für Gestalter. Es bietet einen Überblick über die ästhetischen Wirkungen verschiedener Maltechnikfamilien und zeigt anhand dieser Familien die prädestinierten Anwendungskontexte und Farbstellungen auf. Auf diesen ersten Buchabschnitt folgt die umfangreiche Vorstellung einzelner Umsetzungen – untergliedert nach Gestaltungsaufgaben und Objekttypen. Diese beispielhafte Präsentation dokumentiert die Bandbreite, die Spielarten und auch die Verbreitung aktueller Maltechniken.

Unser Dank gilt all jenen, die uns mit Informationen, Materialien sowie mit Fotos bedachten und so erst die Realisierung dieses Gemeinschaftsprojekts ermöglichten.

Wolfgang Raith und
Armin Scharf,
im Februar 1997

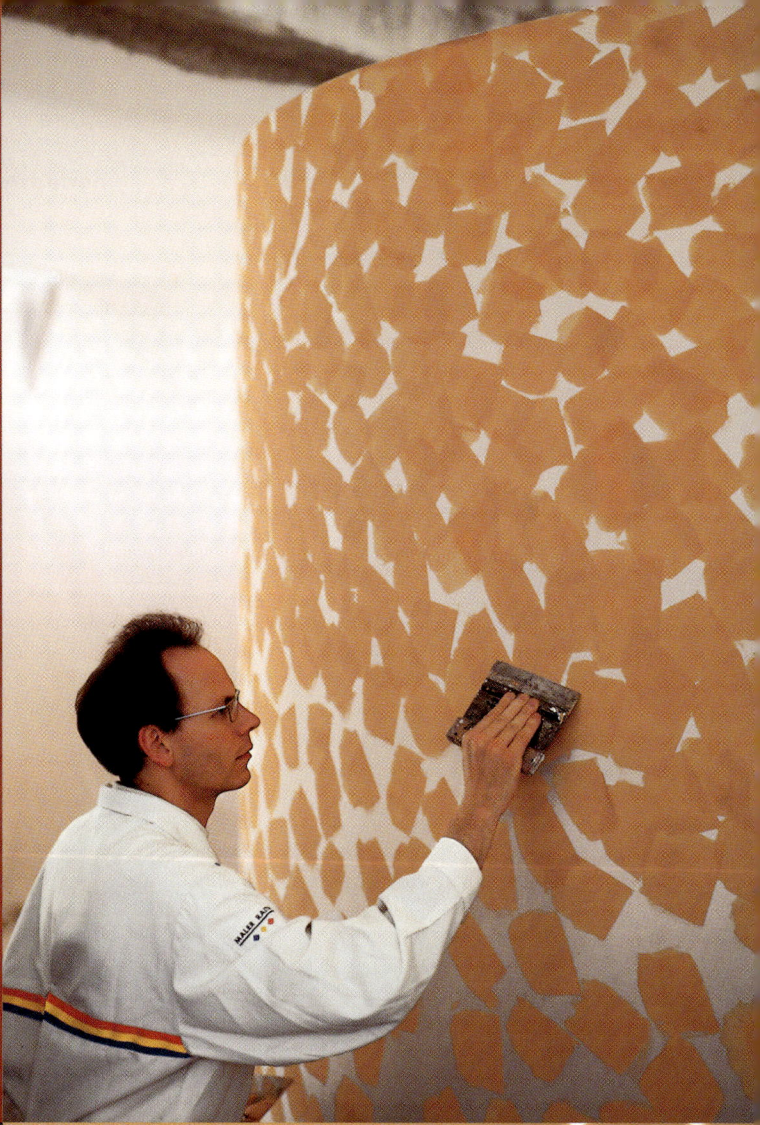
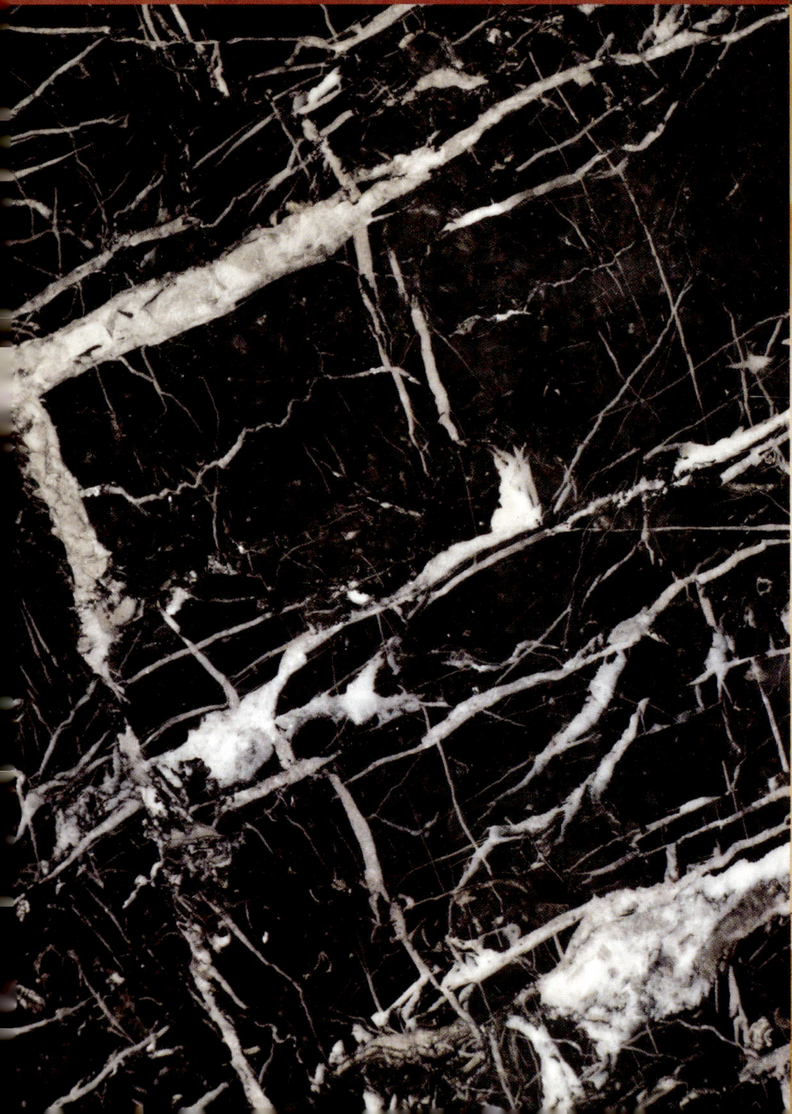
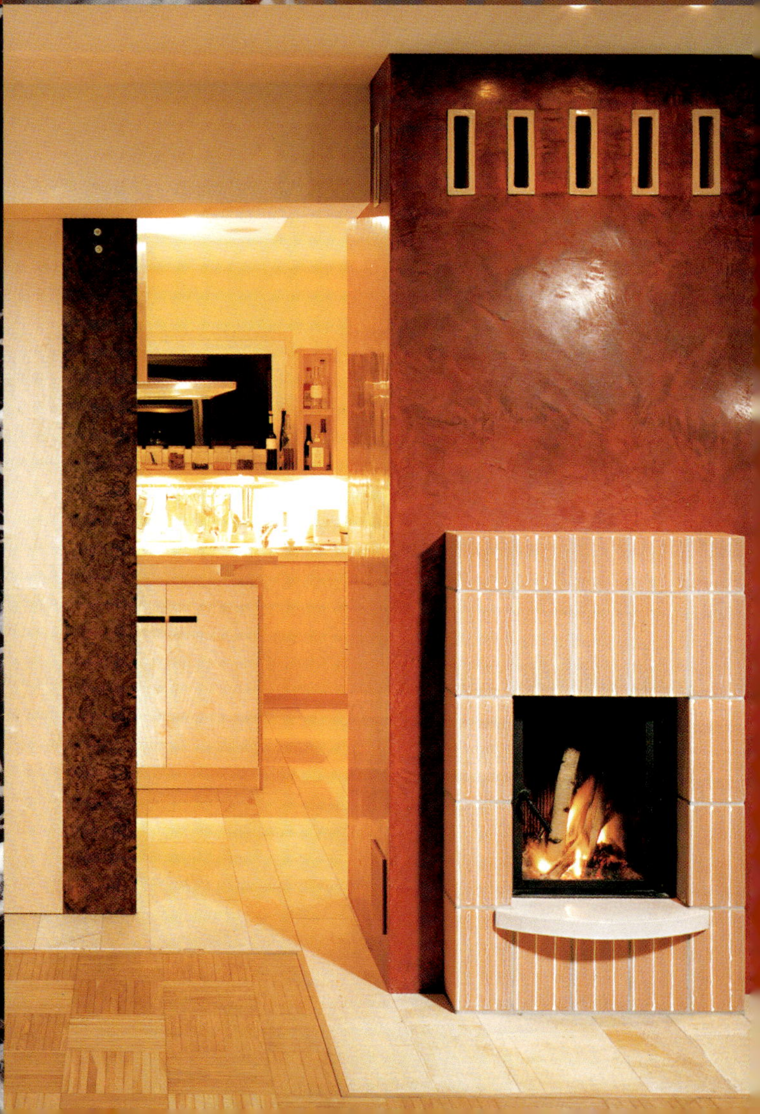

GLANZ UND TIEFE

Glättetechniken

Zu den elegantesten Vertreterinnen der Maltechniken gehören die Glättetechniken. Sie verleihen Räumen Festlichkeit und Würde und zeigen ein faszinierendes Wechselspiel mit Lichtreflexionen aus tieferliegenden Farbschichten und Spiegelungen an der Oberfläche.

Um Räume zu schaffen,die Eleganz ausstrahlen, wurden seit jeher solche Materialien eingesetzt, die durch besondere handwerkliche Techniken eine differenzierte, das heißt verfeinerte Ästhetik aufwiesen. Marmorsäulen, geschliffene Hölzer oder Böden aus poliertem Granit sind nur einige Beispiele dafür. Generationen von Künstlern und Handwerkern waren damit beschäftigt, Rohes zu veredeln und den Wert natürlicher Materialien durch Bearbeitung zu steigern.

Allem Glänzenden und Transparenten bringt man bis heute eine besondere Wertschätzung entgegen, sind dies doch Materialeigenschaften, wie sie in der Natur selten vorkommen. Ein naturbelassener Edelstein ist zunächst ein vergleichsweise unansehnliches Fundstück, erst in der Hand des Juweliers wird er, mit dem richtigen Schliff versehen, zu jener begehrten Kostbarkeit, mit der

In dieser eleganten Kantine bildet eine Glättetechnik in dunklen, kühlen Blautönen den repräsentativen Rahmen. Das hell ausgeleuchtete Spirituosenangebot erscheint neben diesem kühlen Farbton ausgesprochen warm betont.

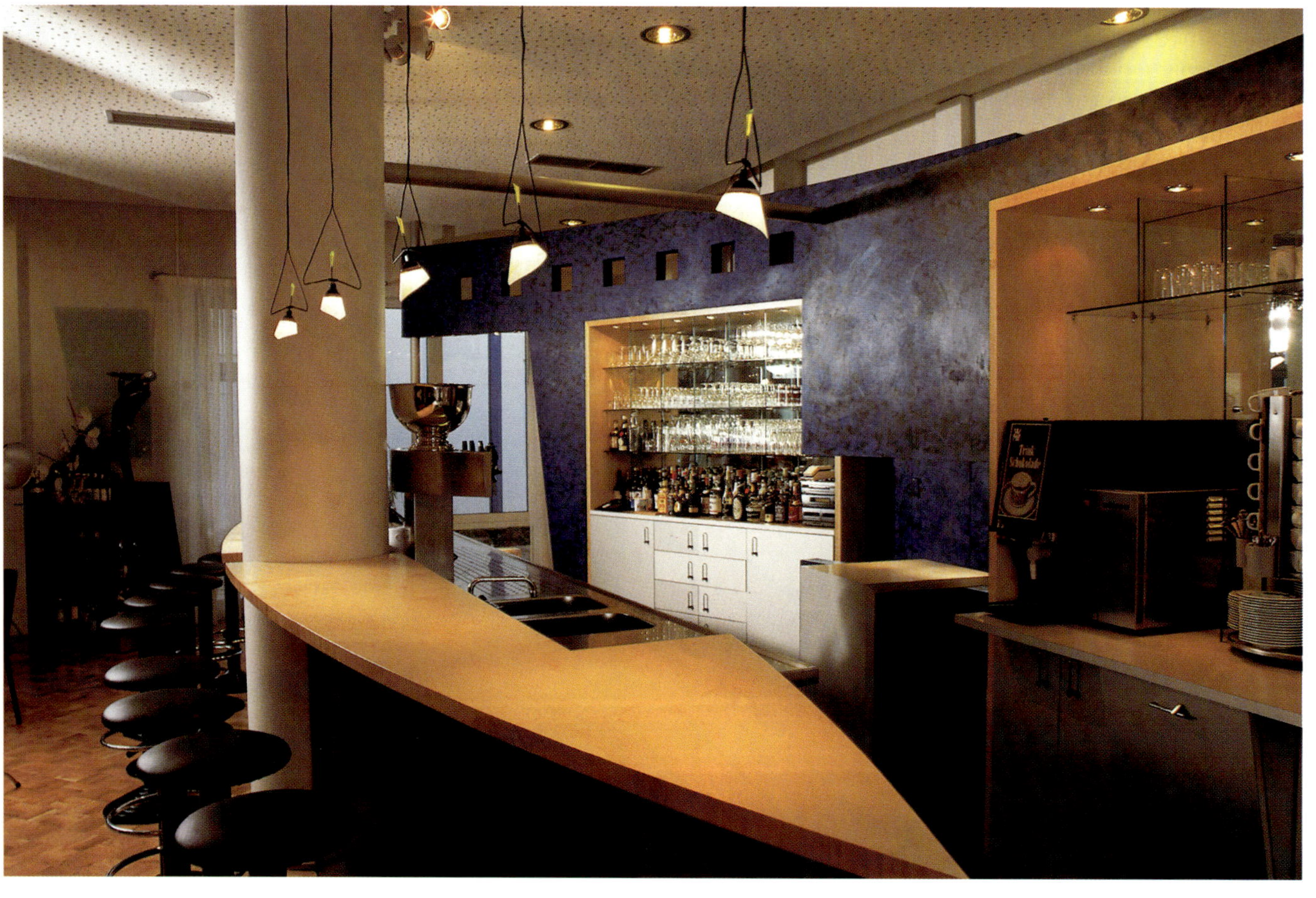

Kalkglättetechniken bieten auch im Außenbereich interessante Möglichkeiten der Inszenierung.
Mit der richtigen Beleuchtung entfalten sie auch nachts ihre noble Schönheit.

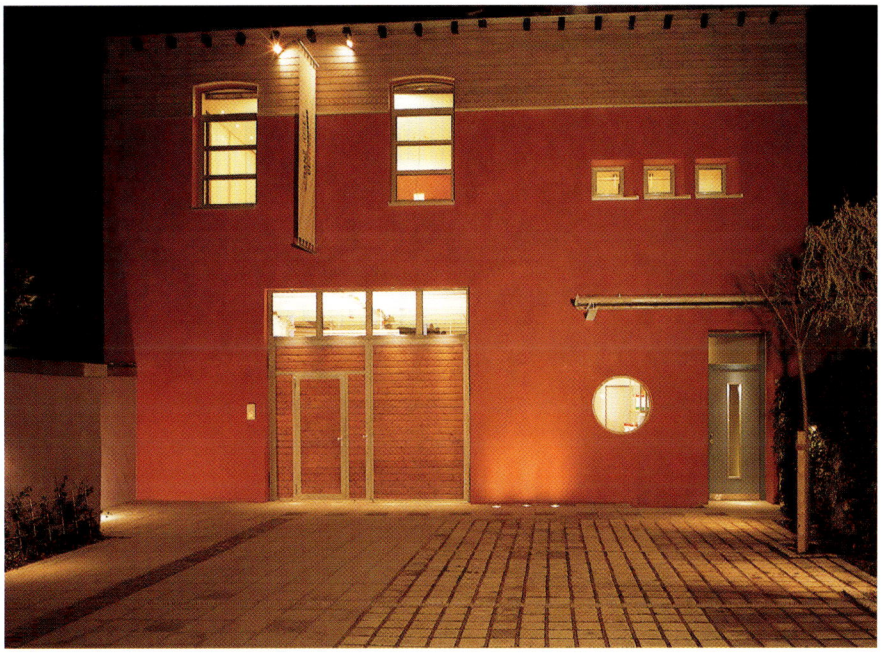

wir uns gerne schmücken. Die eigentliche Stofflichkeit des Steins ist zugunsten einer höheren ästhetischen Idee überwunden worden.

Auf die Wand übertragen, bedeutet dies, daß handwerkliche Gestaltungstechniken in dem Maße an Wertschätzung gewinnen, wie ihre ästhetische Verfeinerung fortschreitet.

Die traditionelle Glättetechnik, eine der aufwendigsten Wandmaltechniken, besitzt genau jene noble Erscheinung. Gute Glättetechniken gelten als wertvolle Kostbarkeit, sie verleihen Räumen ein festliches Aussehen und sind Ausdruck höchster Ästhetik.

Wer erstmals Glättetechnik in historischen Räumen erlebt, spürt diese außergewöhnliche Wirkung. Der Blick wird von der glänzenden Fläche angezogen, pulsiert zwischen Reflexion und Textur und verliert sich schließlich in der Tiefenfarbe.

Hier begegnen wir einem Phänomen, das in der bildenden Kunst als Tiefenlicht bezeichnet wird. Tiefenlicht entsteht durch ein schwer faßbares Wechselspiel zwischen mehreren transparenten Farbschichten und der Oberfläche.

Glanz und Tiefe der Wandmaltechnik öffnen den Raum und bilden eine neue optische Dimension. Bei dunklen Glättetechniken ist dies besonders augenfällig, die starken Spiegelungen überwinden die formalen Begrenzungen der Fläche. Zwischen Oberflächen- und Tiefenfarbe entsteht eine spannungsvolle Wechselbeziehung, welche die Faszination der Glättetechnik ausmacht.

Das Phänomen des Tiefenlichts beschäftigt bis heute die Gestalter. Mit ausgeklügelten Arbeitstechniken und besonderen Pigmentierungen wird versucht, diese Ausdruckskraft optimal zu nutzen. Neben dem handwerklichen Können sind drei technische Faktoren für ein gutes Ergebnis wichtig. Zum einen kommt es darauf an, ein Material zu verwenden, das sich am Ende leicht polieren läßt und eine so gute Härte zeigt, daß eine zusätzliche Schlußbeschichtung unnötig ist. Zum anderen – und das ist ungleich wichtiger – sollte dieses Material beim Verdichten und Verpressen transparent genug werden, damit tieferliegende Schichten sichtbar bleiben. Hieraus ergibt sich die dritte Forderung nach den richtigen Pigmenten, die zwar in ihrem Färbevermögen brillant, jedoch nicht deckend sein dürfen. Nur mit Werkstoffen, die diese drei Forderungen annähernd erfüllen, kann eine in sich ruhende, gleichmäßig strukturierte Fläche mit Glanz und Tiefenlicht geschaffen werden.

Eine handwerklich gelungene Glättetechnik zeigt Tiefenlicht: Ihre Oberfläche ist vollständig glatt und weist keinerlei Unebenheiten mehr auf. Der Rhythmus, mit dem das Werkzeug über die Fläche geführt wird, zeigt einen gleichmäßigen und ruhigen Duktus, ist jedoch nicht schematisiert. Besonders die letzten Farbschichten sind stark verdichtet, was Glanz und Transparenz steigert. Nicht zuletzt tragen subtile, meist aus einem einzigen Buntton heraus entwickelte Farbnuancen ganz wesentlich zum harmonischen Ganzen bei. Vorsicht ist geboten bei stark kontrastreichen oder gar komplementärfarbigen Versuchen. Die Experimentierfreudigkeit soll nicht beschränkt werden, doch verlangt das Thema einen edlen und materialechten Ausdruck.

Stellt sich die Frage, welche Farbbereiche dem gestalterischen Charakter der Glättetechnik am ehesten entsprechen und welche Farben den Ausdruck auf welche Weise modifizieren.

Während es Maltechniken gibt, bei denen der Maler die ganze Fülle seiner Palette durchspielen

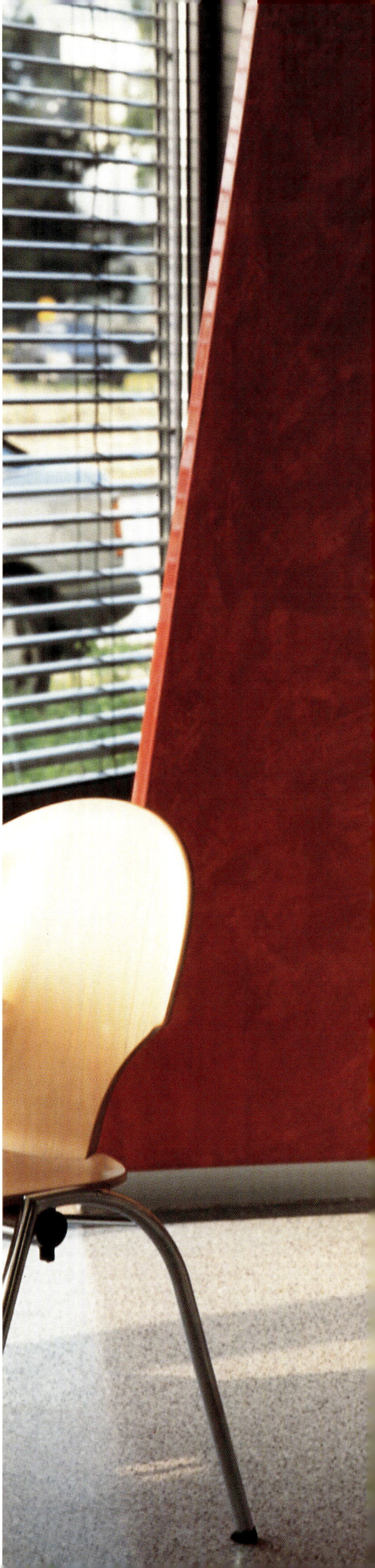

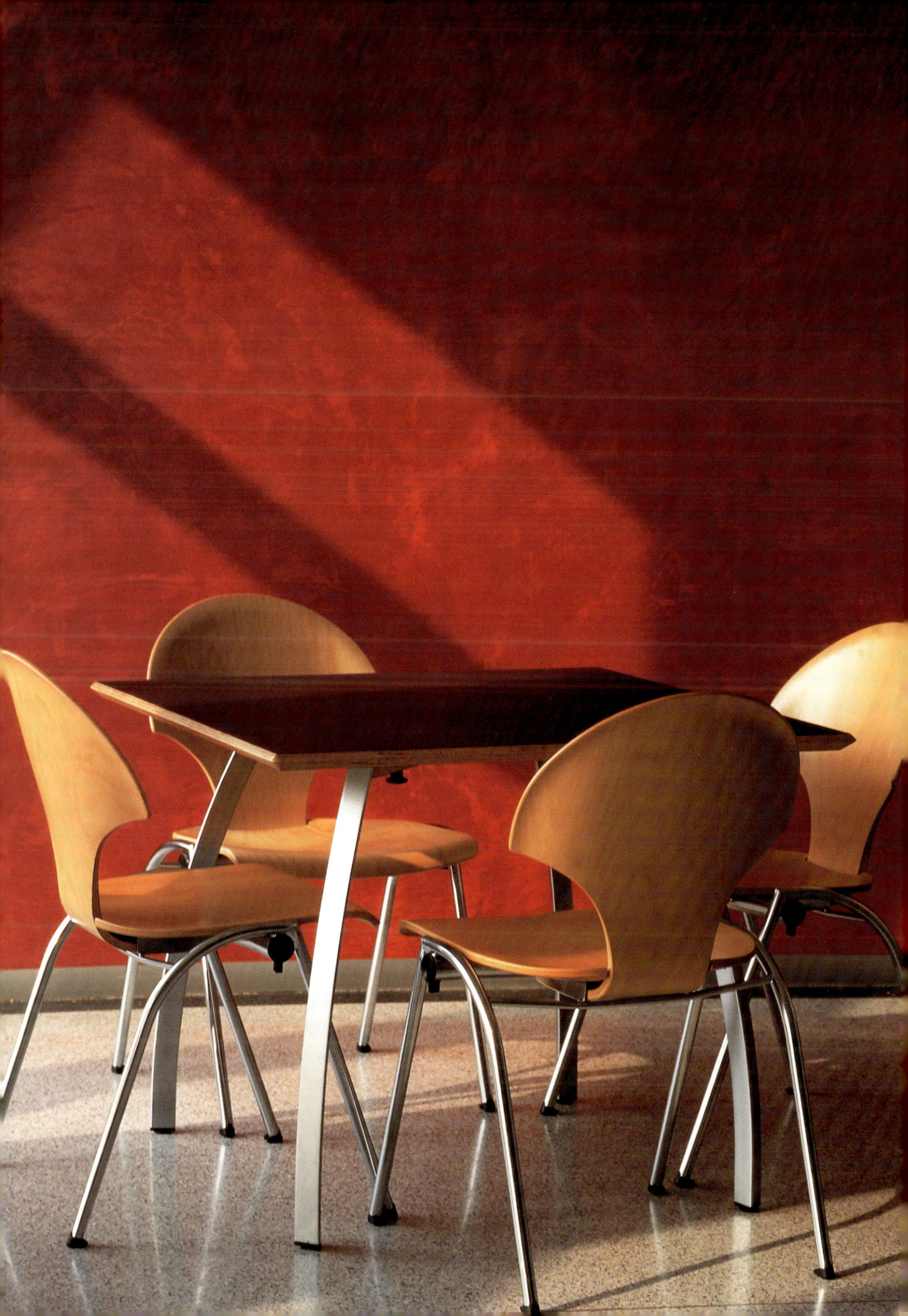

kann, verlangt die Glättetechnik eine disziplinierte Farbauswahl. Meist führen einfarbige Kombinationen zu den überzeugendsten Ergebnissen. Möchte man dennoch mehrfarbig arbeiten, empfiehlt es sich, mit den helleren, leuchtenderen Farben zu beginnen und mit dunkleren Tönungen abzuschließen. Sehr schön sind typische Marmorfarben, etwa Grüntöne des Serpentins, Siena oder graue Carrarafarben, doch auch ein Pompejanischrot oder ein kühles Ultramarin unterstreichen den Charakter dieser Technik.

In der Architektur wird auch heute noch oftmals nach möglichst hellen, grauen Glättetechniken verlangt, leider wird dabei übersehen, daß die wichtigste Eigenschaft dieser Technik, das Tiefenlicht, bei hellen Tönungen verlorengeht.

Unabhängig von der angewandten Farbigkeit wohnt dieser glänzenden Technik eine distanzierte Kühle inne, die sich auch durch warme Farben nicht vollständig überwinden läßt. Eine Eigenschaft, welche die Glättetechnik für die Anwendung in allen repräsentativen Bereichen prädestiniert. Überall dort, wo auch Marmor als Wandverkleidung denkbar wäre, bietet die Glättetechnik eine Alternative.

Bei der traditionellen Arbeitsweise werden Kalkglättetechniken dreilagig mit nur einem Farbton ausgeführt. Die zwölf Farbmuster zeigen solche, mit natürlichen Pigmenten getönte Beispiele.

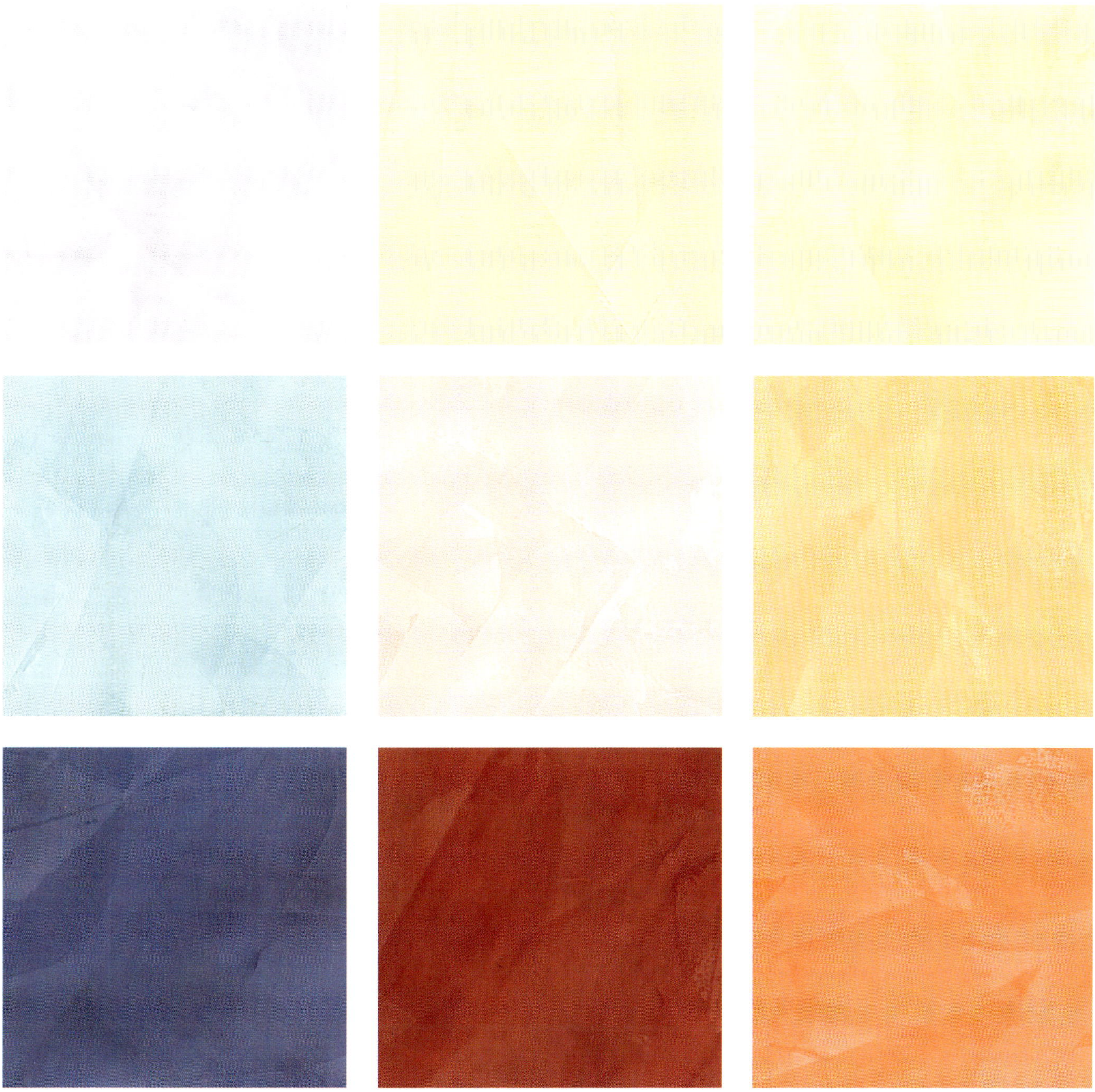

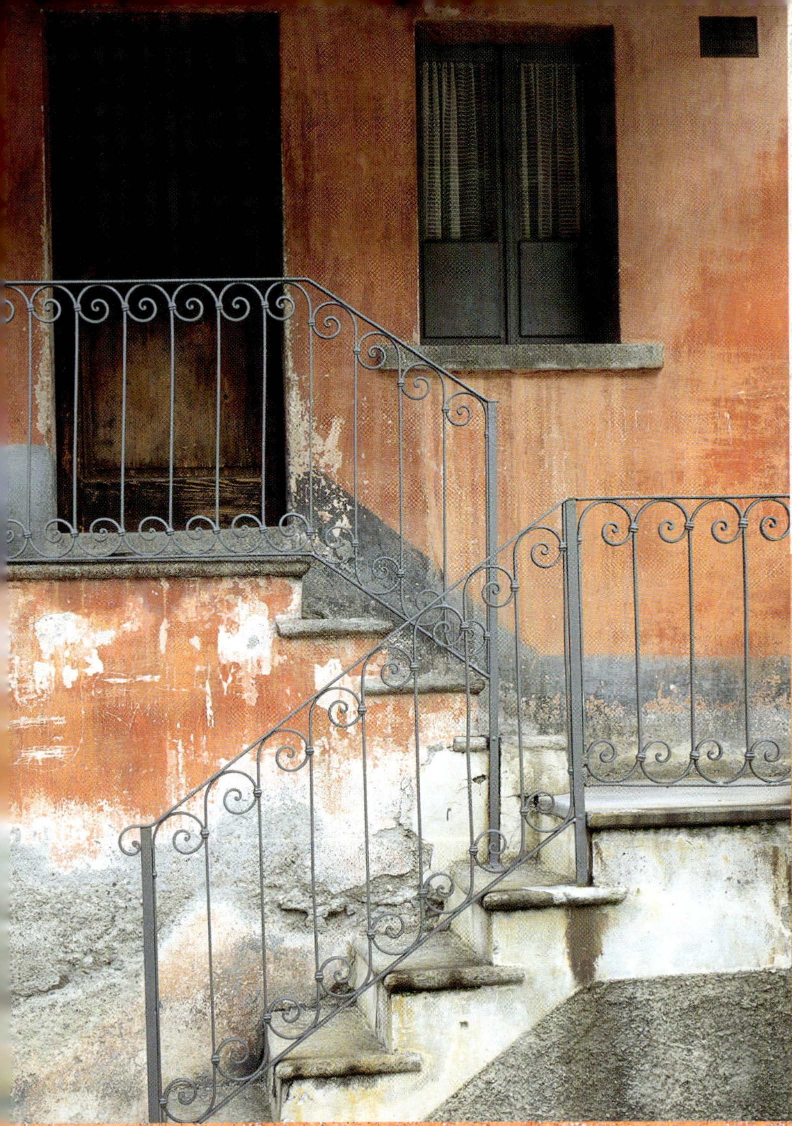
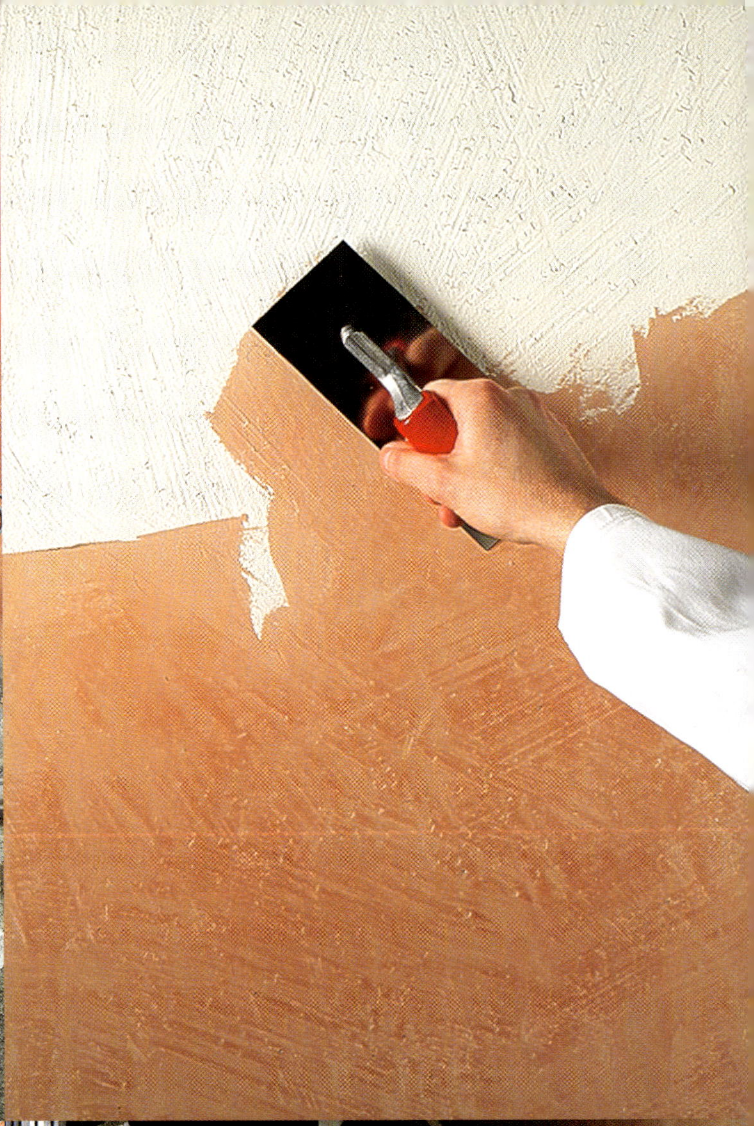

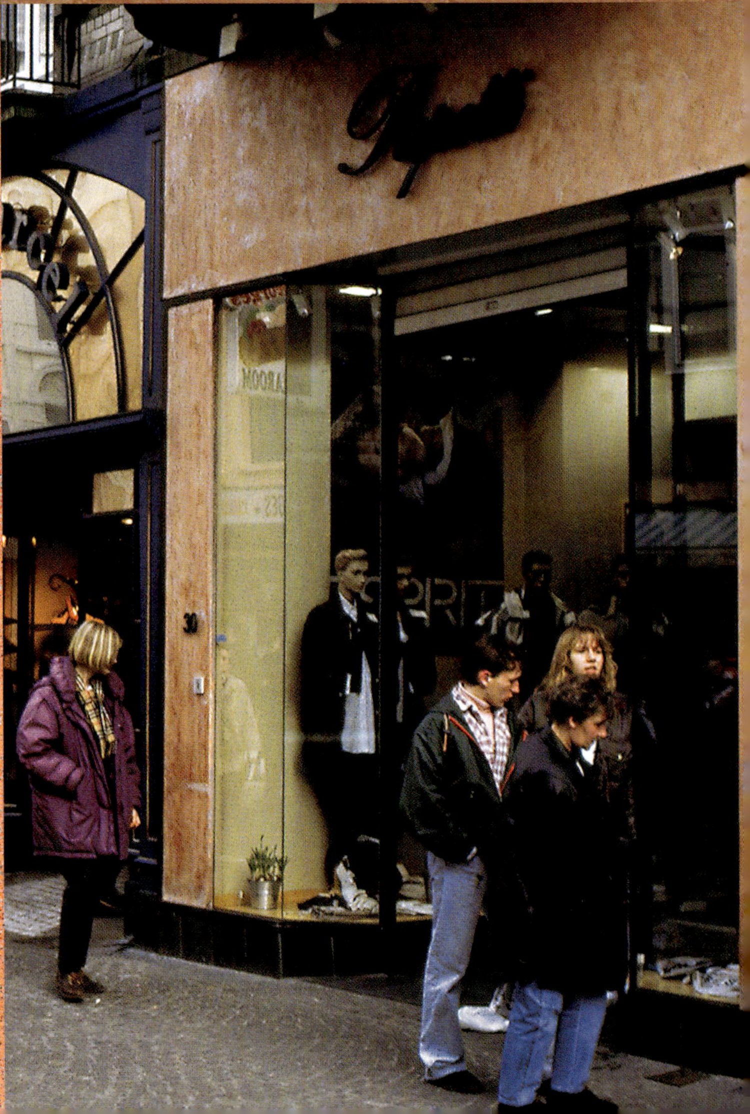

NATÜRLICHKEIT UND ARCHAIK

Antiktechniken

Eine Malweise, zu deren Charakter das Ursprüngliche und die Schönheit des Vergänglichen gehören, ist die Antiktechnik. Ihre natürliche Anmutung und ihr Ausdruck resultieren aus der mineralischen Stofflichkeit. Solche auf Kalk basierenden Maltechniken vereinigen Ökologie und Eleganz.

Natürlichkeit und Archaik

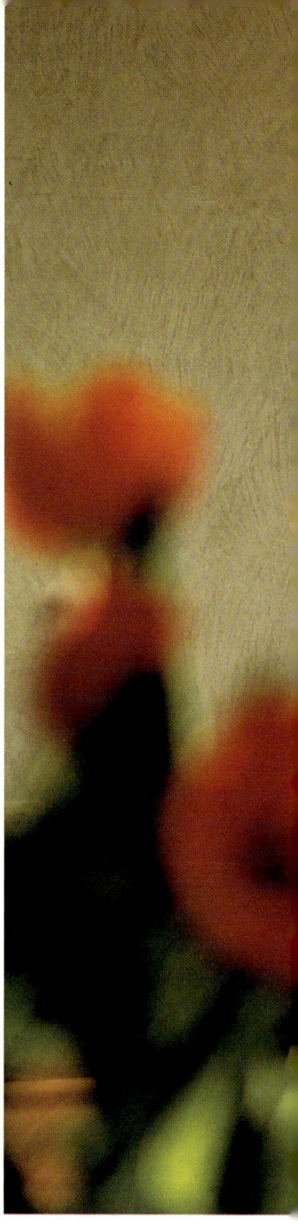

Veränderungen der Ästhetik des Wohnens sind immer auch eine Reaktion auf soziologische Veränderungen der Gesellschaft. So haben die Umwälzungen, wie sie Globalisierung und neue Technologien bewirken, auch Einfluß auf die Entwicklung der verschiedenen Wohnstile. Viele Menschen sind durch die Schnelligkeit der Neuerungen verunsichert und möchten zumindest in ihrer Privatsphäre Geborgenheit und Sicherheit bewahren. Auch wenn in diesem Zusammenhang noch nicht von einem einheitlichen Stil gesprochen werden kann, so beinhalten die vielfältigen Strömungen den Wunsch nach Natürlichkeit und die Besinnung auf die Schönheit vergangener Zeiten.

Doch die Besinnung führt nicht zu einer bloßen Nachahmung alter Stile, sondern ist eine Suche nach geschichtlichen Fundstücken, die den Charme des Vergänglichen tragen. Man umgibt sich mit Dingen, die deutliche Gebrauchsspuren zeigen, sammelt Accessoires mit Rost und Patina. Gefragt sind auch in der Wandgestaltung nicht die geschichtlichen Zitate, sondern Wände, die uns die Zeitläufte empfinden lassen. Flächen, die wie abgewittert wirken, aber dennoch intakt und elegant sind, folgen dieser Tendenz. Nur so läßt

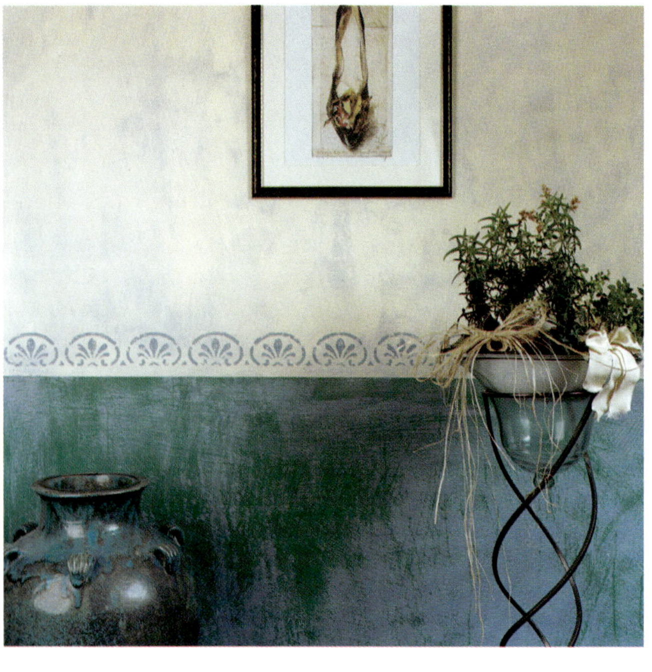

Wandgestaltungen, die Spuren von Verwitterung zeigen und deren Patina uns Geschichten erzählen, liegen ganz im Trend der Zeit. Solche archaischen Oberflächen lassen sich mit Kalkpreßtechniken wie der Antiktechnik oder durch mehrfarbiges Patinieren mit Wandfarben schaffen.

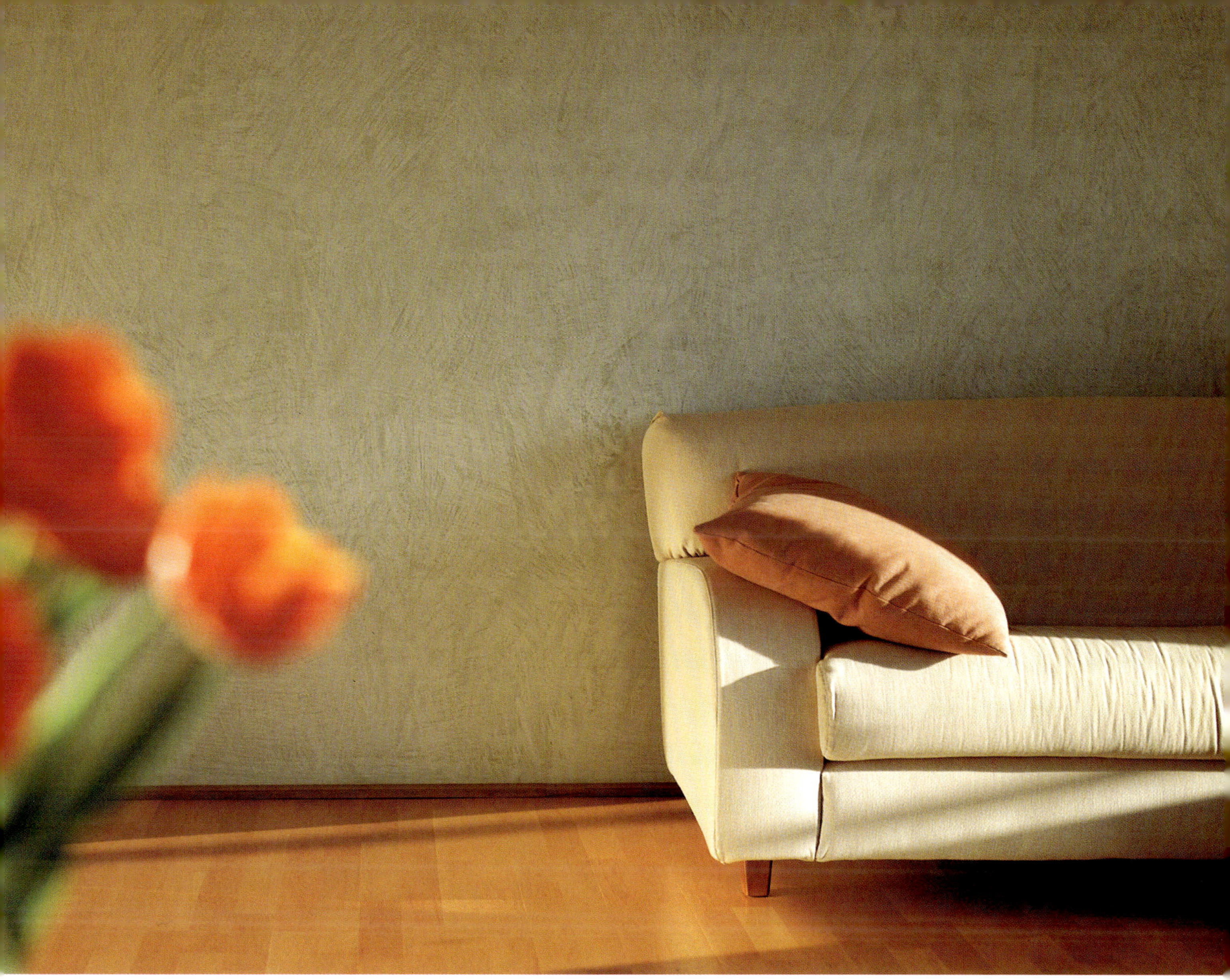

sich der Erfolg der neuen Maltechniken, wie der gewolkten Lasuren, der Glätte- und Patiniertechniken, nachvollziehen.

Eine Technik, die ganz im Sinne dieser artifiziellen Archaik liegt, ist die Antiktechnik. Wie der Name bereits ausdrückt, handelt es sich hierbei um eine Oberfläche mit altertümlichem Charme. Wie keine andere Maltechnik zeigt sie die Schönheit des Vergänglichen und vereinigt Eleganz und Natürlichkeit. Ihre Oberfläche kann sinnlich erlebt werden, ist glatt, glänzend – und aus dem Untergrund heraus erscheint sie wie verwittert.

Wie die Glättetechnik ist auch die Antiktechnik eine Kalkpreßmethode. Zu ihrem Erscheinungsbild gehören Glanz und Tranzparenz ebenso wie der natürliche Charme von körnigem Mineralputz. Im Gegensatz zur Glättetechnik wirkt sie jedoch viel natürlicher und steinartiger.

Die Arbeitsweise bei der Antiktechnik ist weniger zeitaufwendig als bei der traditionellen Glättetechnik. Ein feinkörniger Kalkputz, Intonaco, bildet die Grundlage dieser Methode. Schon beim mehrlagigen Aufbringen des Feinputzes versucht man die Fläche so zu bearbeiten, daß sie eine zufällige Struktur aufweist. Im Seccoverfahren, auf trockenem Putz, bringt man dann zweilagig eine Kalkspachtelmasse auf. Mit einer speziellen Federstahlkelle verdichtet man dabei das Material. Besonders beim Auftragen der letzten Kalkschicht wird das Material stark verpreßt und auf Hochglanz poliert. Körnung und Rauhigkeit der Struktur treten hierbei deutlich hervor, und so entsteht eine Wirkung ursprünglicher Schönheit, die typisch für die Antiktechnik ist.

Um diesen archaischen Charakter der Antiktechnik zu betonen, sollte man sich auf die natürliche Farbigkeit historisch überlieferter Pigmente beschränken. Bunte Kombinationen oder traditionslose Farben, wie Violett oder Pink, würden den Ausdruck dieser Maltechnik ins Kitschige

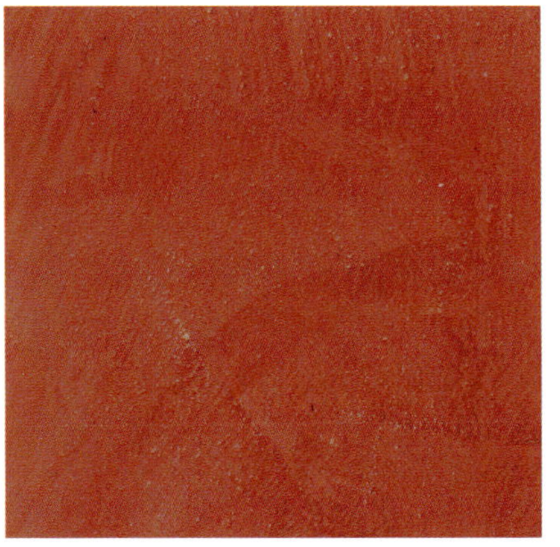

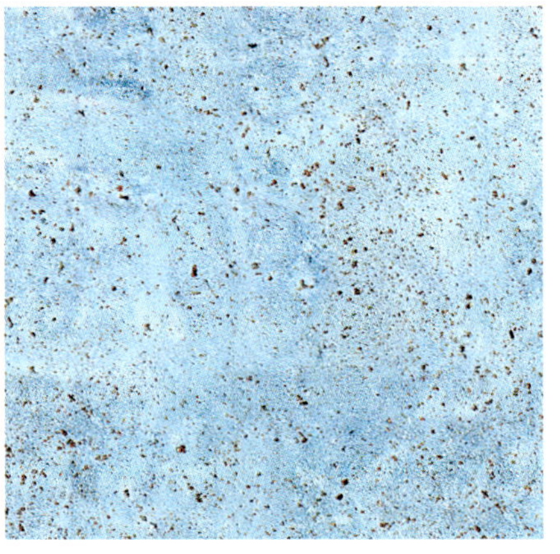

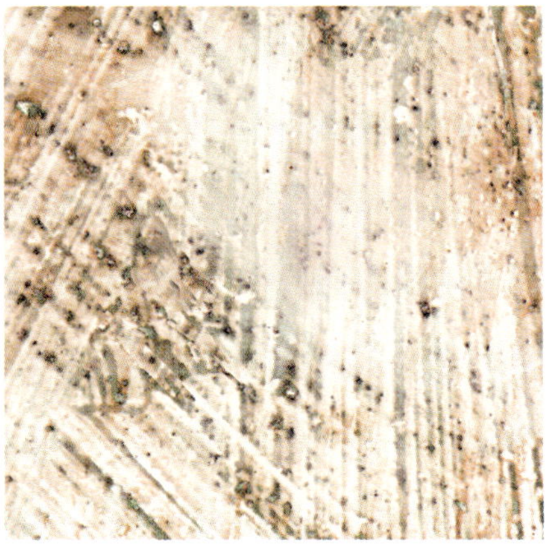

Dunkle Antiktechniken verleihen der Wand eine optische Festigkeit. *Abb. oben*

Kalkglättputze gibt es im Spezialhandel auch mit dunklen oder glitzernden Zuschlägen aus farbigem Ton oder Glimmersplitt. *Abb. Mitte*

Besonders rustikal und verwittert wirken Antiktechniken, wenn verschiedenfarbige Schichten hell auf dunkel kombiniert werden. *Abb. unten*

Gegenüberliegende Seite:
Die Musterkollektion zeigt zweifarbige Antiktechniken auf körnigem Grundputz – teilweise sind die Kalkmaterialien mit dunklen Zuschlagsstoffen veredelt.

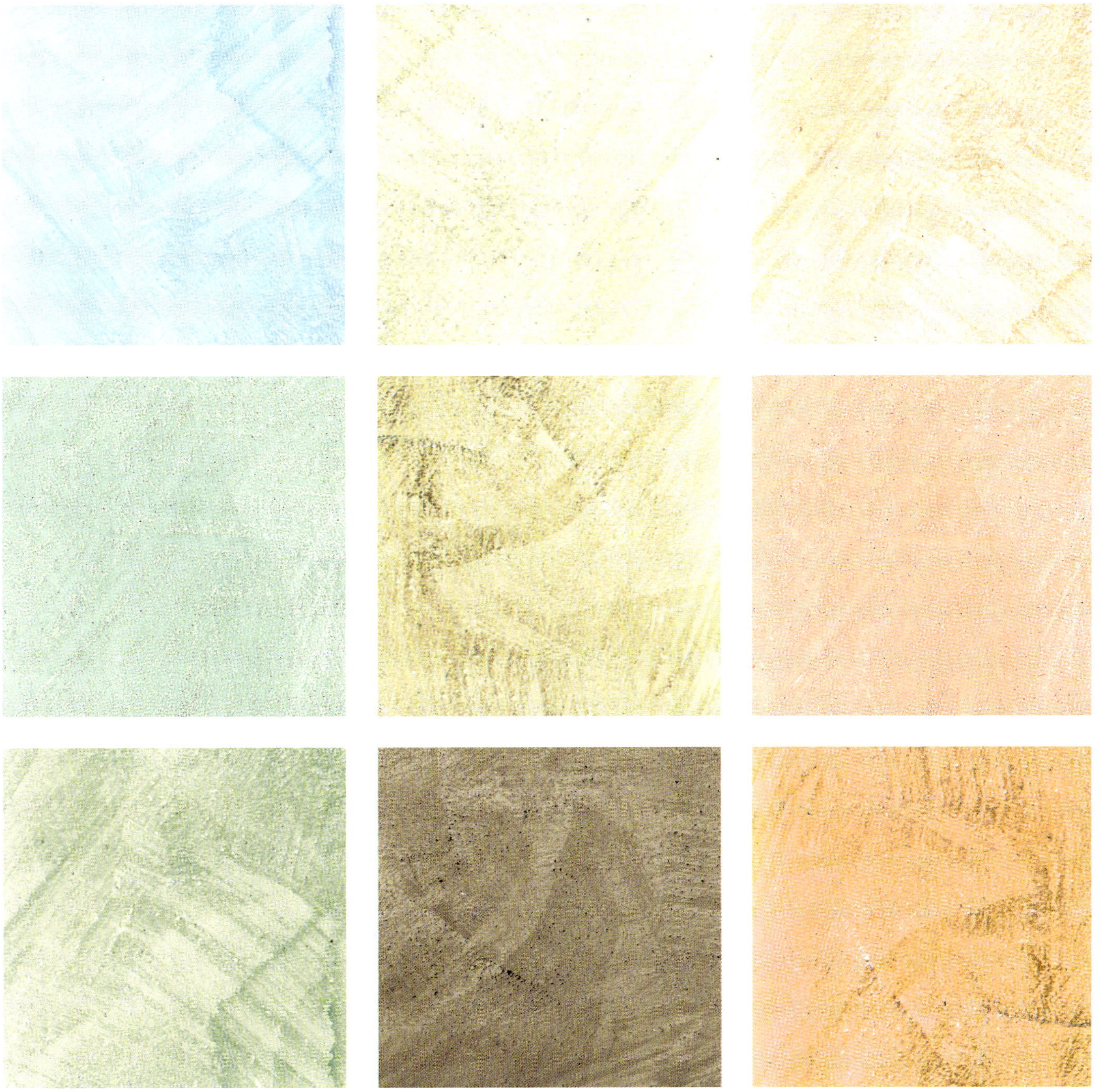

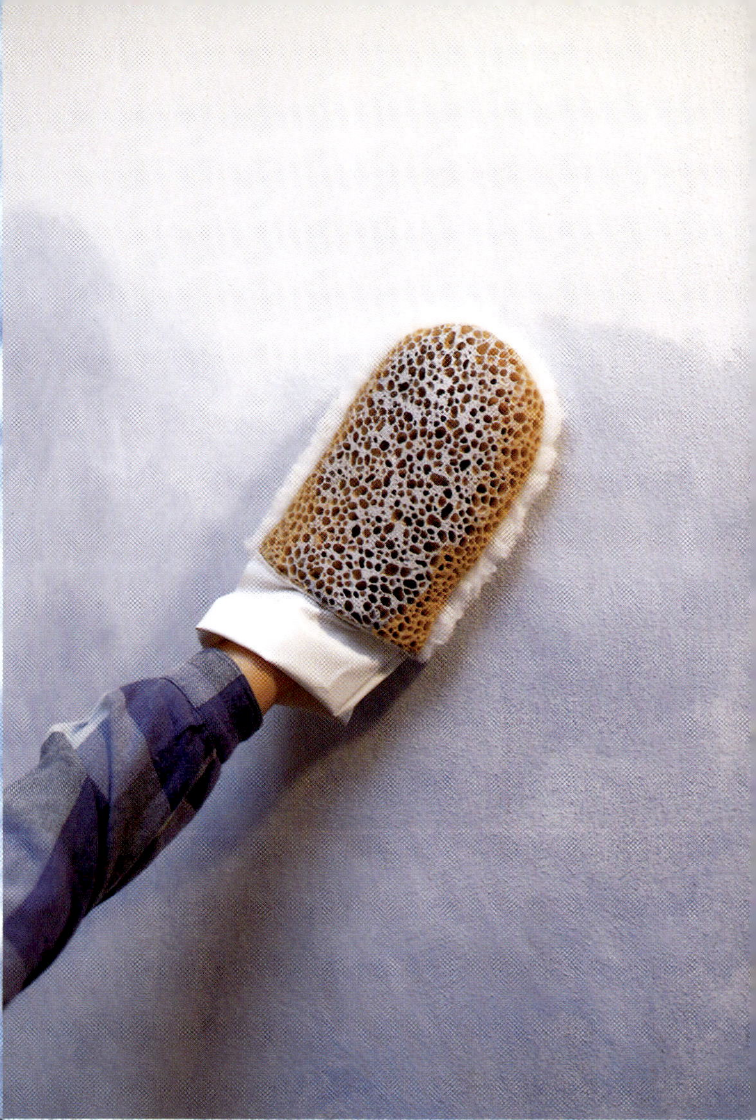
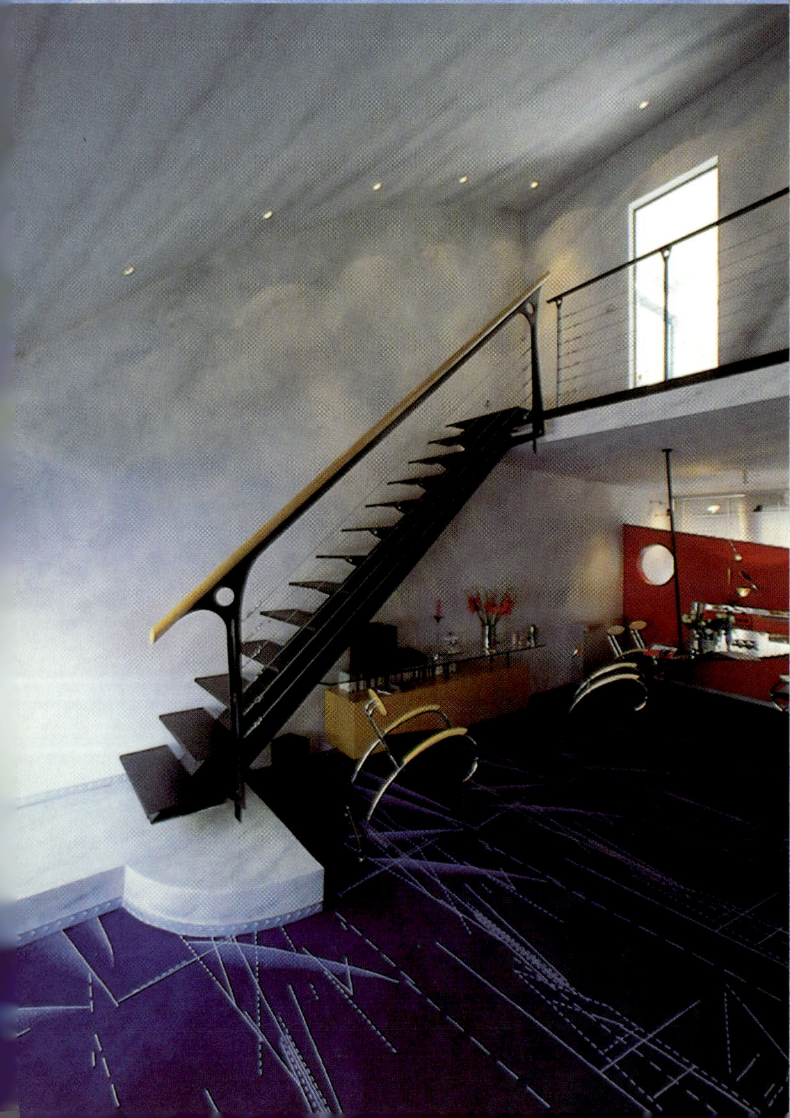

LEICHTIGKEIT UND FERNE

Lasurtechniken

Räume mit gewolkten Oberflächen strahlen Leichtigkeit und Anmut aus. Lasierte Wandflächen scheinen sich aufzulösen und sind wie von einem zarten Schleier aus Farblasuren bedeckt. Die Transparenz der Lasur und ihre fließenden Übergänge lassen sie heiter und beschwingt wirken.

Zu den universellsten Maltechniken zählen die sogenannten »Gewolkten Oberflächen«. Die Skala ihrer Ausdrucksmöglichkeiten ist umfassender als bei allen anderen Verfahren. Künstler und Maler lieben den Spielraum, den ihnen diese Technik für eigene Interpretationen läßt.

Allein schon die Wahl des Werkzeugs eröffnet dem Gestalter viel Freiheit: Bürste, Schwamm, Lappen oder spezielle Lasurhandschuhe ergeben jeweils ein anderes Bild. Mit dem Lasurhandschuh in kreisenden Bewegungen aufgetragen, entstehen runde und feine Verläufe, weich und feminin im Ausdruck. Mit dem Naturschwamm ausgeführt, bekommt die Lasurmalerei mehr Ausdruck, wirkt etwas ruppiger und heftiger. Wird die Lasurfarbe mit Hilfe eines Naturleders oder Lappens in den Malgrund eingerieben, entsteht ein patinierender Lasureffekt. Eine Farbschicht ist nicht mehr zu erkennen, Malgrund und Lasur bilden eine Einheit mit einer ganz eigenen stofflichen Ausdruckskraft.

Werkstoffe wie Holz oder Beton können in ihrer Materialsprache völlig verändert werden. Je dünner und flüssiger die Lasurfarbe ist, desto stärker wird sie durch die Struktur des Malgrunds in ihrer Ästhetik beeinflußt. Material- und Farbcharakter überlagern sich zu einer neuen Ausdrucksform, bei der im Idealfall die Stofflichkeit des Materials erhalten bleibt.

Wählt man einen feinkörnigen, abgefilzten Mineralputz als Untergrund, so fließt die Lasurfarbe, ähnlich wie auf Aquarellpapier, in die Vertiefungen und wird vom Putz aufgesogen. Die Körnigkeit des Putzes und die Wolkigkeit der Lasur unterstützen sich wechselseitig, die Farbe scheint frei über dem stofflichen Grund zu schweben. Bei dieser Lasur–Putz–Kombination ist der Entstehungsprozeß zuletzt nicht mehr nachvollziehbar. Der viele Maltechniken prägende Duktus tritt hier zugunsten des Material- und Farbausdrucks zurück. Nur das Fehlen jeglicher Werkzeugspur gibt der Malerei jene natürliche, ungekünstelte Zufälligkeit, so als sei dieses Bild intuitiv entstanden.

Über die farbige Wirkung einer Lasur entscheiden mehrere Faktoren: der Untergrund in seiner Farbe und Struktur, die Transparenz und Leuchtkraft der Lasur sowie das handwerkliche Auftragsverfahren.

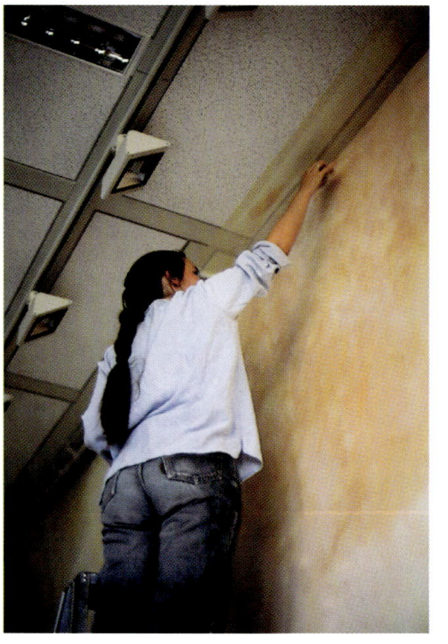

Um Ansätze und unschöne Läufer beim Lasieren mit dünnflüssiger Farbe zu vermeiden, führt man die Technik am besten von unten nach oben aus.

Leichtigkeit und Ferne

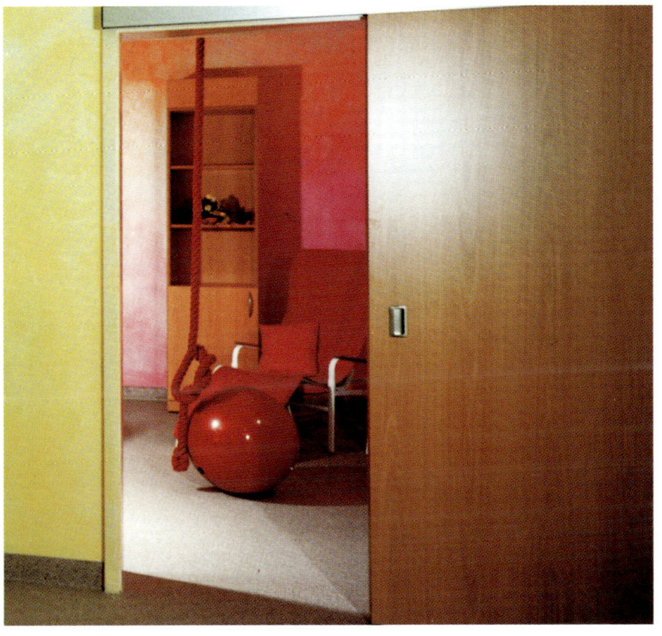

Mit starkfarbigen Lasuren auf hellem Grund kann eine kräftige, expressive Ausdruckskraft erreicht werden.

Subtile Lasurkompositionen aus Terracotta und Ocker schaffen eine sonnige und behagliche Atmosphäre.

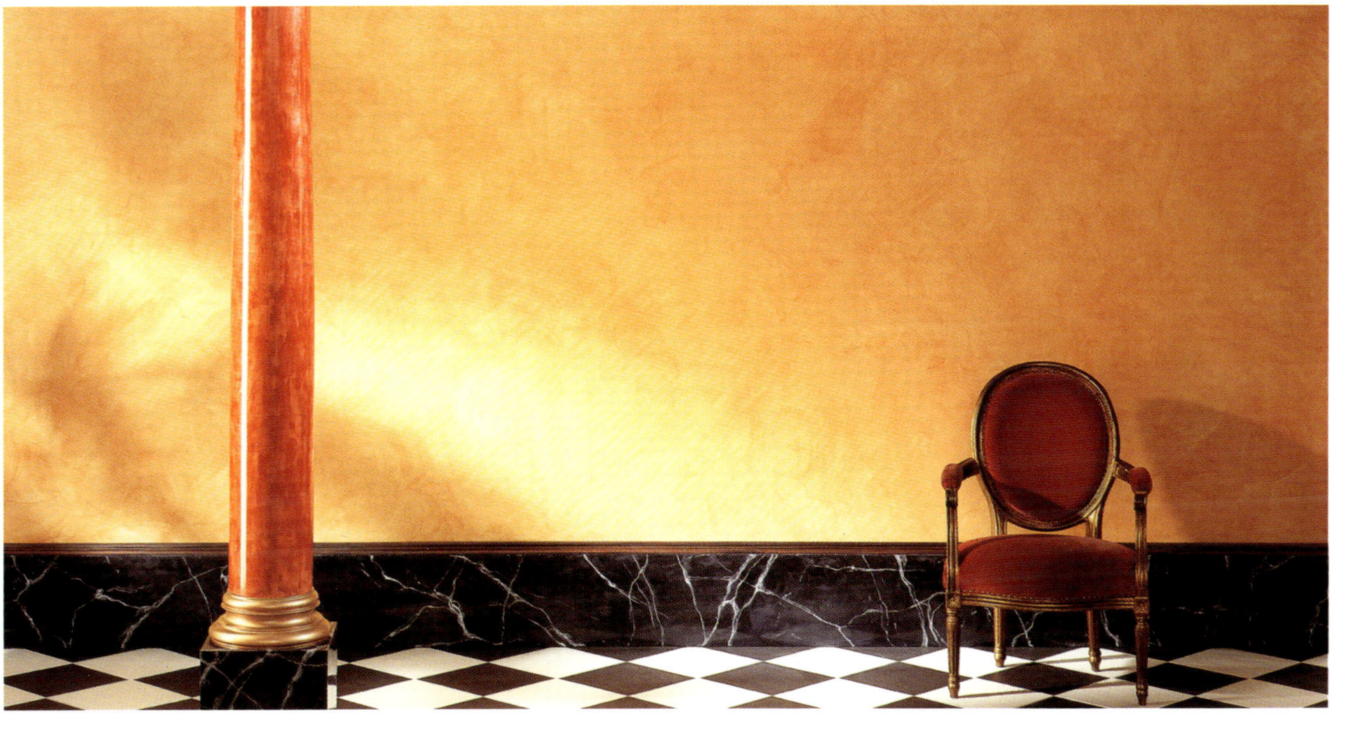

Während bei deckenden Anstrichen der Untergrund nur in bezug auf seine Festigkeit, Haftung und sein Saugverhalten von Belang ist, kommt dem Malgrund bei einer lasierenden Malweise eine entscheidende Bedeutung zu. Die Wirkung einer transparenten Farbschicht beruht auch auf der teilweisen Reflexion des Lichts vom Malgrund. Farblasuren bringen ihre Wirkung bei allen hellen, leuchtenden oder gar reflektierenden Untergründen besonders gut zur Geltung. Trübe, dunkle Malgründe hingegen eignen sich für eine Lasurmalerei kaum. Um der Lasur Tiefe und Leuchtkraft zu geben, sollte der Untergrund mehr Leuchtkraft und Helligkeit aufweisen als die nachfolgende Lasur – nur so entsteht das gewünschte Tiefenlicht.

Die Maler des Mittelalters nutzten dieses Tiefenlicht, indem sie mit lasierender Temperafarbe Schicht über Schicht legten. Der Bildgrund bestand meist aus weißem Kreidegrund, der mal stärker, mal schwächer durch die gesättigte Lasurfarbe schimmerte. Das Ergebnis dieses Lasurauftrags auf hellem Grund war ein fast magisches Leuchten der Farbe aus sich selbst heraus – so als befände sich die Quelle des Lichts in der Tiefe des Bildes.

Noch weiter läßt sich der Ausdruck einer Lasurmalerei steigern, indem man den Untergrund mit einer glänzenden, reflektierenden Schicht überzieht. Diese kann beispielsweise metallischer Lack, Schlagmetall oder Blattgold sein. Das Malen auf Goldgründen besitzt eine bedeutende Tradition: Im Mittelalter untermalten die Künstler ihre ikonographischen Bildern mit einem Goldgrund, so daß die Farblasur ihre Stofflichkeit verlor und sie sich ins Transzendente steigerte. Das »Göttliche« des durch die Lasurfarben schimmernden Metalls überhöhte die Wirkung der Lasur.

Das Lasurvermögen einer Farbe ist von vielerlei Parametern abhängig. Zum einen entscheidet die

Mit Hilfe von Lasuren läßt sich die typische Erscheinungsform von Baustoffen sublimieren.
Werkspuren und Materialität der Beschichtung treten dabei zugunsten der reinen lasierenden Farbwirkung zurück.

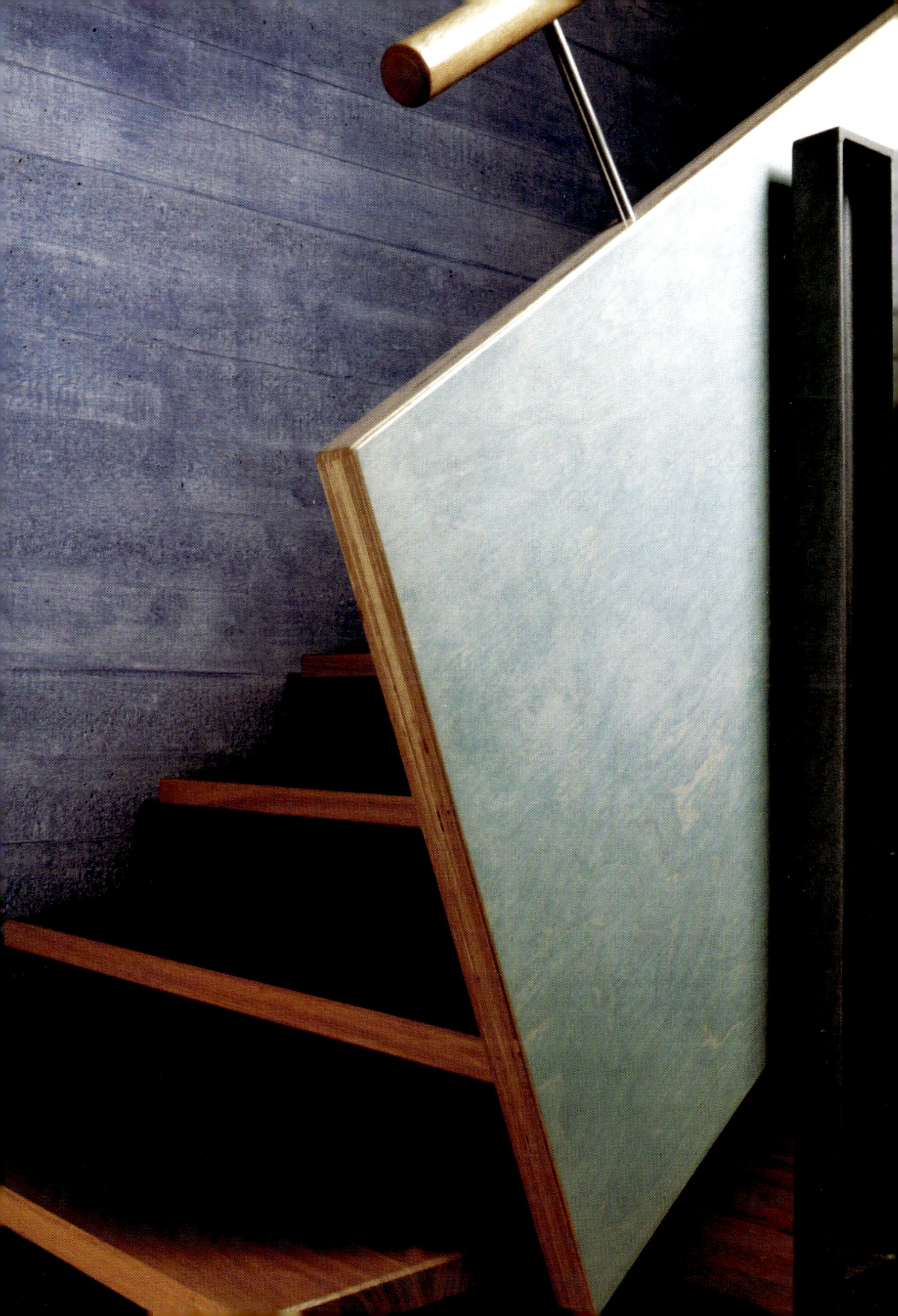

Schichtdicke des trockenen Films darüber, ob der Malgrund und dessen Eigenfarbe sichtbar bleiben; zum anderen beeinflussen Pigmentierungshöhe und Pigmentart, ob die Beschichtung mehr lasierend oder eher deckend ist. So besitzen organische Pigmente im allgemeinen eine geringere Teilchengröße als anorganischen Pigmente – sie sind somit lasierender. Chromoxidgrün beispielsweise besteht aus relativ großen Pigmentteilchen und wirkt deshalb mit den meisten Bindemitteln schlecht lasierend. Preußischblau hingegen, ein seit dem 18. Jahrhundert bekanntes künstliches Pigment, eignet sich besonders gut für die Lasurfarbenherstellung.

Auch das Mischungsverhältnis von Pigment, Binde- und Verdünnungsmittel beeinflußt die lasierenden Eigenschaften. Am einfachsten lassen sich lasierende Wirkungen erreichen, wenn der Pigmentanteil sehr gering bleibt: Ein großer Teil des Lichts kann dann vom Malgrund reflektiert werden. Die hohe Verdünnung und der geringe Pigmentanteil in Lasurfarben stellt allerdings besonders hohe Anforderungen an Beständigkeit und Lichtechtheit von Pigment und Bindemittel. Auch die Lichtechtheit des Malgrunds muß bedacht werden: Wenn durch einen gilbenden Untergrund die Lasur an Frische und Klarheit einbüßt, ist dies mehr als ärgerlich.

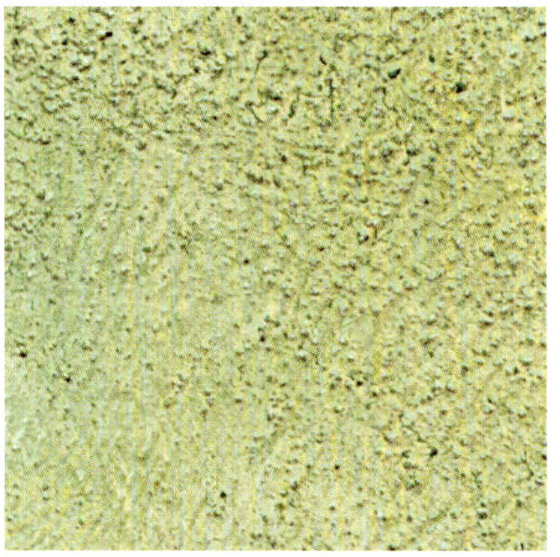

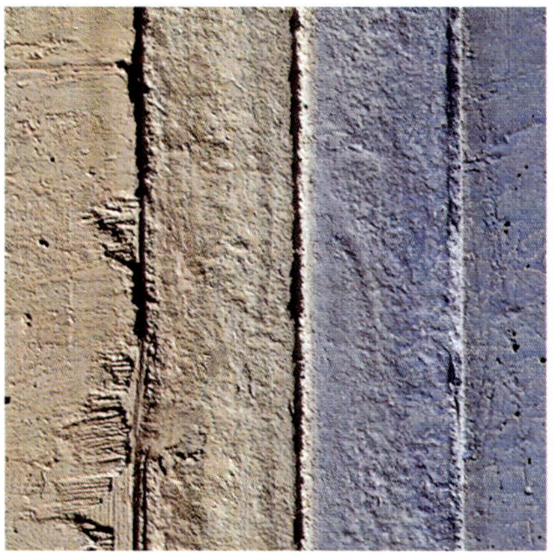

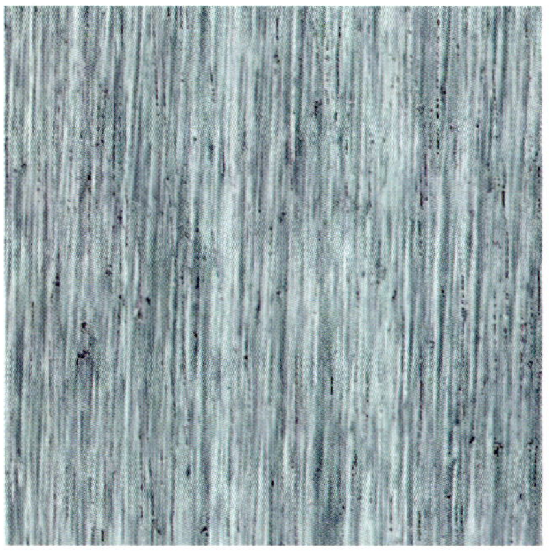

Auf saugenden, feinkörnigen Mineralputzen kann sich die aquarellartige Wirkung einer guten Lasur optimal entfalten. *Abb. oben*

Betonlasuren bieten gute Möglichkeiten, das negative Image dieses Baustoffs zu korrigieren. *Abb. Mitte*

Auch Holzlasuren modifizieren den Materialcharakter und überlagern die natürliche Maserung. *Abb. unten*

Gegenüberliegende Seite:
Die neun Lasurmuster sind mit dünnflüssiger Wasser-Lasurfarbe auf saugendem Mineralputz ausgeführt.

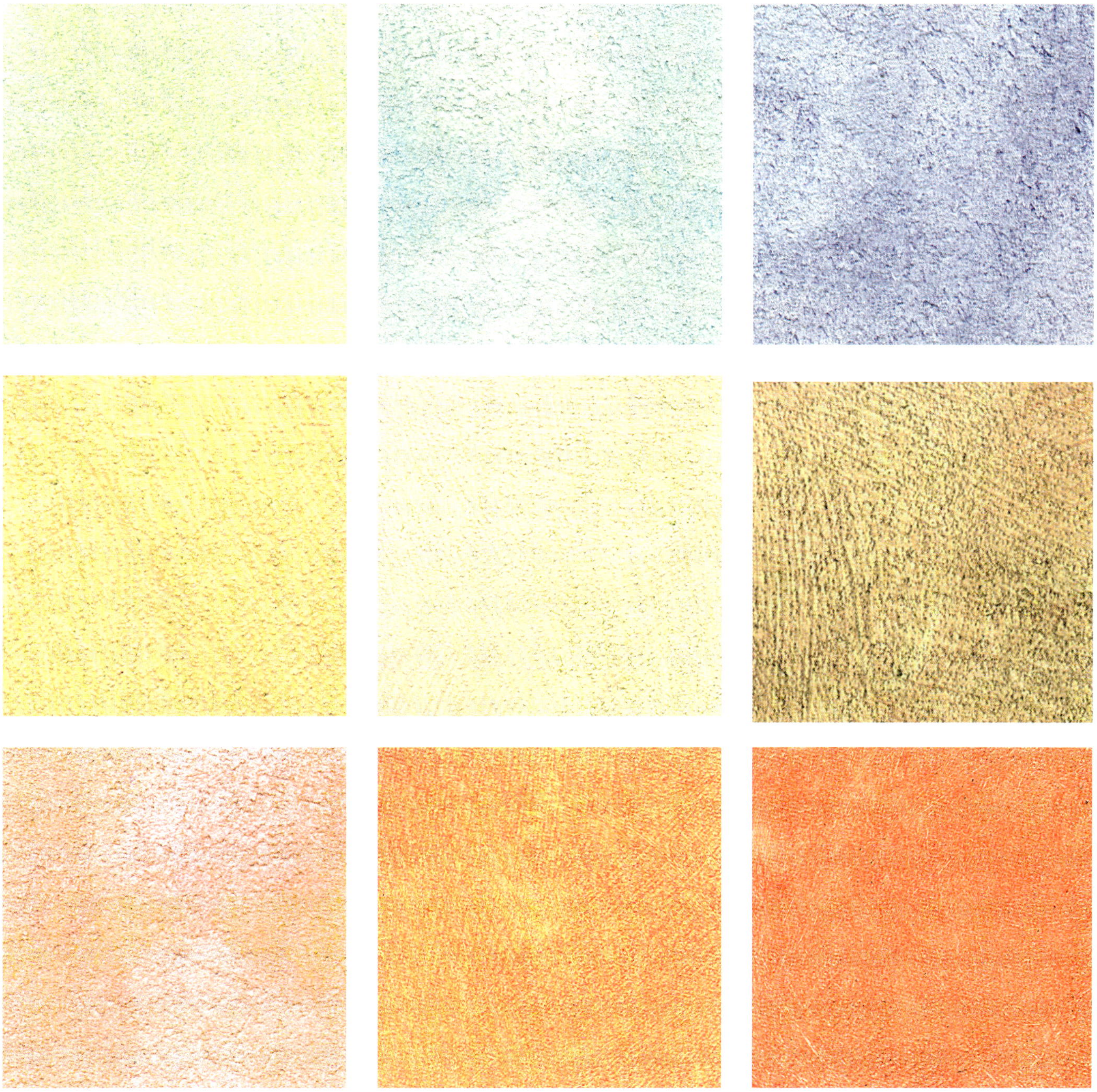

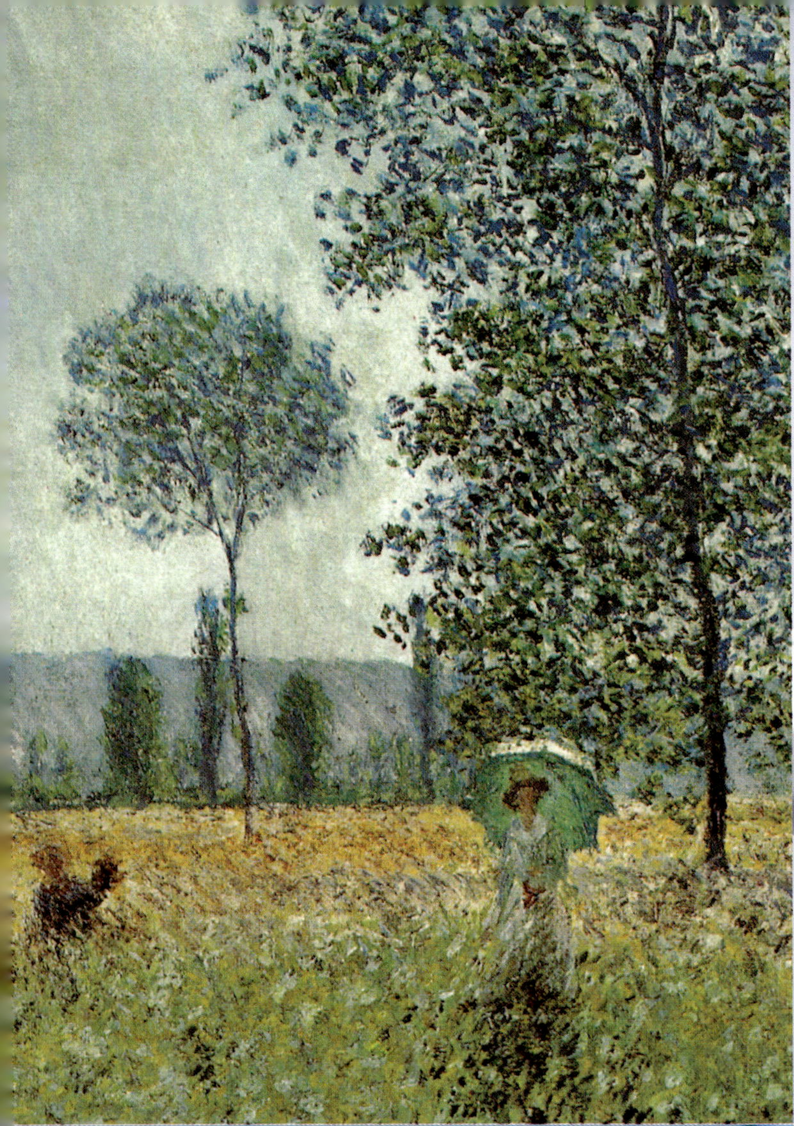

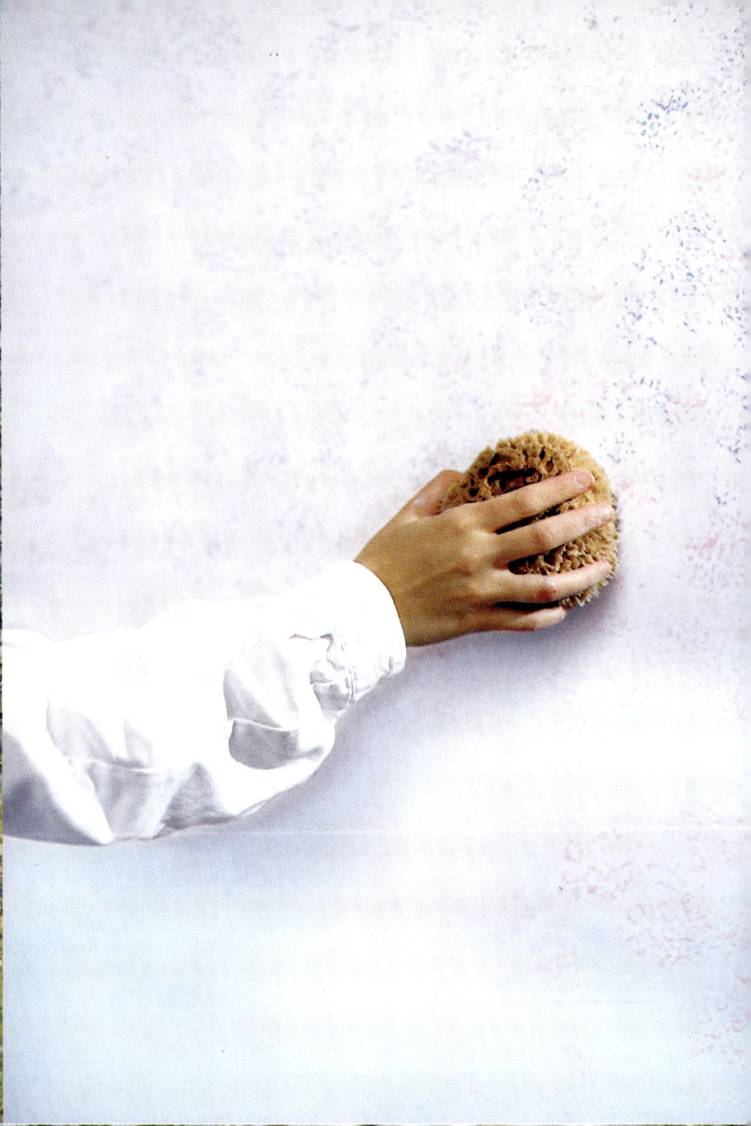

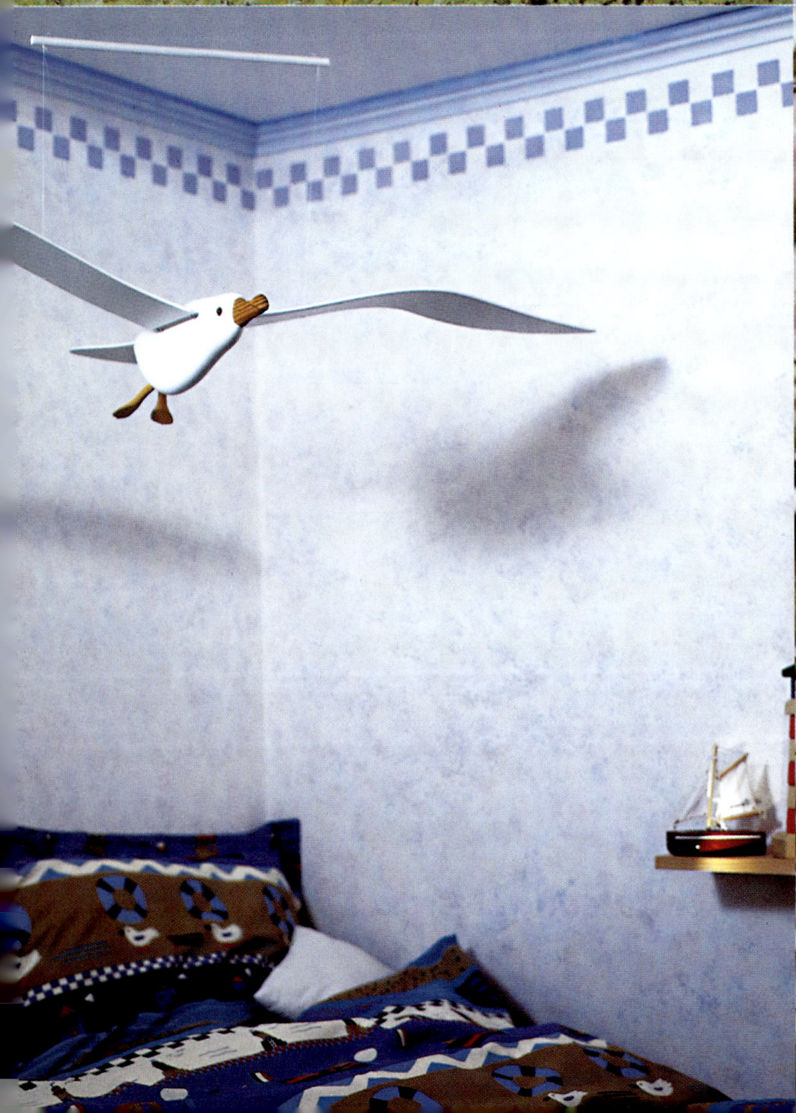

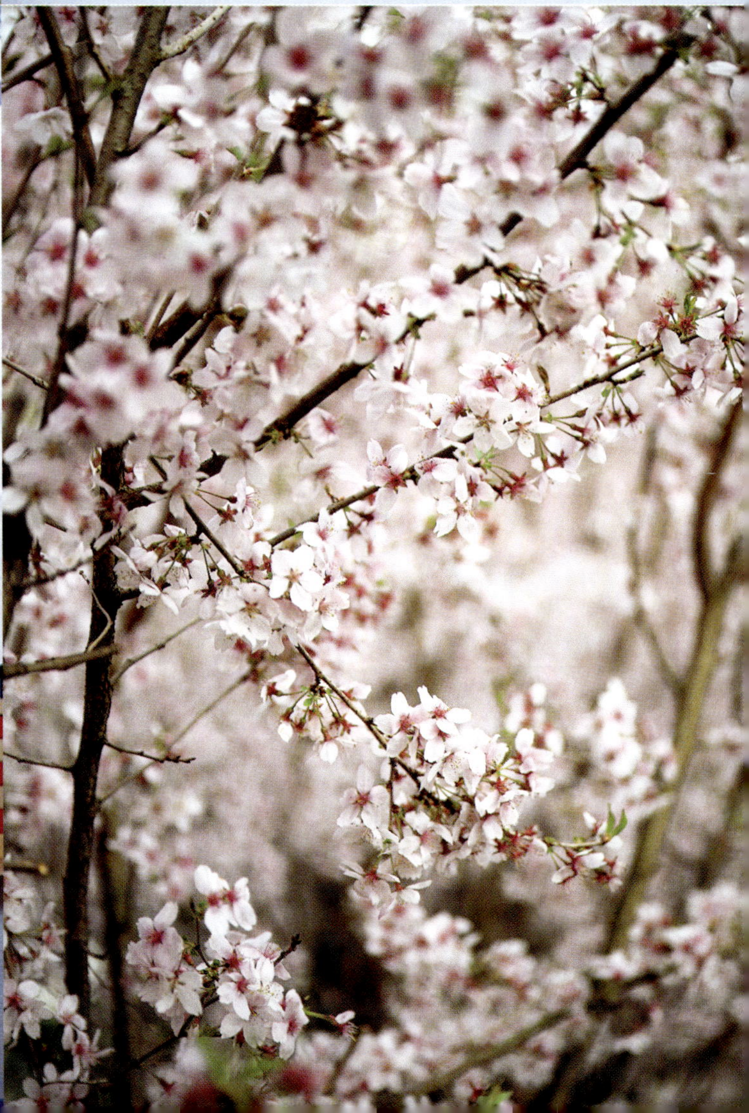

FLIMMERN UND FARBENSPIEL

Stupftechniken

Für stimmungsvolle Räume im impressionistischen Stil kann man sich das Farbphänomen der optischen Mischung zunutze machen. Bei vielen überlieferten Handwerkstechniken werden kleine Farbelemente so dicht nebeneinandergesetzt, daß sie als Mischfarbe wahrgenommen werden.

Wer liebt es nicht, an einem lauen Sommertag am Wasser zu sitzen und sich beim sanften Spiel der Wellen zu entspannen. Eine Meditationsübung, die jedem von Zeit zu Zeit hilft, sich selbst zu finden.

Es gibt Künstler, die es meisterlich verstehen, eine solch heitere medidative Stimmung einzufangen. Besonders die Bilder des Impressionisten Claude Monet sind voll von einer dichten, flimmernden Atmo-sphäre, sie zeigen mit knappen, wie hingeworfen wirkenden Pinselstrichen Brechungen und Spiegelungen von Licht und Wasser oder das Vibrieren der Luft in der Hitze eines Sommertags. Den Impressionisten und Neoimpressionisten wie Monet und Seurat gelang dies durch eine damals neuartige, subtile Malweise. Besonders Seurat, der Theoretiker unter den Neoimpressionisten, verfolgte mit Akribie die Methode des Divisionismus: Verschiedentonige leuchtende Farbpartikel setzte er kontrastreich, beispielsweise in der Art der Komplementärfarben oder in starken Hell-dunkel-Stufen so nebeneinander, daß deren farbiger Gesamteindruck sich erst durch optische Mischung im Auge des Betrachters ergab.

Durch diese optische Mischung erhalten die Farben einen nicht faßbaren, immateriellen Charakter. Obgleich die so gemalten Bilder noch ein gegenständliches Motiv zeigen, setzten die Künstler des Impressionismus die Farbe schon ganz in ihrer abstrakten, sinnlichen Wirkung ein. Indem sie die Farbflächen in einzelne Punkte auflösten (Pointillismus), erzielten sie eine reine, wie von Licht durchflutete Farbigkeit, die durch herkömmliches Mischen unerreichbar ist. Es besteht ein großer Unterschied zwischen Pastelltönen, die durch Aufhellung mit Weiß angemischt sind, und den leuchtenden Pastelltönen, welche die Künstler mit ihrer divisionistischen Malweise erzielten. Ein kleines, leicht durchführbares Experiment veranschaulicht dies: Mischt man im einen Fall ein Hellgelb aus Weiß und gelber Volltonfarbe und erzeugt parallel dazu mit derselben Volltonfarbe auf weißem Grund durch Aufstupfen mit einem feinen Naturschwamm eine Fläche gleicher Helligkeit, wird der Unterschied augenfällig. So hat das Gelb bei herkömmlicher Aufhellung, der subtraktiven Mischung, stark an Leuchtkraft eingebüßt und erscheint fad und kraftlos. Das in pointillisti-

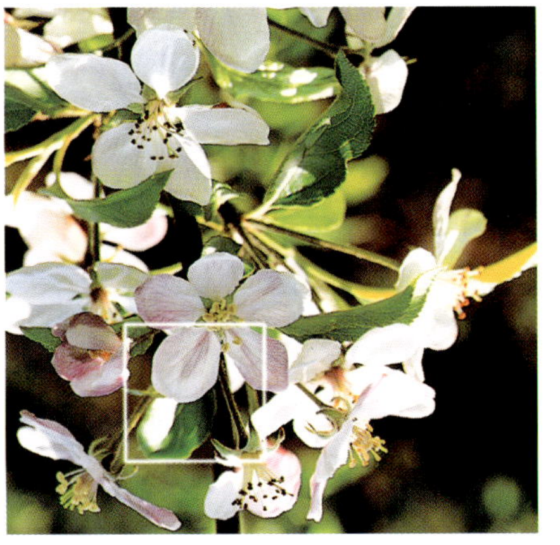

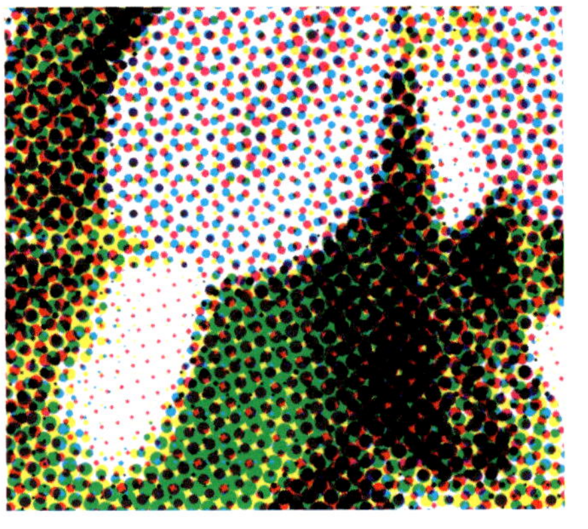

Der Vierfarb-Offsetdruck zerlegt Bilder in Rasterpunkte aus den vier Grundfarben, Cyan, Magenta, Gelb und Schwarz. Durch optische Mischung entsteht im Auge dann der Gesamteindruck.

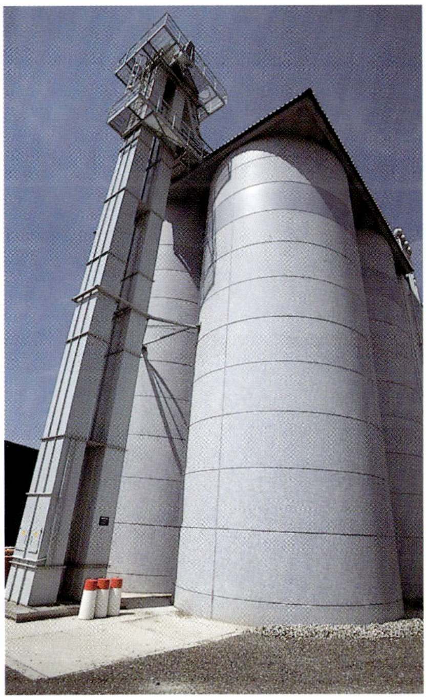

Massig und doch lebendig gibt sich die Siloanlage im Fährhafen des schweizerischen Städtchens Romanshorn. Auf dem blau vorgelegten Grundanstrich liegt eine helle Stupftechnik. Bei einer solch einfachen, monochromen Farbigkeit behält die Fläche ihre geschlossene Wirkung, mit Gegenfarben auf weißem Grund würde sie sich optisch auflösen.

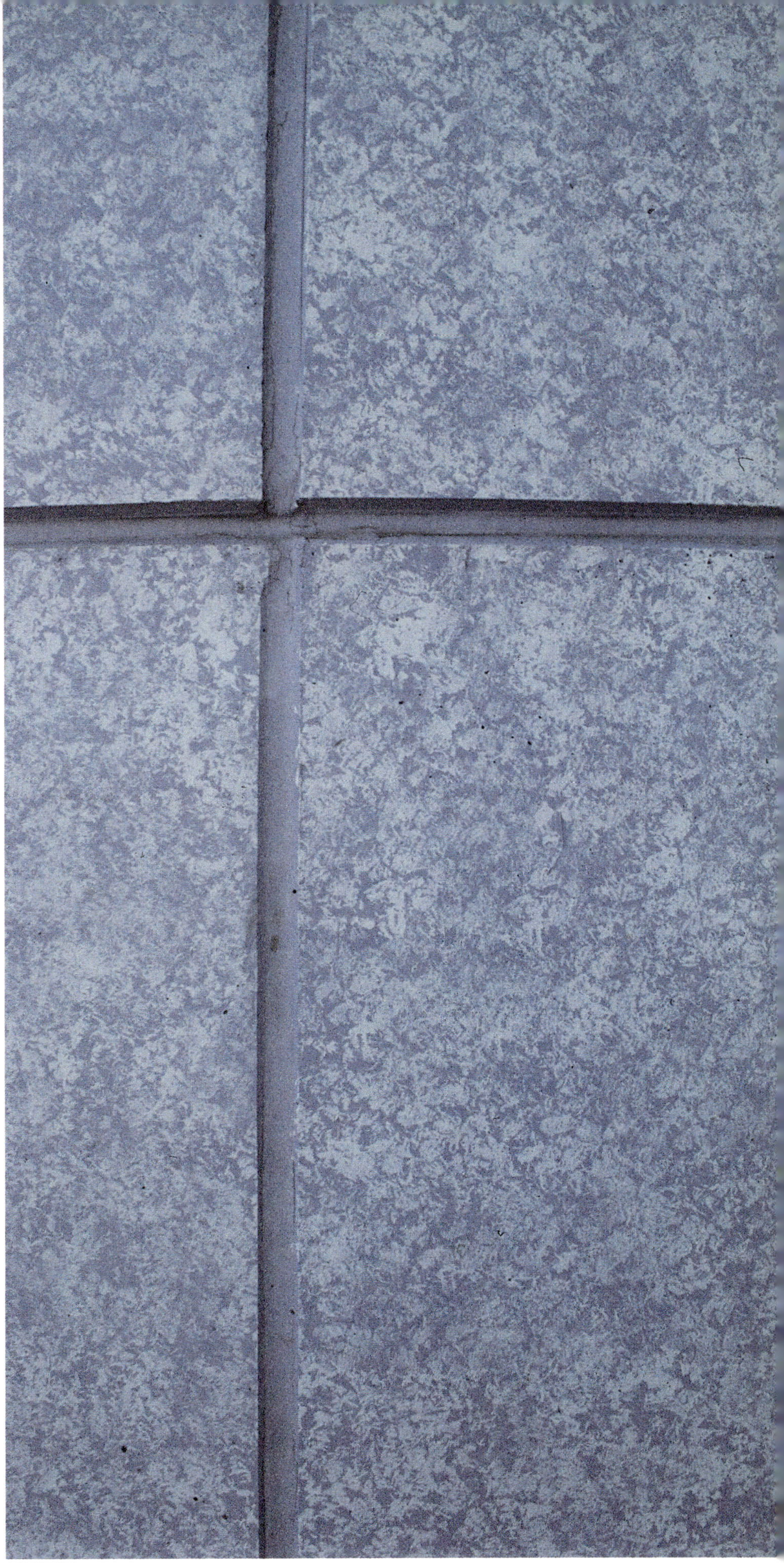

scher Manier erzeugte Hellgelb hingegen wirkt trotz gleicher Helligkeit ungleich lebendiger und klarer. Dieser Versuch zeigt, welche Chancen sich mit der divisionistischen Malweise gerade in der Wandgestaltung eröffnen. Um Räumen eine atmosphärische, heitere Stimmung zu geben, sie gleichsam in farbiges Licht zu tauchen, ist dieses Verfahren ideal.

Möchte man als Dekorationsmaler eine atmosphärische Stimmung im Raum schaffen, so kann man sich das Farbphänomen der optischen Mischung zunutze machen. Eine ganze Reihe überlieferter Handwerkstechniken basiert auf diesem Prinzip. Stupfen, Tupfen, Wickeln, Sprenkeln sind Techniken, bei denen kleine Farbelemente so dicht nebeneinandergesetzt werden, daß sie aus der Entfernung als Mischfarbe wahrgenommen werden. Denn das menschliche Auge vermag nur Farb- und Helligkeitsdetails bis zu einem bestimmten Sehwinkel zu differenzieren – alles, was darunterliegt, erscheint homogen, weil die Reizschwelle unterschritten wird. So kommt es zum Mischvorgang direkt im Auge, und nur noch die Summenfarbe wird registriert.

Beispiele für die Anwendung diese Phänomens finden sich nicht nur in der bildenden Kunst, auch der Mehrfarben-Offsetdruck und Farbbildschirme basieren auf diesem Prinzip.

Ein weiteres, jedoch meist störendes optisches Phänomen, das diese Malweise bei der Wandgestaltung hervorrufen kann, ist der Flimmerkontrast. Werden kleine Farbelemente mit starkem Farbkontrast kombiniert, so kann das Sehsystem überfordert sein – es entsteht ein flimmernder Farbeindruck. Das Auge kann sich nicht auf eine bestimmte Stelle fixieren und springt zwischen verschiedenen Farbpunkten hin und her. Flächen, die auf diese Weise gestaltet sind, wirken unruhig, das Auge findet keinen Halt. Um jedoch die angestrebte entspannende Wirkung beim Betrachter zu erzielen, sollte man die Komplementärfarben so wählen, daß sich diese in ihrer Helligkeit oder Sättigung deutlich unterscheiden und das Weiß des Malgrunds für die nötige Aufhellung zwischen den Komplementären sorgt.

Die Ausdrucksmöglichkeiten der bereits genannten Techniken sowie der Stupftechnik sind sehr vielfältig. Abgeleitet von dem Vorbild der Neoimpressionisten können einige Grundregeln für die Farbkomposition definiert werden: Um eine atmosphärische Wirkung im impressionistischen Stil zu erreichen, ist ein weißer Untergrund notwendig.

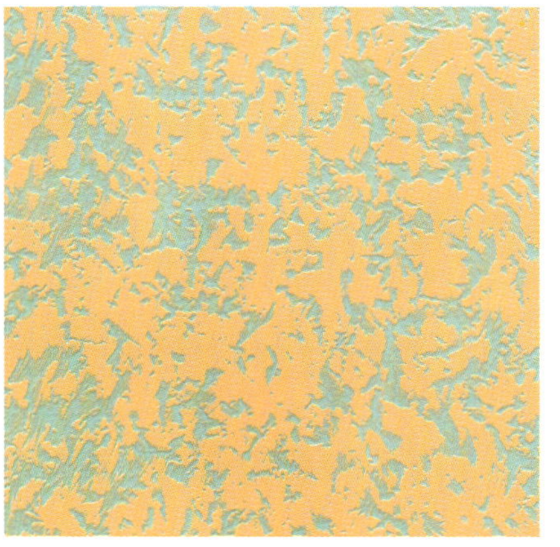

Am einfachsten auszuführen sind monochrome Farbkombinationen, deren Farben sich nur durch Sättigung und Helligkeit unterscheiden und teils deckend, teils lasierend nebeneinander- sowie übereinandergestupft werden. Das Ergebnis ist eine einfache, immer harmonisch wirkende Fläche.

Anspruchsvoller sind solche Kombinationen, bei denen die einzelnen Töne einen bestimmten Bunttonbereich umspannen, in ihrer Leuchtkraft jedoch ähnlich sind; Blau, Türkis und Violett erzeugen beispielsweise eine kühle und frische Stimmung. Bei dieser Methode entstehen Farbklänge, durch die sich Räume stimmungsvoll inszenieren lassen.

Gegenüberliegende Seite:
Setzen sich kleine Strukturen aus komplementären Farben zusammen, so kommt es zum sogenannten »Flimmerkontrast« – die Fläche scheint zu zittern.
Trennen die Gegenfarben jedoch weiße Bereiche, so flimmern diese kaum. Die Farben scheinen von »innen heraus« zu leuchten.

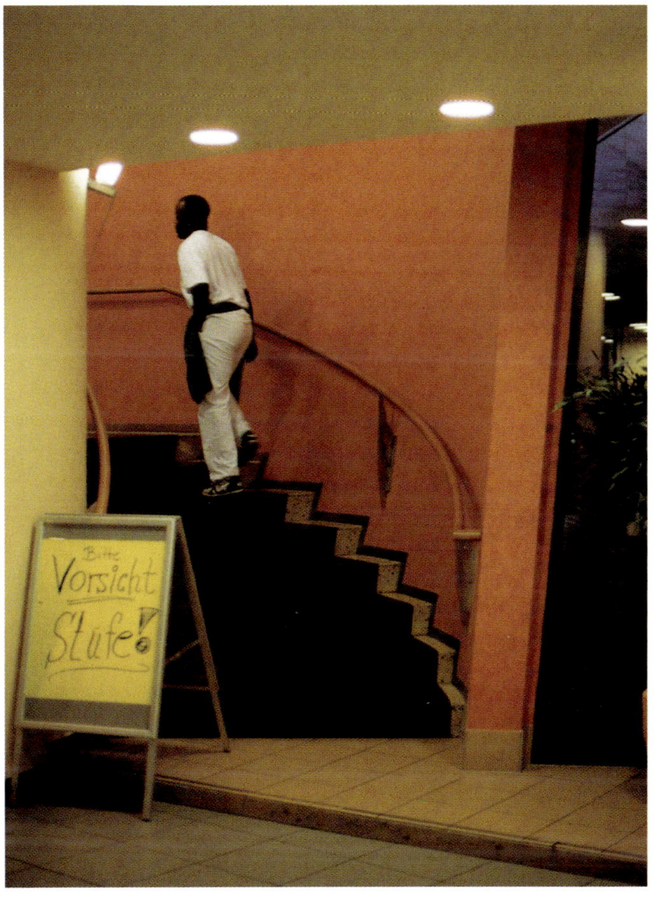

Die Wände des Treppenaufgangs der Autobahnraststätte Siegerland sind mit einer monochromen Stupftechnik gestaltet. Im Detail zeigt sich die Farbtextur angenehm weich und ruhig.

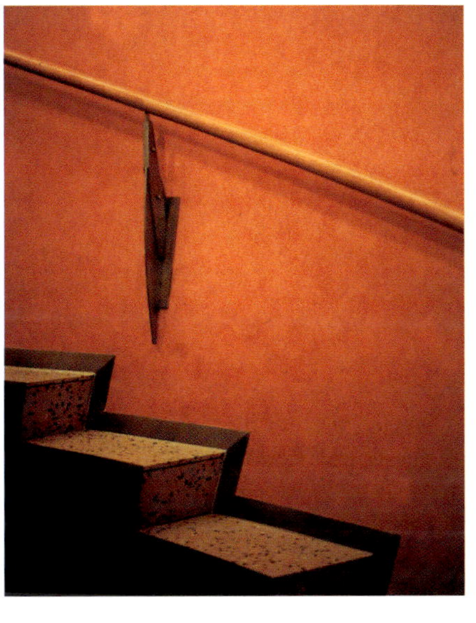

Ganz im Sinne einer pointillistischen Farbauffassung ist die dritte Möglichkeit, bei der man gesättigte Farben mit deutlich unterschiedlichen Bunttönen nebeneinanderstupft. Interessant sind auch gegenfarbige Kompositionen: Von nahem zeigen sie ihre Reinheit und Leuchtkraft, von fern erscheinen sie als relativ neutraler Summenton. Anwendbar ist beispielsweise eine gegenfarbige Variante aus Gelb- und Violettönen auf weißem Malgrund. Solch komplementäre Farbverknüpfungen können voll innerer Spannung sein, sie schwanken je nach Betrachtungsabstand zwischen Vibrieren und Ruhe.

Möchte man die Farbwirkung einer gestupften Fläche abschwächen, sollte man nicht den üblichen Weg der Vergrauung gehen, sondern dem Beispiel der Impressionisten folgen und den Ausdruck durch Aufbringen einer weiteren komplementären Farbe schwächen. Nur so bleibt die lebendige Wirkung der Technik erhalten.

Die bisher genannten theoretischen Ansätze zielen immer darauf ab, den Raum hell und beschwingt zu interpretieren, den Wandflächen mehr Lebendigkeit zu verleihen. Wird hingegen eine kompaktere Lösung verlangt, soll der Raum geschlossener erscheinen, ist eine andere Vorgehensweise ratsam. In diesem Fall wählt man eine Grundfarbe, welche die Richtung des gewünschten Gesamtausdrucks trifft und variiert die Stupftöne ins Dunklere oder Gesättigtere.

Stupftechniken werden auch zur Imitation von Natursteinen wie Granit und Sandstein verwendet. Natürlich gelten dann andere Gestaltungsregeln als die hier beschriebenen. Man orientiert sich bei diesen Imitationstechniken an der Farbigkeit des Natursteins und arbeitet auf einem entsprechend farbigen Untergrund.

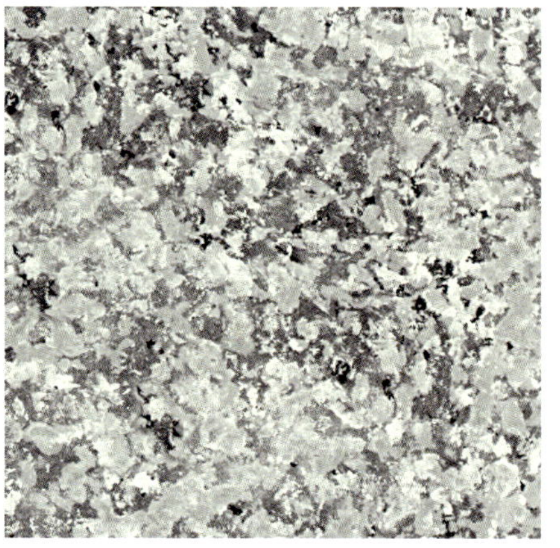

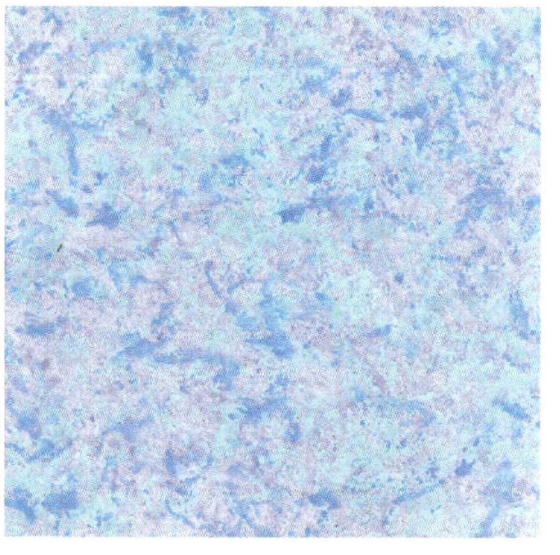

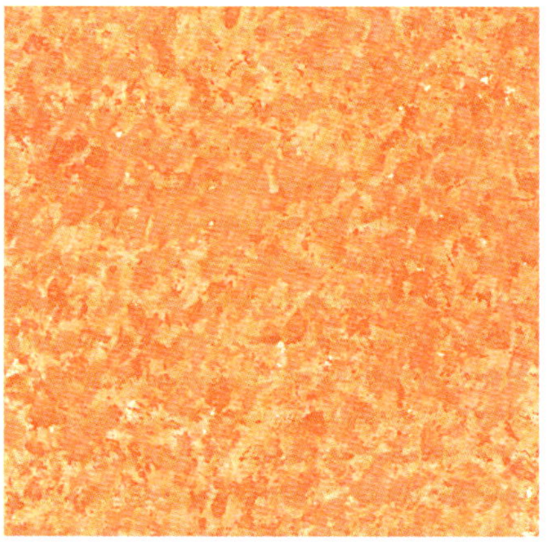

Für die Granitimitation werden Grautöne in verschiedenen Valeurs variiert. *Abb. oben*

Farbige Untermalungen verbinden auch polychrome Farbklänge. *Abb. Mitte*

Farbkombinationen aus einem begrenzten Bunttonbereich sind spannungsärmer und harmonischer. *Abb. unten*

Gegenüberliegende Seite:
Die Stupfmuster zeigen in pointillistischer Manier starkfarbene Varianten auf weißem Grund.

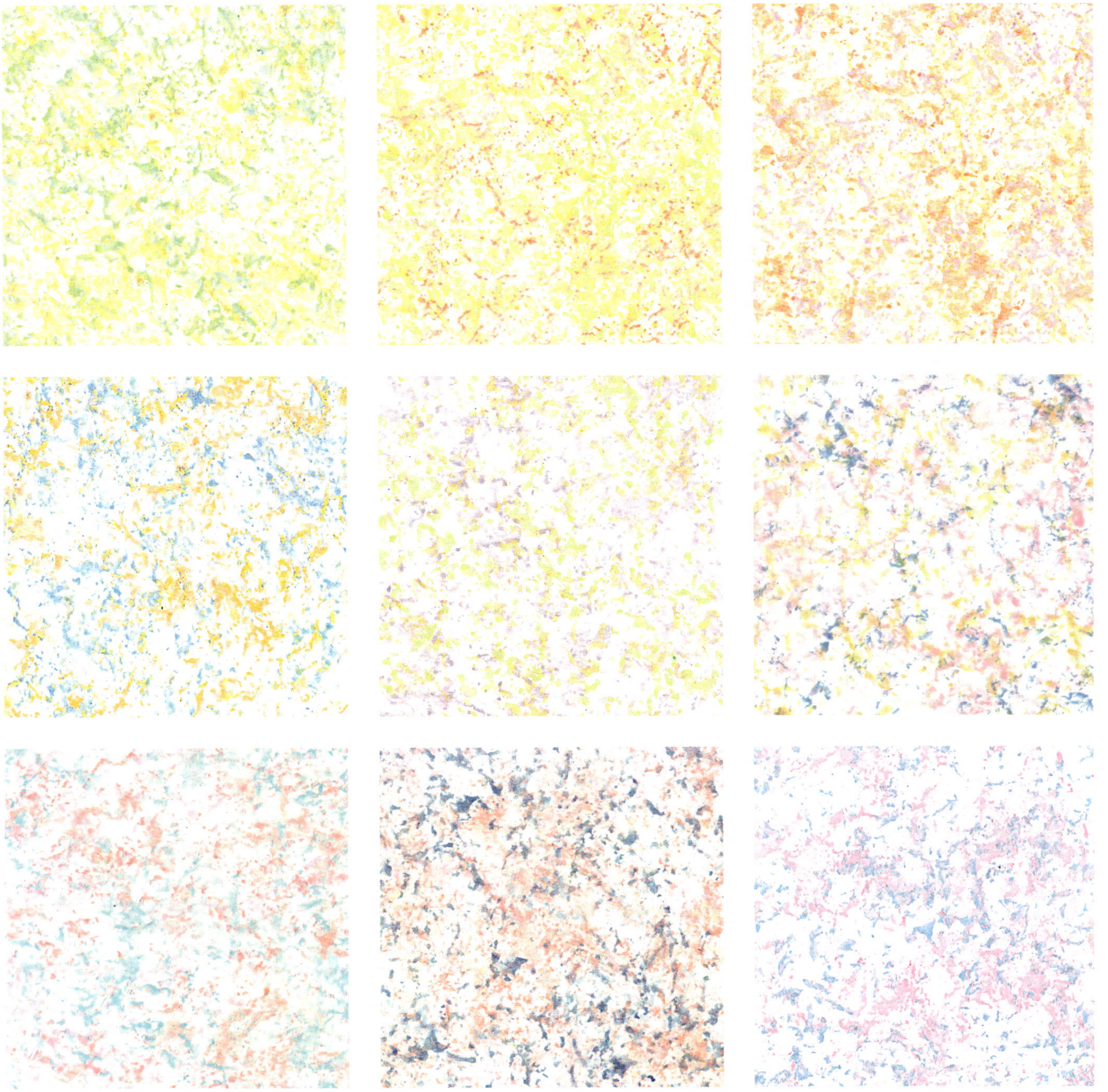

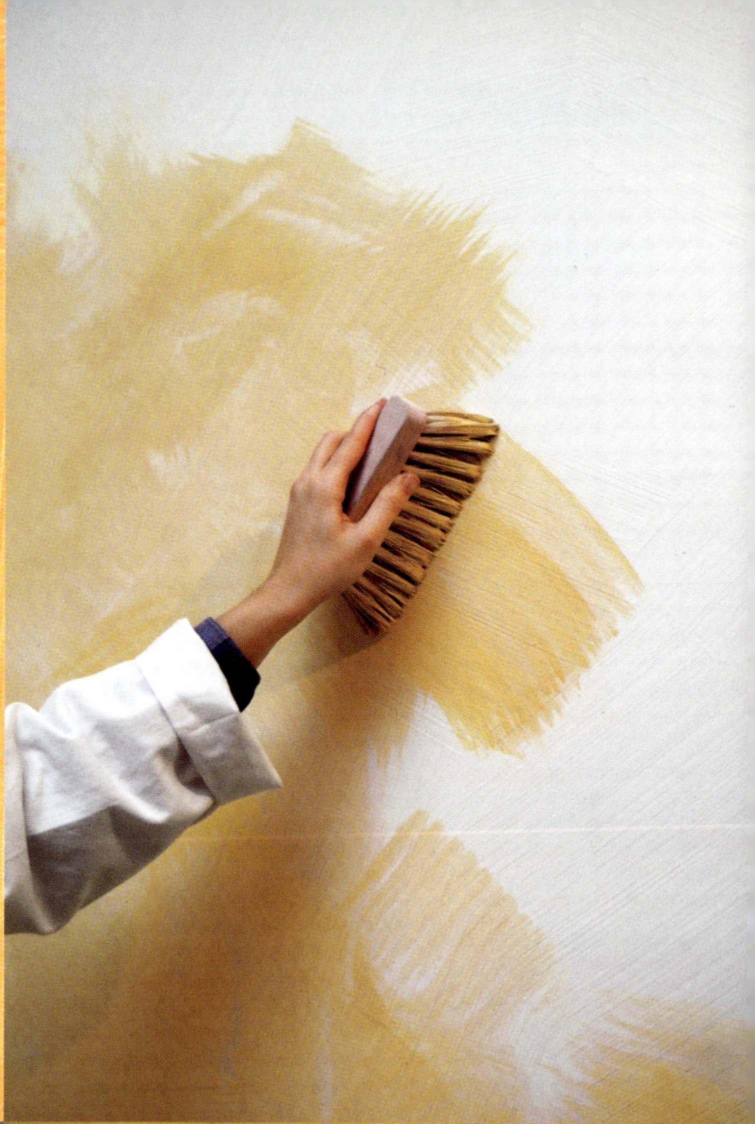
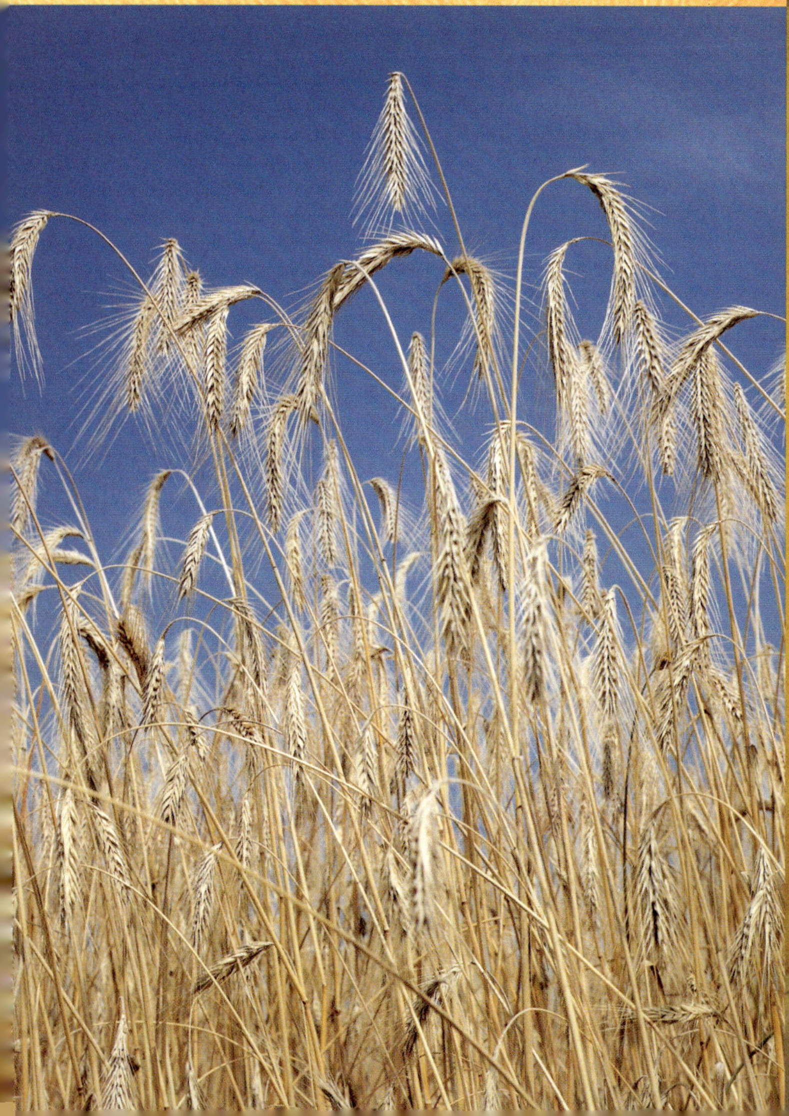
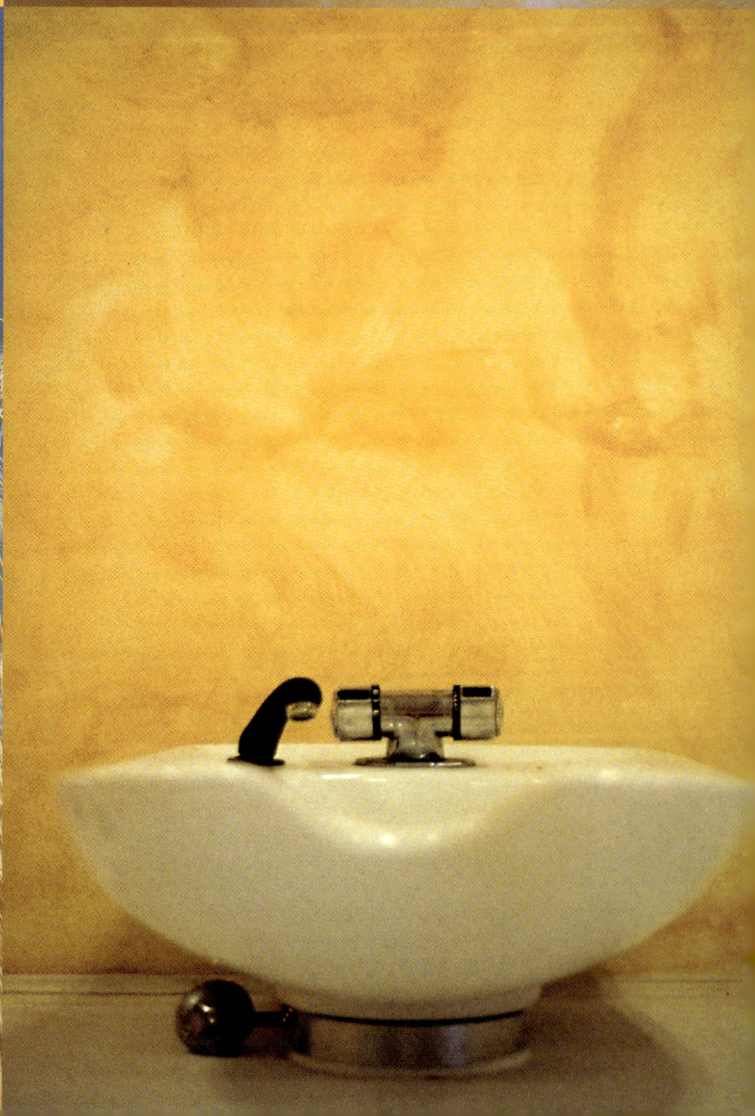

STRUKTUR UND DUKTUS

Pinsellasurtechniken

»Sprezzatura«, das spontan Hingeworfene, dominiert bei Techniken, deren Bild durch Werkzeug und Arbeitsweise geprägt wird. Mit Bürste oder Pinsel ergeben sich vielfältige Ausdrucksmöglichkeiten: dynamisch ausgeführte Schwünge mit großzügigem Duktus, zufällige Bewegungen mit natürlichem Ausdruck oder rhythmische Striche mit tänzelnder Struktur.

»Sprezzatura« bezeichnet das scheinbar ohne Mühe Gemachte, das spontan Hingeworfene und die Handschrift des Künstlers. Doch dieser Begriff bedeutet weit mehr: die Nichtachtung und Geringschätzung der althergebrachten Regeln als ein Wesenszug der italienischen Mentalität überhaupt. Alle Stimmungslagen, ob leidenschaftlich, zornig oder beschwingt, spiegeln sich in der Malweise wider.

Oftmals bemühen sich Handwerker vergebens, das Geheimnis dieser Handschrift zu ergründen. Sie übersehen, daß dies allein schon durch ihr methodisches Bemühen verhindert wird. Erst wenn man durch fortwährendes Üben und Anwenden die notwendige Selbstsicherheit gewonnen hat, beginnt der Reiz der »Sprezzatura«.

Der Duktus einer Maltechnik ist also eine Frage der Persönlichkeit und der Stimmung des Malers. Manche sind großzügig, verschwenderisch in ihren Pinselstrichen, andere wiederum zurückhaltend oder zaghaft. Diese Unterschiede treten besonders bei solchen Techniken hervor, deren Bild durch Werkzeug und Arbeitsweise geprägt wird. Dazu gehören vor allem Pinsel- und Bürstenlasuren.

Pinselstrukturen lassen sich mit lasierenden und deckenden Farben erzeugen. Bei letzteren eignet sich nur eine Malweise, die naß in naß, »alla prima«, aufgebaut ist.

Mit lockerem Duktus legt man die Pinselstriche mehrfarbig nebeneinander und verwischt sie im gleichen Arbeitsgang. Diese Technik verlangt zügiges Arbeiten, die Hand darf erst ruhen, wenn die Bürste »leer« ist.

Mehr Variationsmöglichkeiten bietet der lasierende Farbauftrag, besonders mit Lasurfarben, die eine lange Offenzeit besitzen. Zunächst wird eine größere Fläche mit der Lasurfarbe vorgelegt, die dann mit einer Bürste strukturiert wird.

Anstelle einer herkömmlichen Streichbürste verwenden einige Maler große Tapezierbürsten für ihre Pinsellasurtechniken und erzielen damit einen noch charaktervolleren Ausdruck. Für große Flächen haben sich auch Abstaubbürsten bewährt, dank ihres geringeren Gewichts strengt das Lasieren damit auf Dauer weniger an.

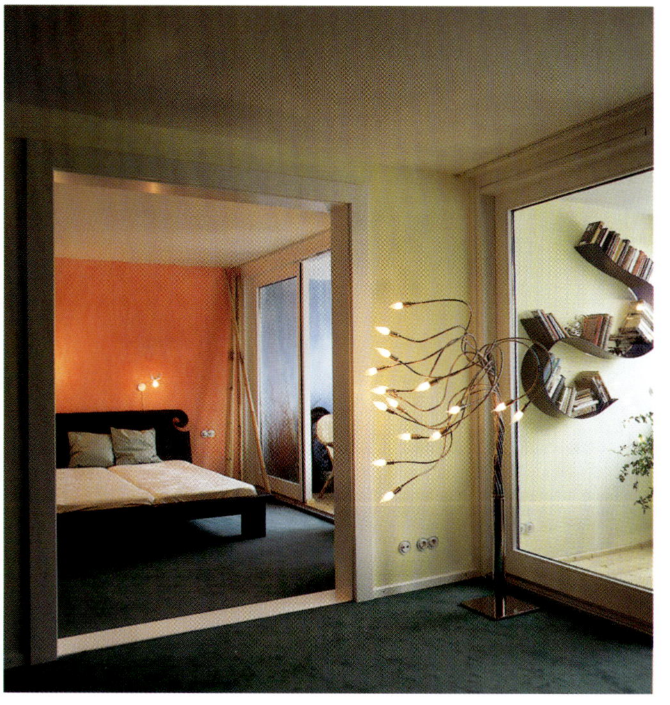

Die Farbigkeit der Raumabfolge steigert sich vom Wohn- zum Schlafzimmer vom sonnigen Gelb zum Rotorange. Durch einen vertikal betonten Duktus wirkt die warmtonige Pinsellasur im Schlafzimmer eleganter als beim richtungslosen Farbauftrag.

Wie von hohem Gras behütet, fühlt man sich in diesem Raum. Die Pinsellasur mit ihrem organischen Rhythmus ist ganz der Natur abgeschaut.

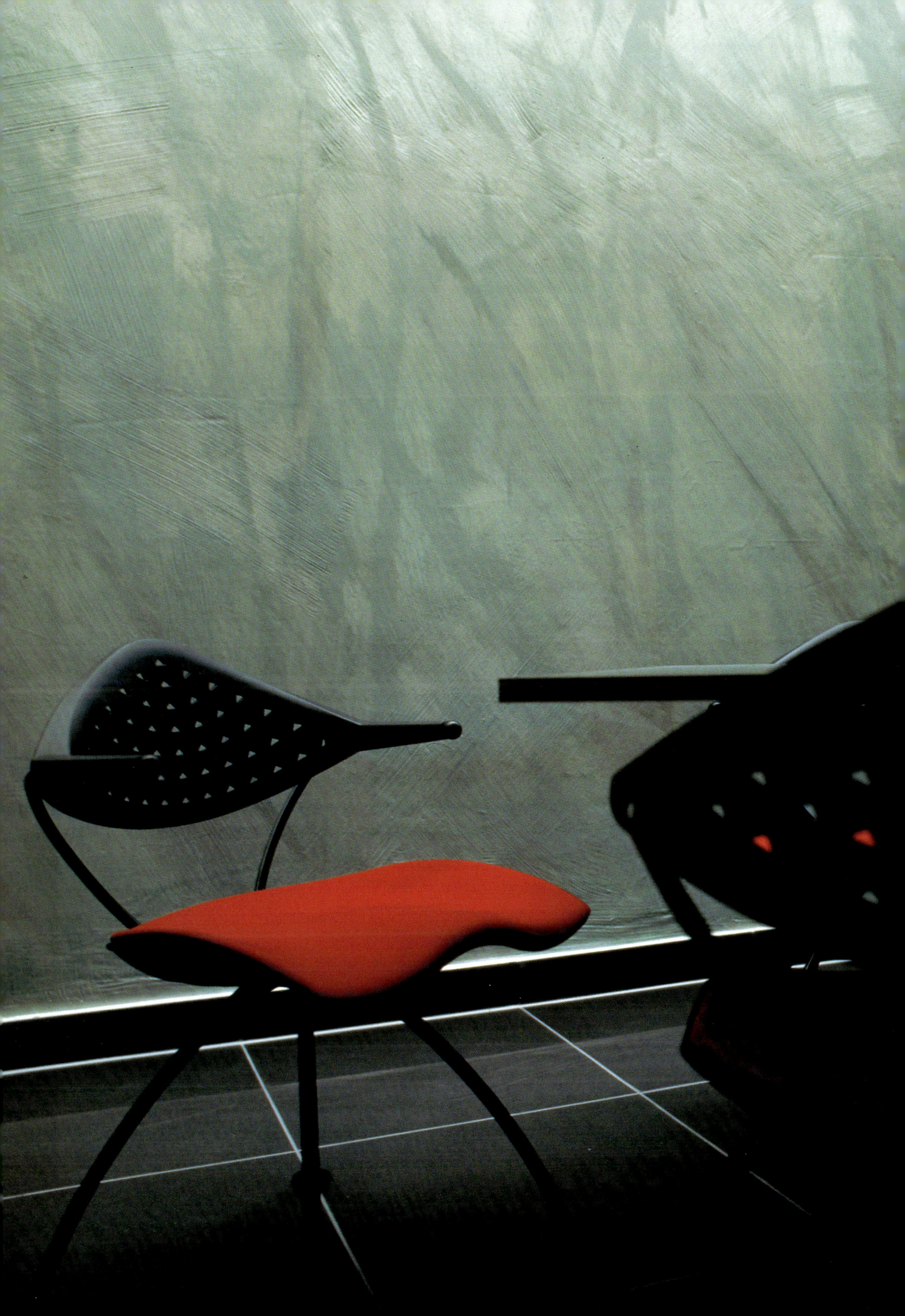

Struktur und Duktus

So vielfältig wie das Sprachvokabular sind auch die Ausdrucksmöglichkeiten von Pinsel- und Bürstenlasuren. In vertikalen Bahnen aufgetragen, wirkt die Textur elegant und konzentriert. Hingegen erscheinen chaotische, vom Zufall bestimmte Strukturen eher natürlich. Großzügige Rhythmen in rundlichen Schwüngen wirken leicht und beschwingt – mit kleinem Duktus umgesetzt jedoch tänzelnd bewegt. Beides, Duktus und Farbe, sollten in ihrer Aussage stimmig sein. Eine schwungvoll ausgeführte Pinsellasur in ausdruckslosem Grau ist ein Widerspruch in sich.

Die Anwendung des Pinselvokabulars will gut überlegt sein. Nicht in allen Räumen ist die starke Aussage dieser Technik angebracht. Soll die Wirkung beispielsweise nobel und zurückhaltend sein, so ist eine Glättetechnik in dezenten Nuancen besser geeignet als eine mit leidenschaftlichem Duktus aufgetragene Pinsellasur.

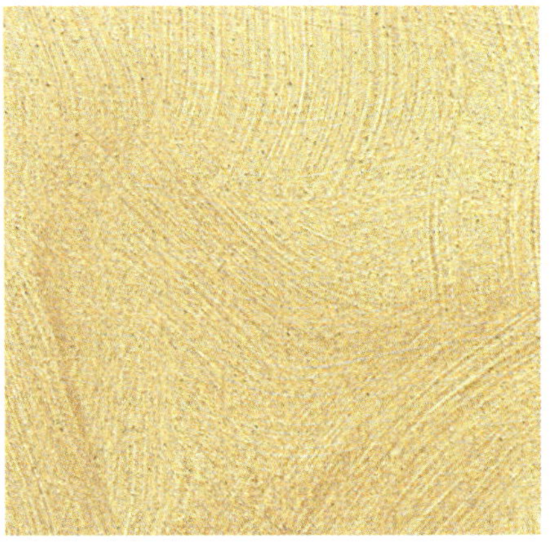

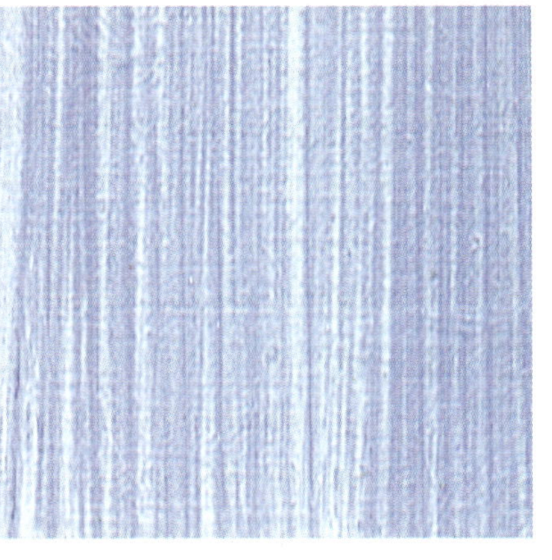

Pinselstrukturen, mit ruhigen Schwüngen aufgetragen, wirken weich und natürlich. *Abb. oben*

Ein schneller Duktus mit kurzem und geradem Strich erscheint hektisch und ruppig. *Abb. Mitte*

Ist die Farbtextur wie bei einer Strichlackierung gerichtet, so entsteht ein eher sachlicher Ausdruck. *Abb. unten*

Gegenüberliegende Seite:
Die Mustersammlung zeigt zahlreiche Pinsellasuren, die auf einer glatten, weißen Grundfarbe ausgeführt sind.
Als Malfarbe wurde eine transparente, matte Acrylfarbe verwendet, die mit Farbkonzentraten pigmentiert wurde.

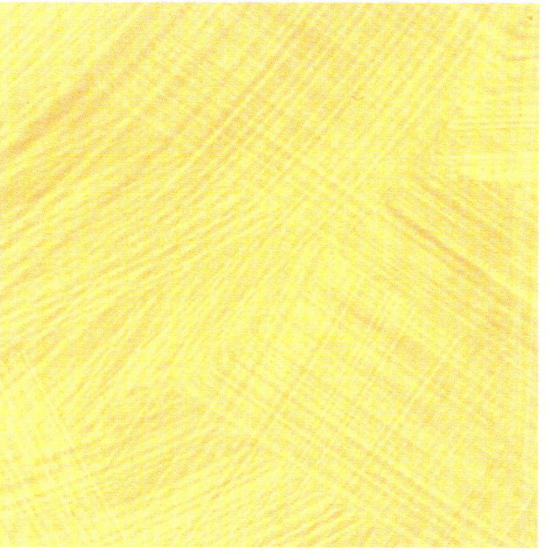

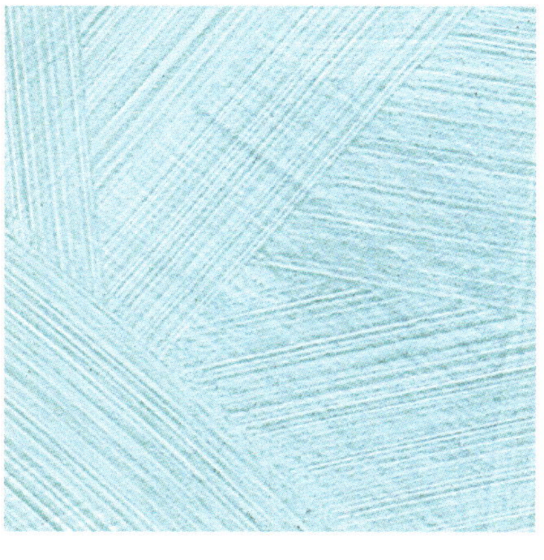

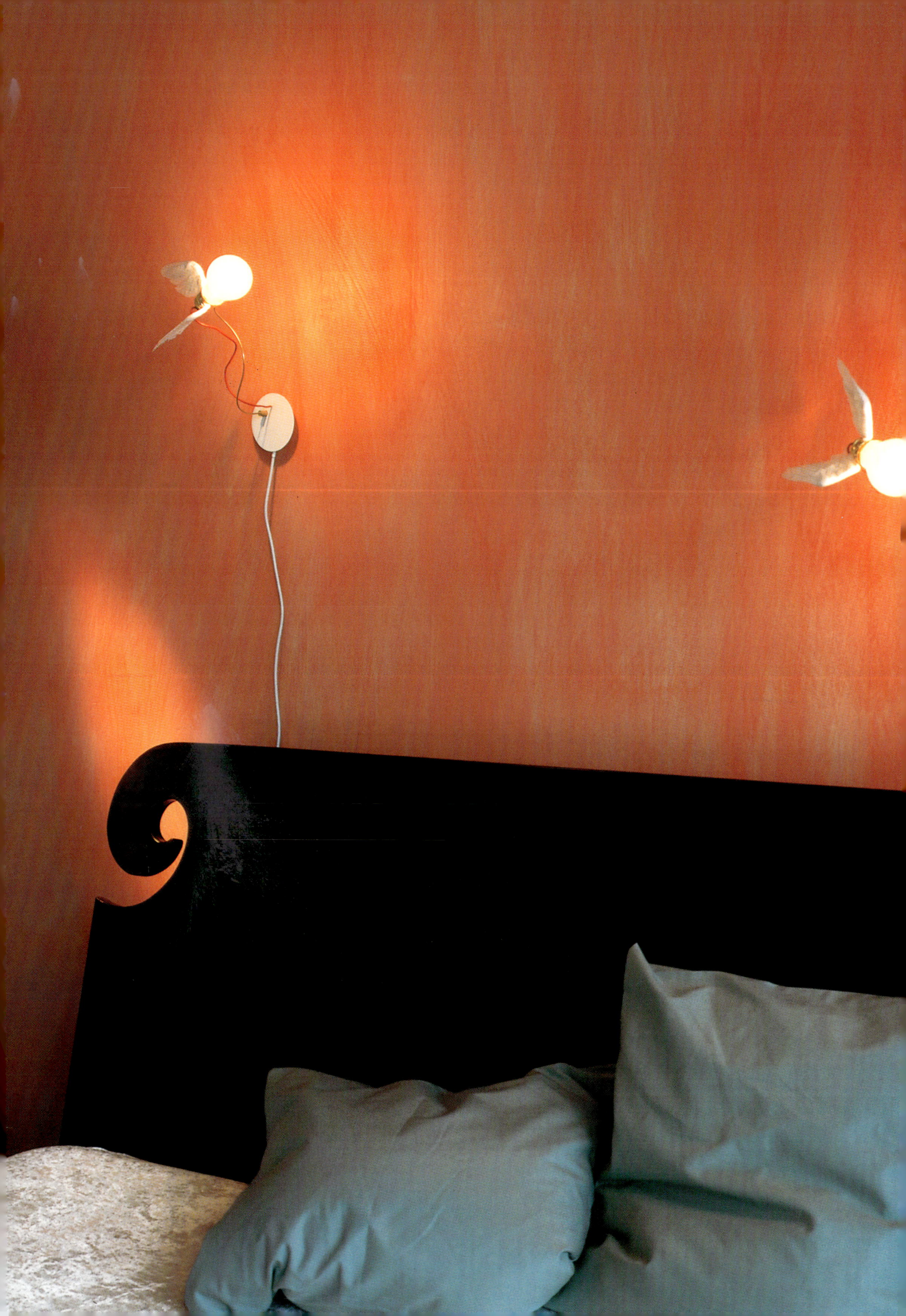

WOHNEN

Wohnen zählt zu den menschlichen Grundbedürfnissen – und auch der Wunsch, die eigenen vier Wände individuell zu verschönern. So ist die Wohnung immer auch Ausdruck ihrer Bewohner – eine Art Mikrokosmos der Selbstverwirklichung und Selbstdarstellung.

Gerade im Hinblick auf die Individualisierung spielen Maltechniken eine zentrale Rolle. Zwar bilden die Wände »nur« den Hintergrund für das Wohnen, doch dieser Hintergrund sorgt für Atmosphäre und setzt Einrichtung wie Bewohner in Szene. Der fast unbegrenzte Variantenreichtum an Farben, Strukturen, Texturen, des Duktus und der Haptik erlaubt, für fast jede Situation die passende Lösung zu finden. Das Repertoire reicht von archaischer Ursprünglichkeit bis zu artifizieller Eleganz. So begründete die neue »Lust am Zuhause« die Wiederentdeckung der handwerklichen Oberflächengestaltung Mitte der achtziger Jahre und ihre rasante Verbreitung in den neunziger Jahren.

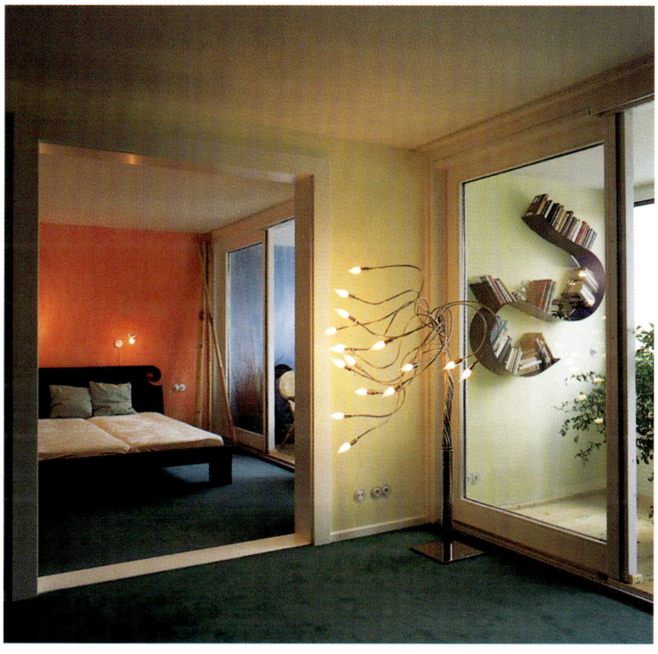

Farbdynamik
Einst kaum genutzter Balkon, heute Wintergarten mit Bibliothek. Doch nicht nur dies veränderte der Umbau – auch die restlichen Räume der Junggesellenwohnung zeigen sich heute in völlig neuem Gewand. Die Farben unterstützen die optische Differenzierung der einzelnen, durch vergrößerte Durchbrüche verbundenen Räume. Das Schlafzimmer wurde ziegelrot lasiert, das Eßzimmer in ein helles, freundliches Gelb getaucht, und der verbliebene, zweite Balkon erhielt ein luftiges Blau. Alle Flächen bearbeitete man mit Pinsellasurtechnik, wobei der Duktus im Schlafzimmer bewußt sichtbar ist.

Wohnen als Ereignis, als Inszenierung oder als ganz persönliches Refugium – die Ausdrucksformen sind äußerst differenziert. Genauso verschieden ist auch die Wohnung selbst zu betrachten, da sie unterschiedlichste Funktionsbereiche vereint, die auch maltechnisch spezifisch betrachtet werden sollten. Der Flur beispielsweise als Begrüßungsort verträgt Techniken, die im Duktus und der Farbigkeit eher lebhaft sind und kommunikativen Charakter haben. Im eigentlichen Wohnraum hingegen kommen meist ruhiger wirkende Techniken zum Einsatz: mal repräsentativ, mal introvertiert, mal mediterran-gemütlich – je nach Wohnstil. Wo gespeist wird, da trifft man sich, unterhält sich und tauscht sich aus; ein Ort der Aktivität, zu dem ebensolche Farben und Techniken passen, etwa Gelb oder Orange als kommunikationsanregende Farbe und eine Pinsellasur als dynamischer Hintergrund.

In multifunktionalen Räumen, die beispielsweise Essen, Wohnen, Arbeiten und auch Schlafen vereinen, lassen sich die einzelnen Bereiche mit unterschiedlichen Maltechniken herausarbeiten.

Auch das Badezimmer hat inzwischen einen neuen Stellenwert innerhalb des Wohnens bekommen – einst morgendliche Durchgangsstation für die profane Körperreinigung, dient es heute der geistigen wie körperlichen Entspannung: das Badezimmer als Ort, der die Hektik des Alltags aussperrt. Jene gestiegene Wertschätzung spiegelt sich auch in der Gestaltung dieser Naßräume wider: Neben Funktionalität spielen Wohnlichkeit und Individualität die Hauptrollen. Ergänzend zu raumgliedernden Maßnahmen wie Treppungen, Wandscheiben oder eingestellte Elemente leisten die Maltechniken auch hier ihren Beitrag zu einem ansprechenden Ambiente. Da sich Kalkputze auch für spritzwasserberührte Teile des Bades eignen, stellen sie eine ernsthafte Alternative zur traditionellen Fliese dar.

Mediterrane Patina
Mutet fast antik an: die mehrfarbig per Pinsellasur behandelten Wandflächen. Das warme Gelb kontrastiert mit dem frischen Grün des Sockels und den graublauen Partien. Die Decke der Wohnung wurde mit Kalkglättetechnik bearbeitet.

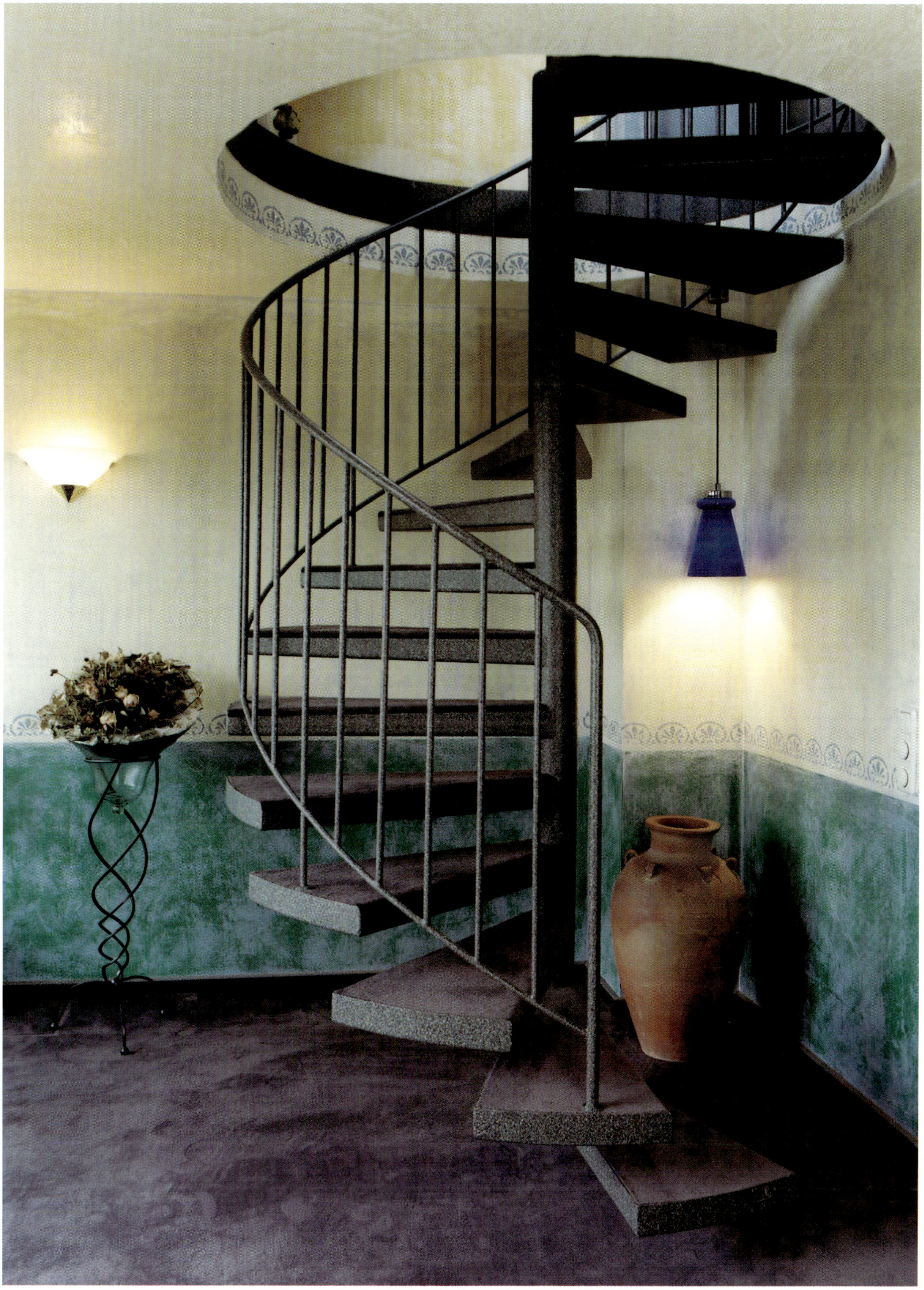

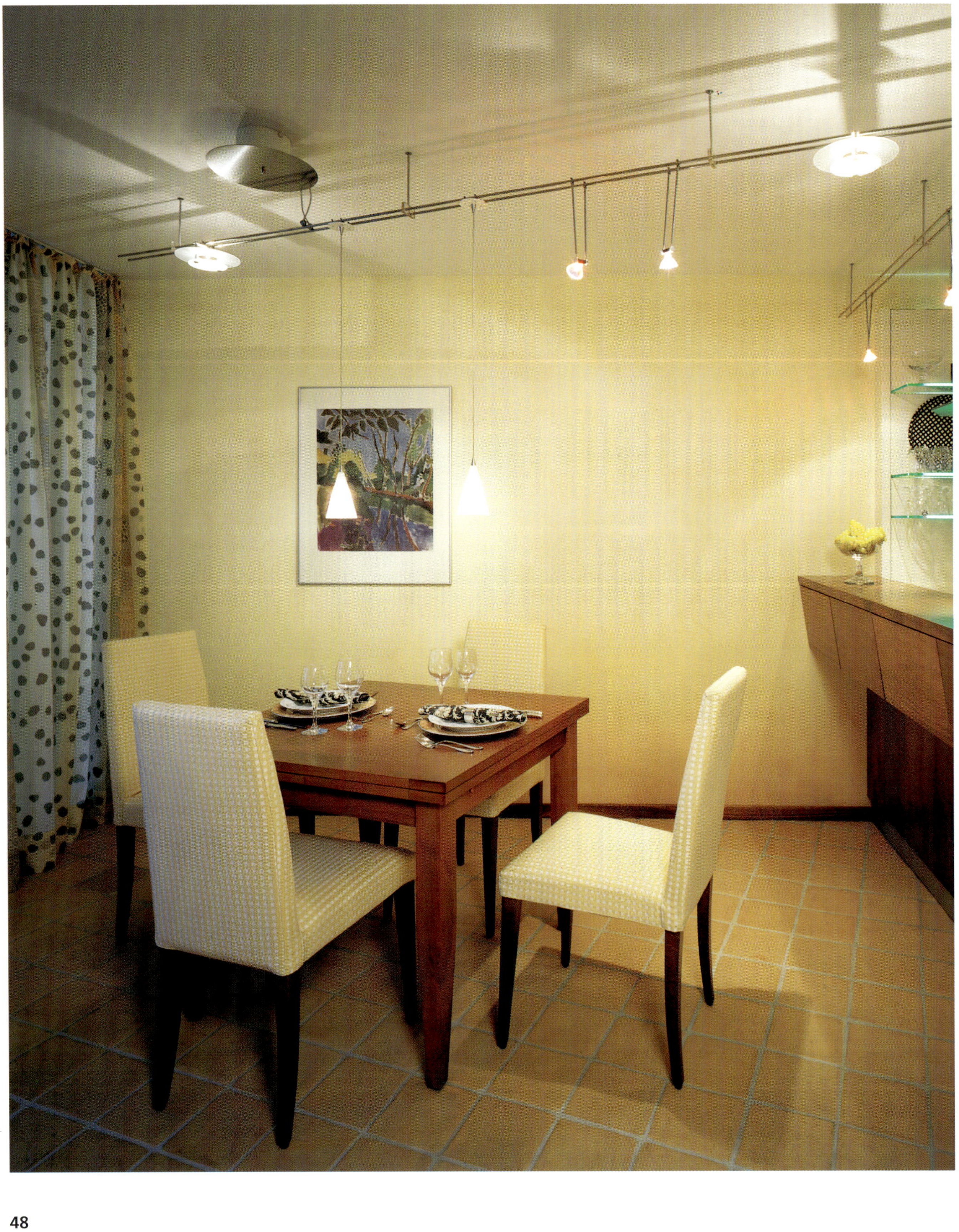

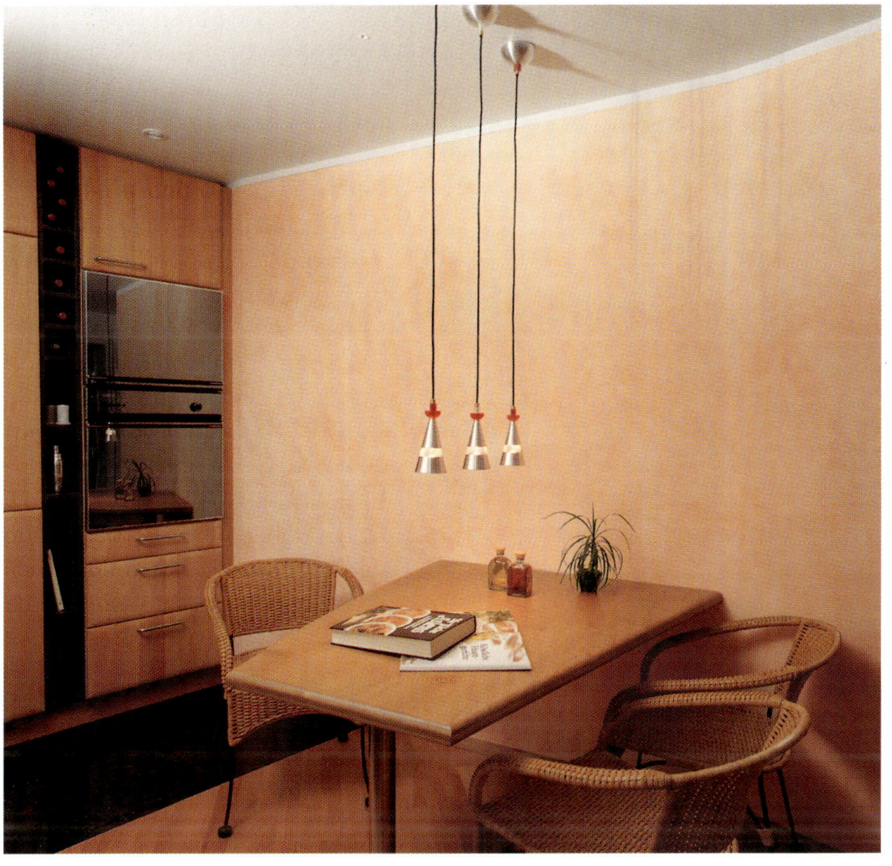

Südliche Grundstimmung
Nicht nur den Eßplatz in der maßgeschneiderten Küche umgibt ein apricotfarbener Ton – die ganze Wohnung wird von dieser Farbstimmung geprägt. Lediglich Farbsättigung, Maltechniken oder Beschichtungsmaterial unterscheiden sich von Raum zu Raum. In der Küche etwa sorgt eine per Bürste applizierte mineralische Lasur für das südliche Flair.

Weich und klar
Auch bei diesem Umbau veränderte die Wohnung ihr Gesicht fast vollständig. Warme, freundliche Farben schaffen eine ruhige, heimelige Atmosphäre. Im kombinierten Eß- und Kochbereich kontrastiert eine Lasurtechnik in sanftem Hellgelb mit den streng geometrischen Formen der Theke und des Fußbodens. Die Bewohnerin trug wesentlich zur Feinabstimmung von Farben und Materialien bei.

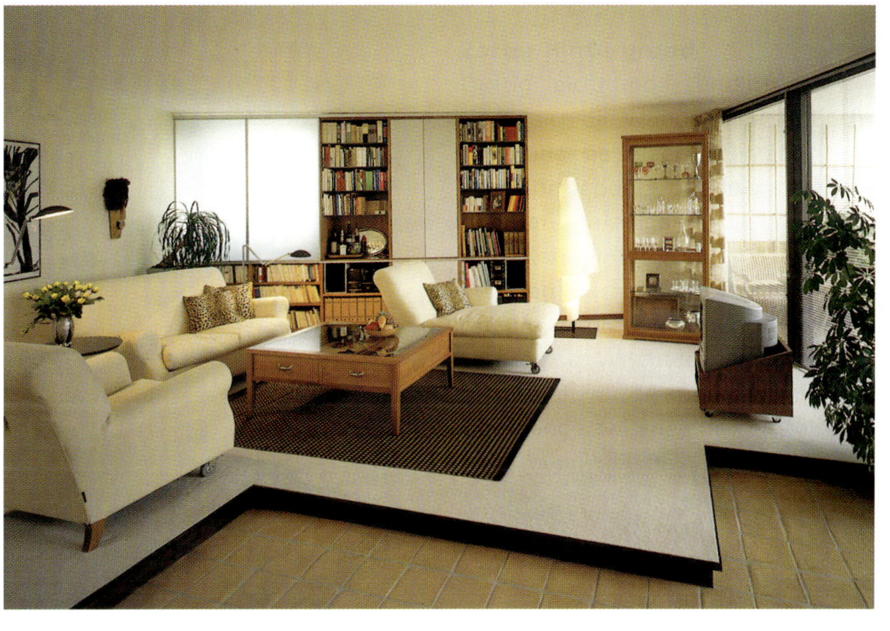

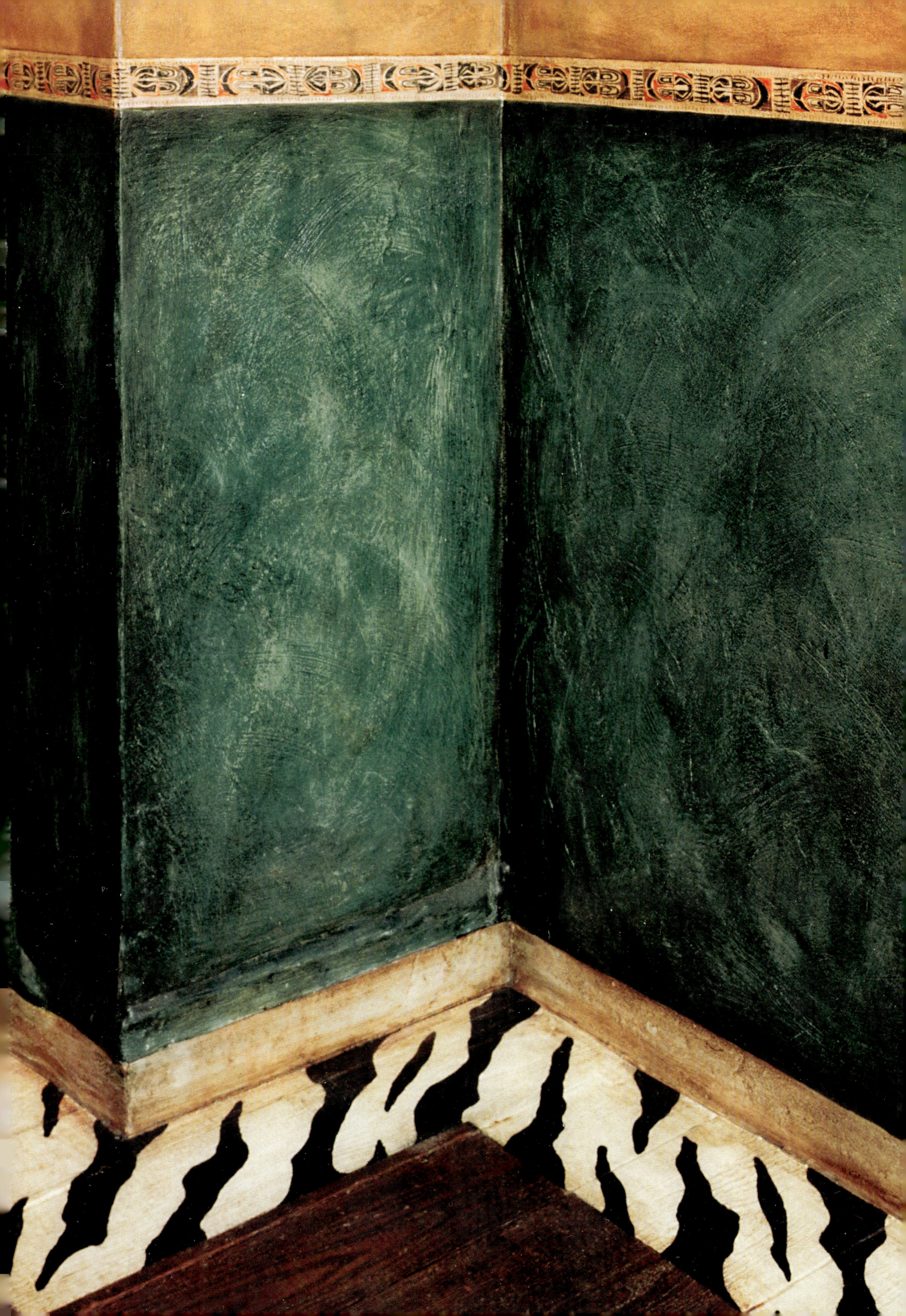

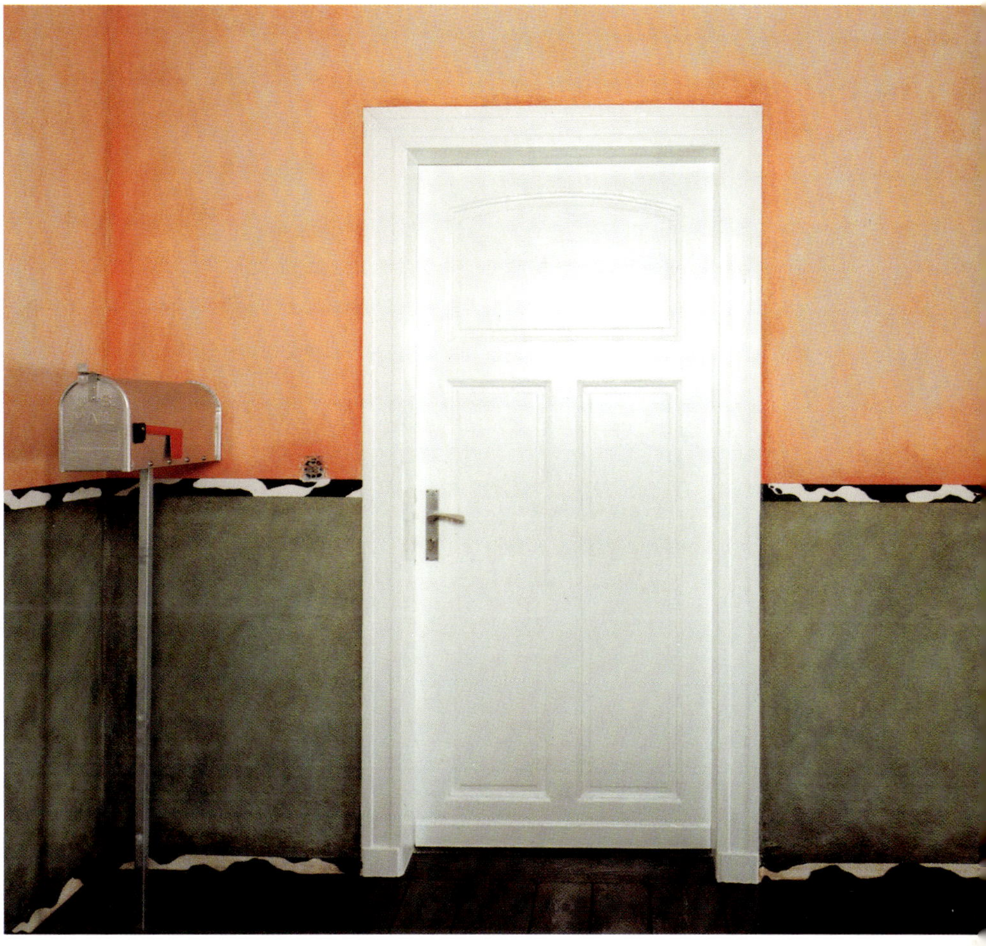

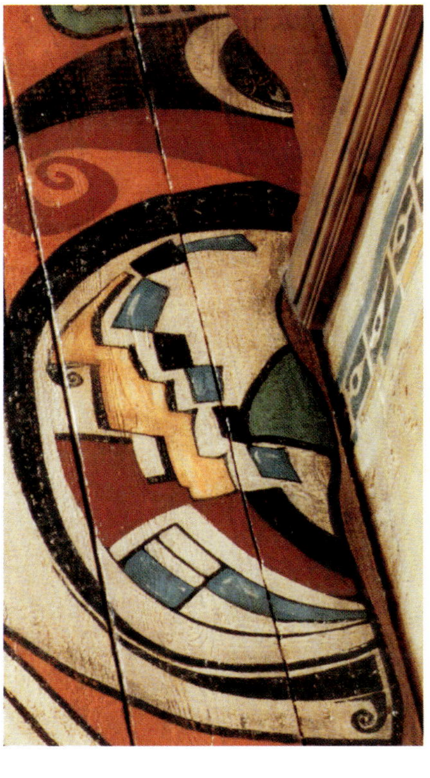

Potpourri
Eine Bürstenlasur mit prägnantem Duktus bestimmt den Sockel des »mexikanischen Treppenhauses«, das Teil einer sehr persönlichen Wohnlandschaft ist. Anleihen aus den folkloristischen Schätzen ferner Kulturen fügen sich zu einer in sich stimmigen Collage. Selbst die Fußböden wurden durch Bemalung integriert, auch die des großen Wohnraums im amerikanischen Stil. Diese Verwandlung einer deutschen Wohnung in ein multikulturelles Gesamtkunstwerk beanspruchte insgesamt 18 Monate Detailarbeit.

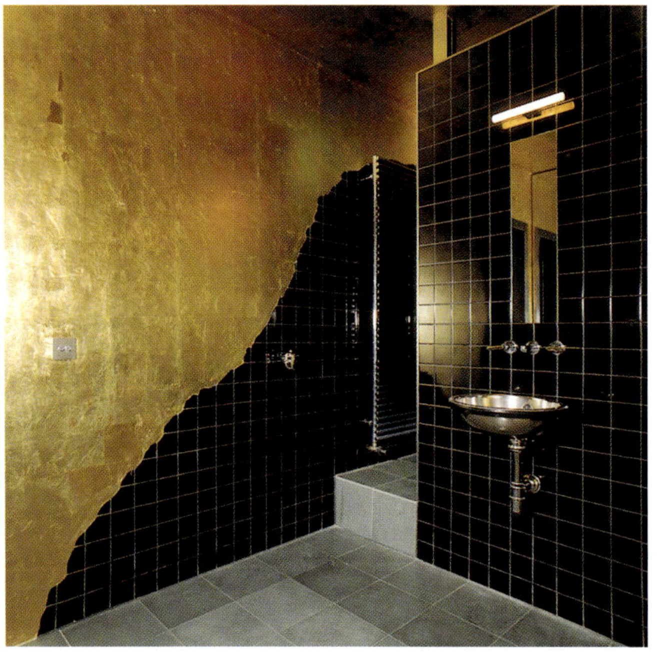

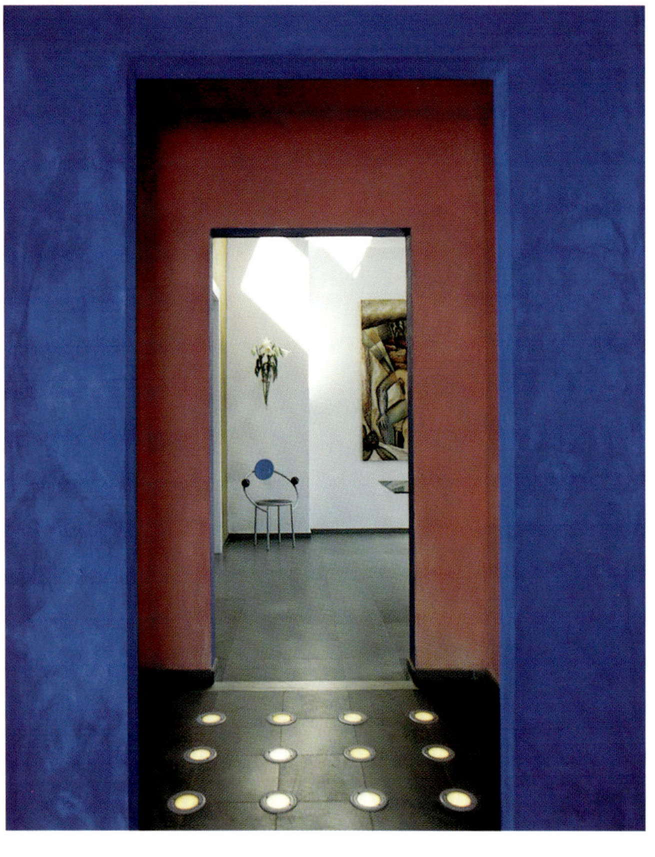

Komplexe Blickbeziehungen
Einen völlig neuen Grundriß weist diese Dachwohnung nach ihrem Umbau auf – eine zweite Ebene kam hinzu, die Fläche vergrößerte sich um 65 Quadratmeter auf knapp 200 Quadratmeter. Die Neuordnung erzeugt eine völlig neue Raumqualität. Ständig wechselnde Perspektiven, komplexe Blickbeziehungen und gestaffelte Farbebenen schaffen Räume voller Spannung und Facettenreichtum. Metall kontrastiert mit Holz, die per Schwamm gewischten Wandflächen mit den perfekten Böden und Möbeln, die blattvergoldeten Wände im Bad stehen hart gegen die schwarzen Fliesen. Während sich die untere Ebene lebendig und dynamisch-kommunikativ gibt, ist die zweite Ebene direkt unter dem First als ruhiges, sehr privates Refugium ausgestaltet.

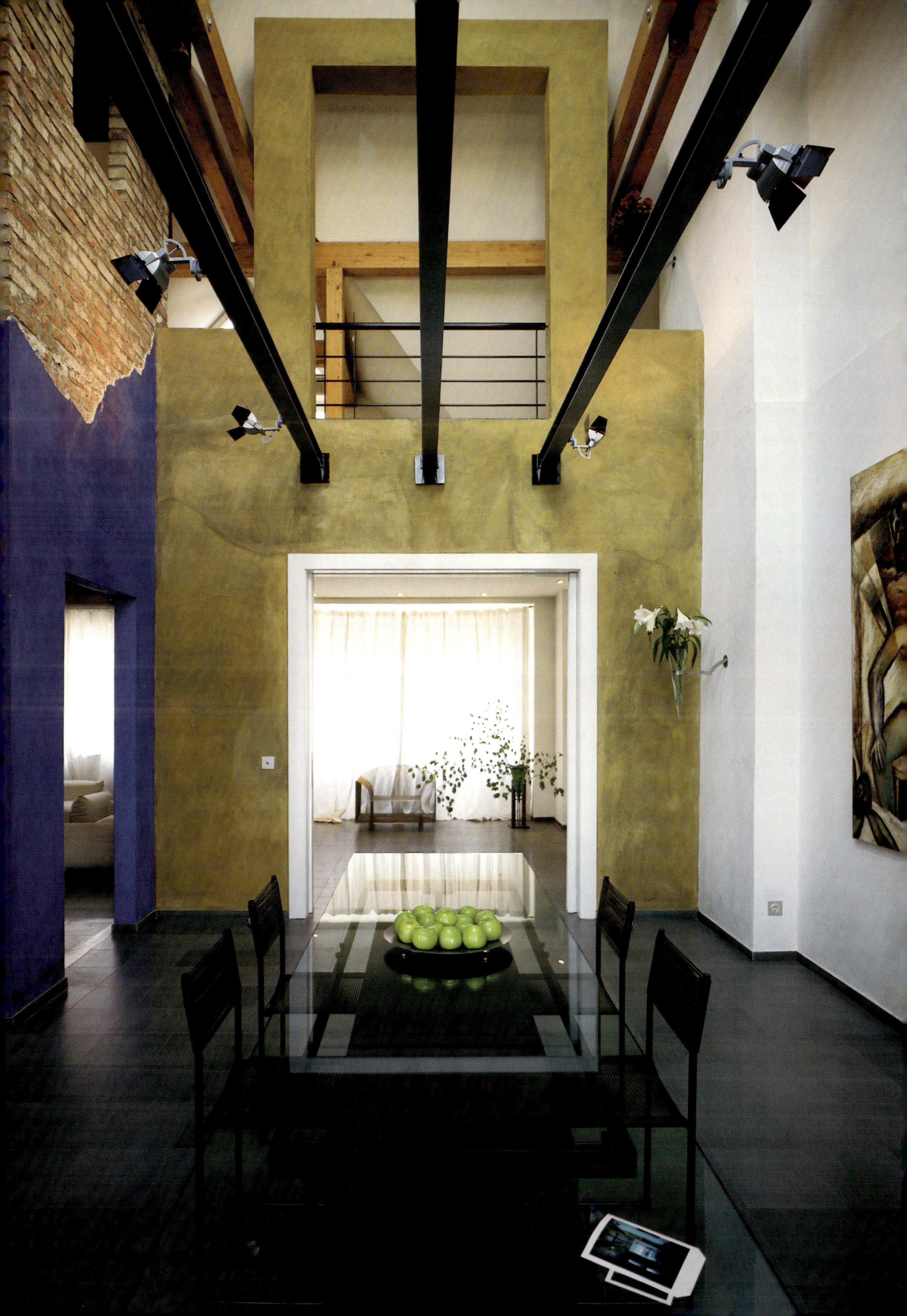

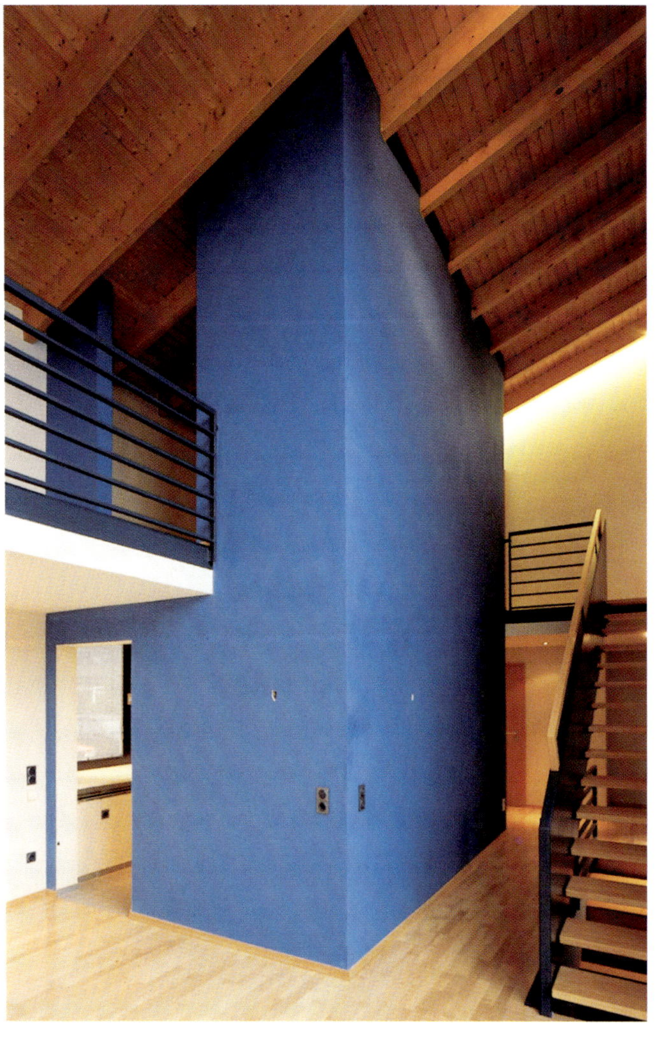

Zentrales Blau

Die interne Konzeption dieses Wohnhauses ist räumlich völlig offen, die einzelnen Bereiche gehen nahtlos ineinander über. Nur die eingestellten Körper strukturieren diesen offenen Grundriß – und fassen bestimmte Funktionseinheiten wie Küche, Bad und WC zusammen. Durch materielle wie farbliche Differenzierung wird die architektonische Eigenständigkeit dieser Teile betont: So trägt der zentrale Block eine leuchtende, blaue Lasur. Er unterstützt die Bedeutung des großen zweigeschossigen Raumes, der zugleich Eingangshalle, Treppenhaus, Wintergarten und Eßplatz ist.

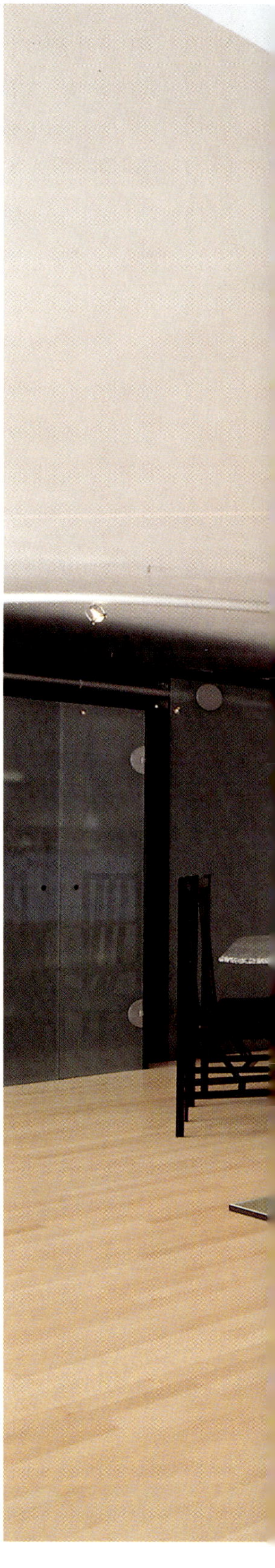

Wolkenwelle

Durch das ganze Erdgeschoß des weiträumigen Galeriehauses zieht sich eine geschwungene Wand, die formal und maltechnisch die sonst strenge Materialzusammenstellung auflockert. Die Umsetzung der wolkig-verlaufenden Fläche erfolgte mit weißer, blauer und roter Minerallasur naß in naß.

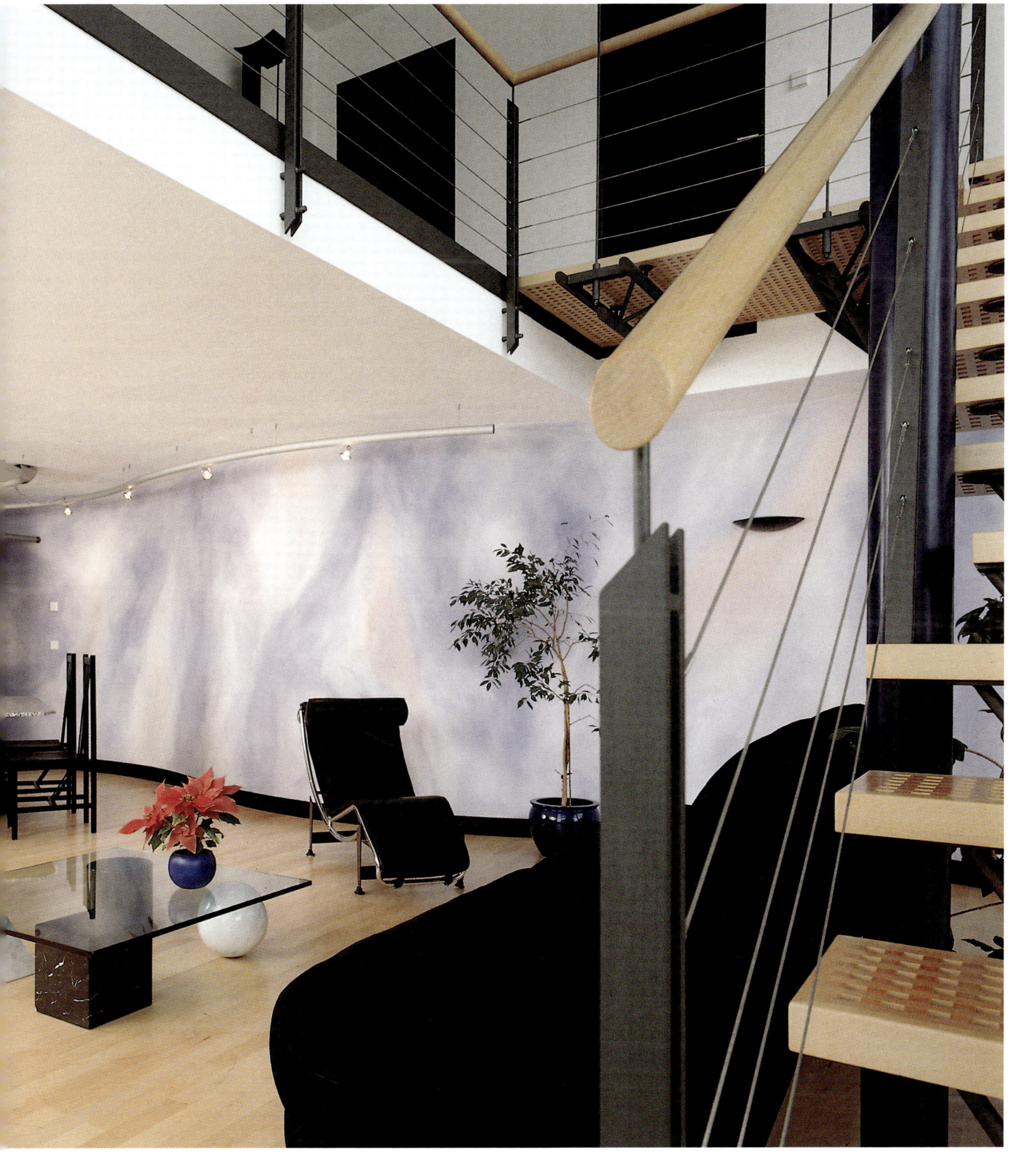

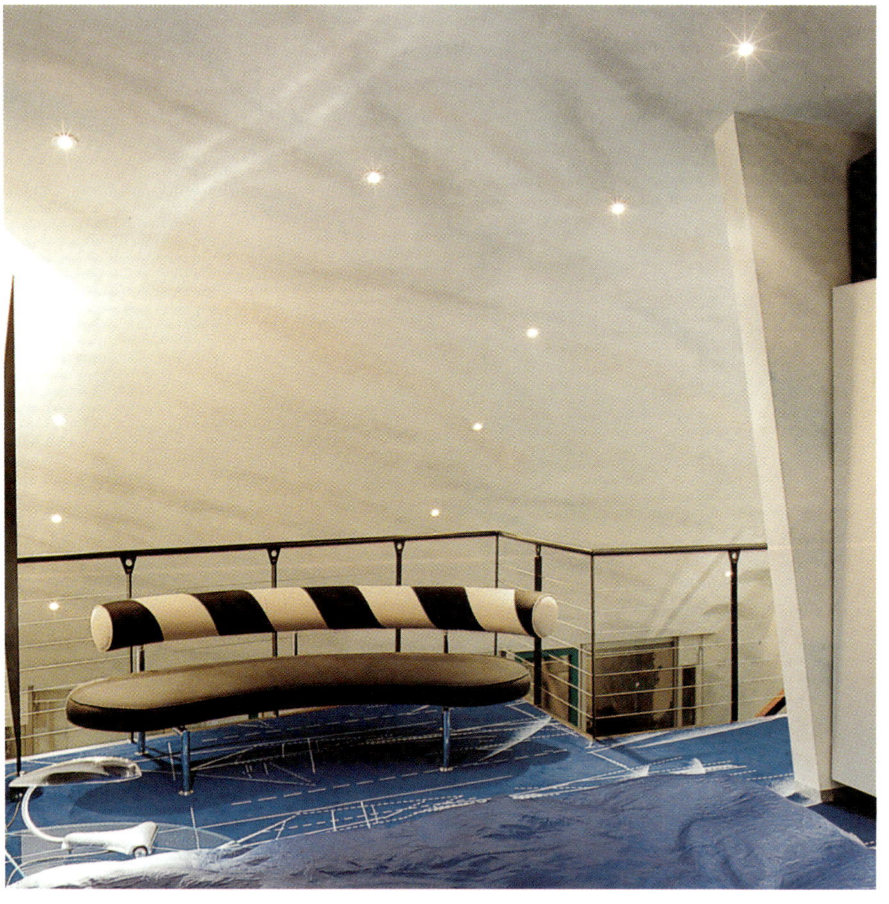

Fließender Dachraum

Mitten in der Saarbrücker Altstadt befindet sich ein Wohn- und Geschäftshaus, das so gar nicht in die alte Umgebung passen will. Genau betrachtet nimmt das Gebäude aber sehr wohl die Proportionen der Nachbarschaft auf, um sich dann über einen blauen Farbakzent abzuheben.
Unter dem gewölbten Dach befindet sich eine zweigeschossige Wohnung mit offenem Grundriß. Trennwände sind gleichzeitig als architektonisch eigenständige Elemente ausgeprägt – etwa die rote Wandscheibe vor der Küche. Kühle Materialien wie Glas, Edelstahl und schwarzer Stahl sowie der satte blaue Bodenbelag schaffen eine prägnante Aussage. Wand und Decke tragen eine vergleichsweise zurückhaltende, luftige Technik: Sie sind subtil graublau lasiert. So verschwimmt die Trennung zwischen Wand und Decke, es entsteht ein großzügiger, »fließender Raum« mit kühler Gesamtanmutung.

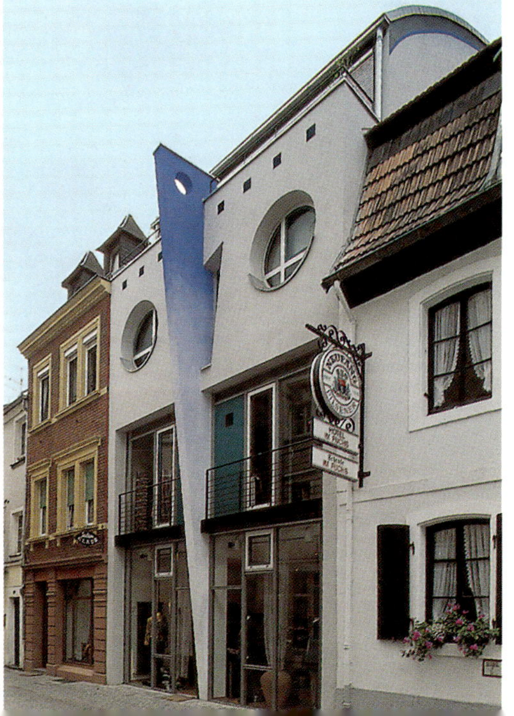

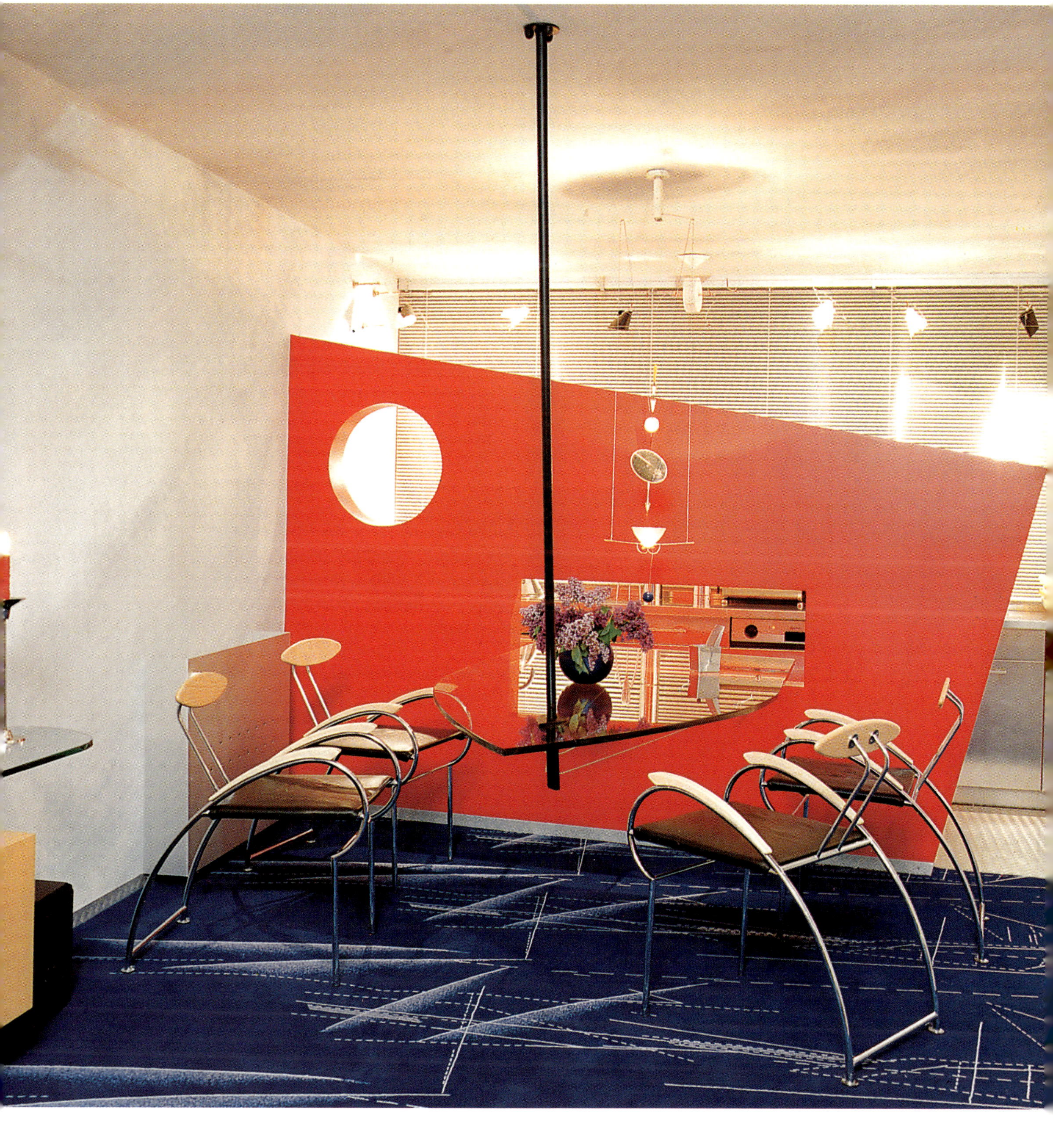

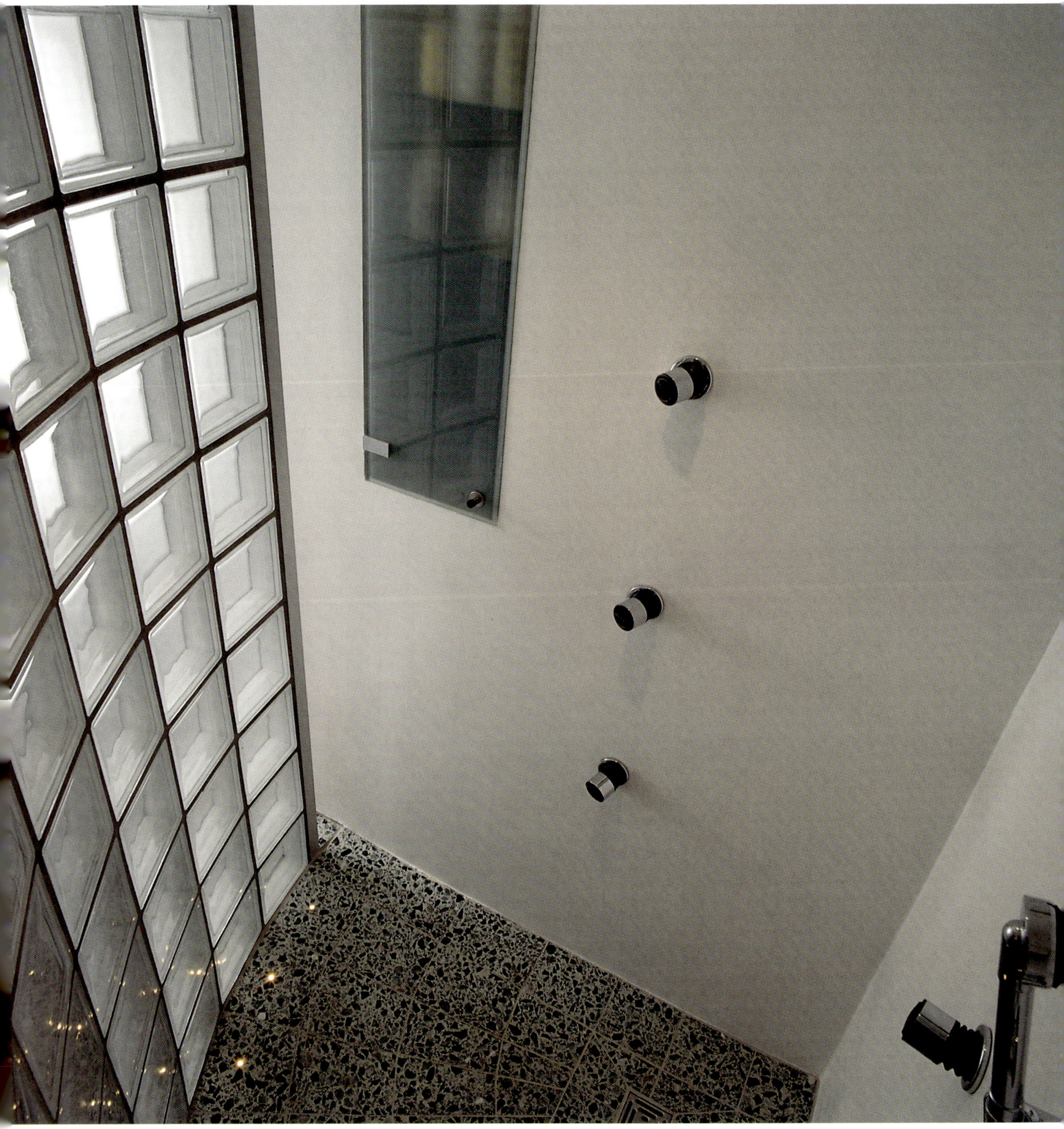

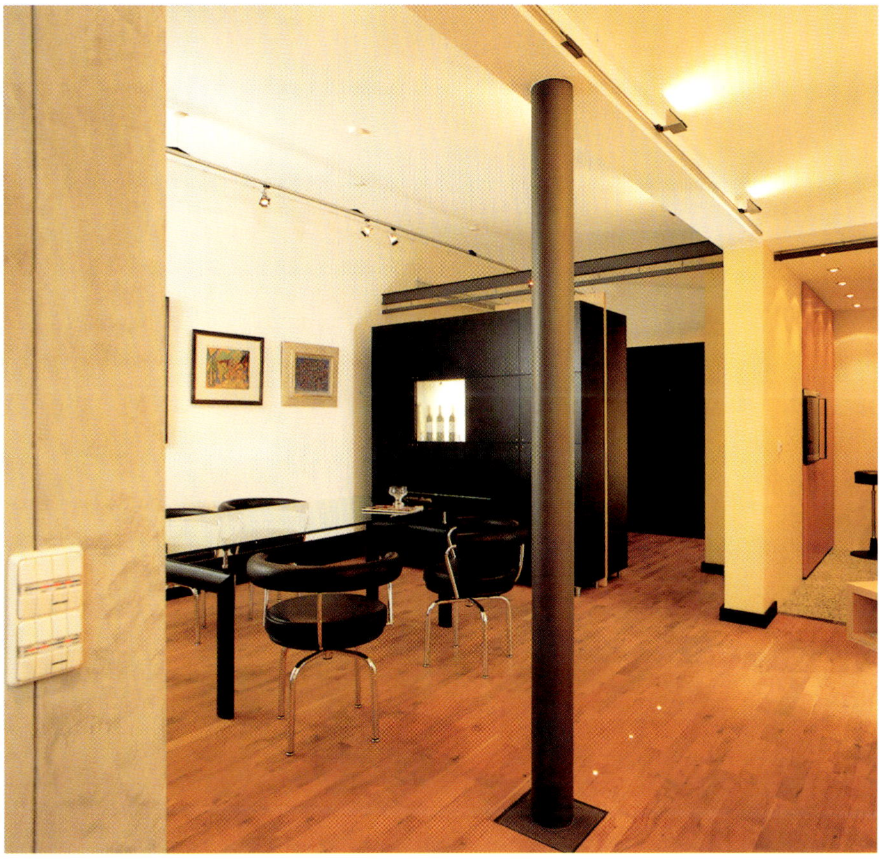

Klare Formen

Auf geometrische, einfache Formen reduziert sich die Innenarchitektur dieser Penthouse-Wohnung. Dank großer Schiebetüren läßt sich der eigentlich offene Grundriß in einzelne Bereiche teilen, die durch Farben bezeichnet werden: Gelb umgibt beispielsweise die Büroecke, ein metallisches Grau ziert den Aufzugsblock, und im Bad betont Rot die eingestellte Wandscheibe. All diese Flächen – auch die weißen Wände im Duschbereich – tragen unterschiedlich polierte Kalkpreßtechniken. So blieb die Wand um die Dusche unpoliert, während die benachbarte rote Scheibe auf Hochglanz gebracht wurde.

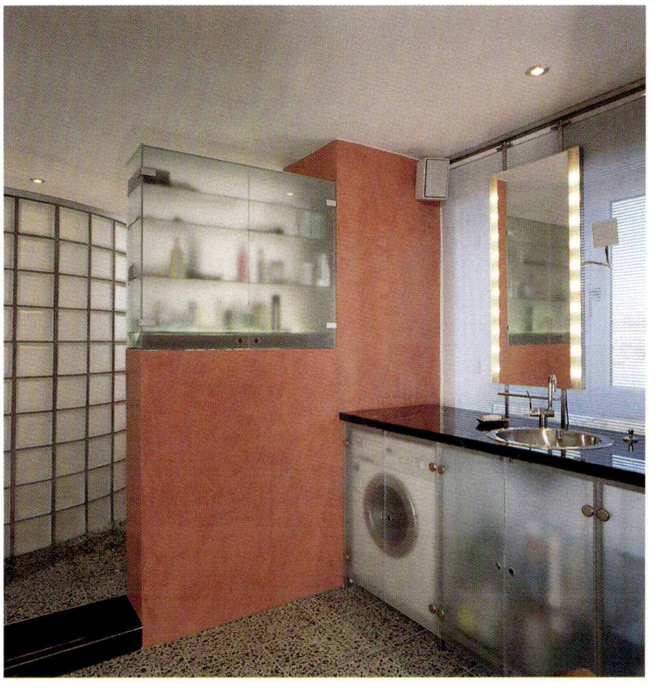

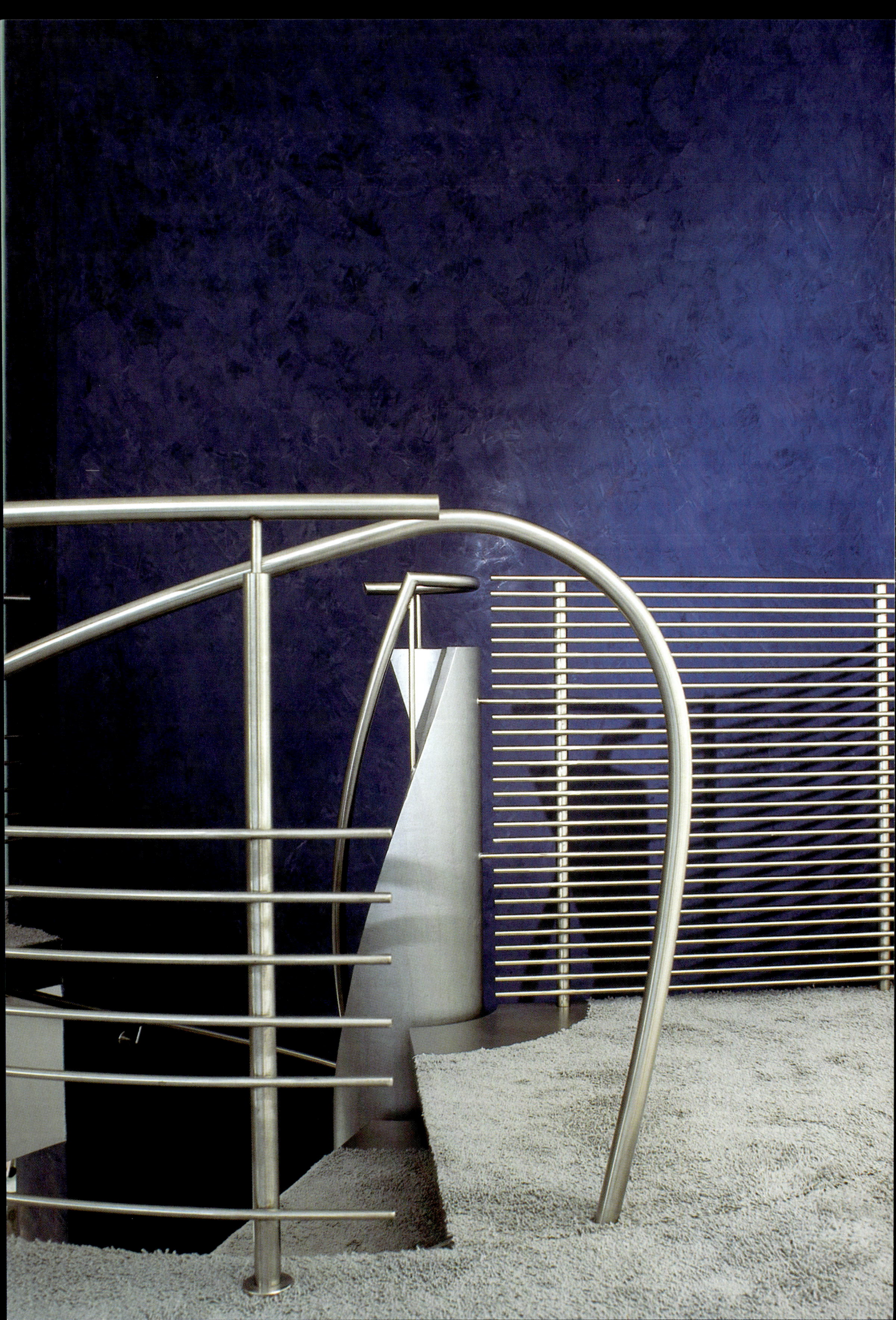

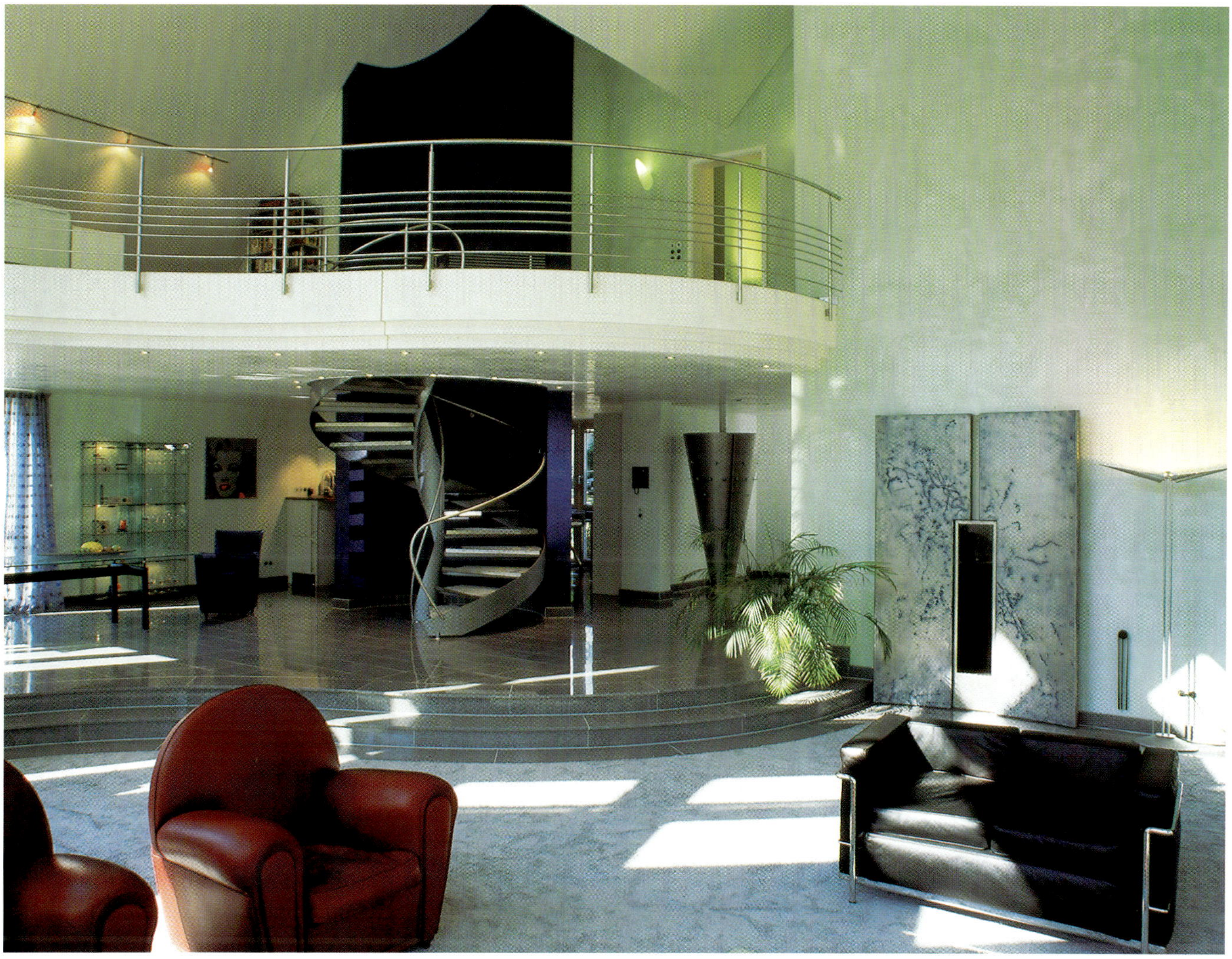

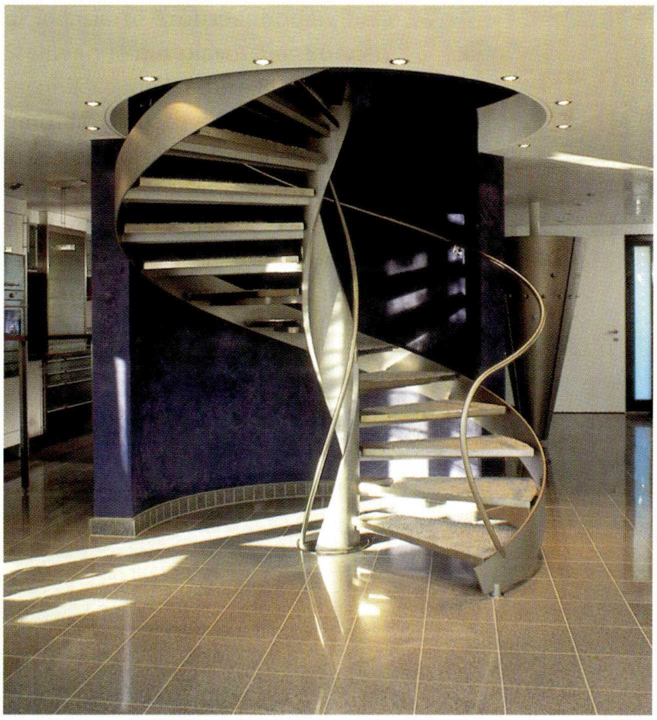

Offenes Haus

Nur die Schlaf- und Badbereiche sind in diesem Einfamilienhaus als abtrennbare Räume ausgearbeitet, ansonsten basiert das Gebäude auf einem offenen Grundriß. Die architektonische Sprache bedient sich ausgesprochen reduzierter, aber im Detail aufwendiger Formen sowie kühler Materialien. Diesem Konzept folgt auch die Ausprägung der Oberflächen – deren Differenzierung nicht über deren Farbigkeit erfolgt, sondern über den Glanzgrad. So sind die Kalkputzflächen mal rauh, mal glatt, mal seidenglänzend oder hochglänzend ausgebildet. Einzig die tiefblaue Rückwand der Wendeltreppe bringt Farbe in den großen Raum.

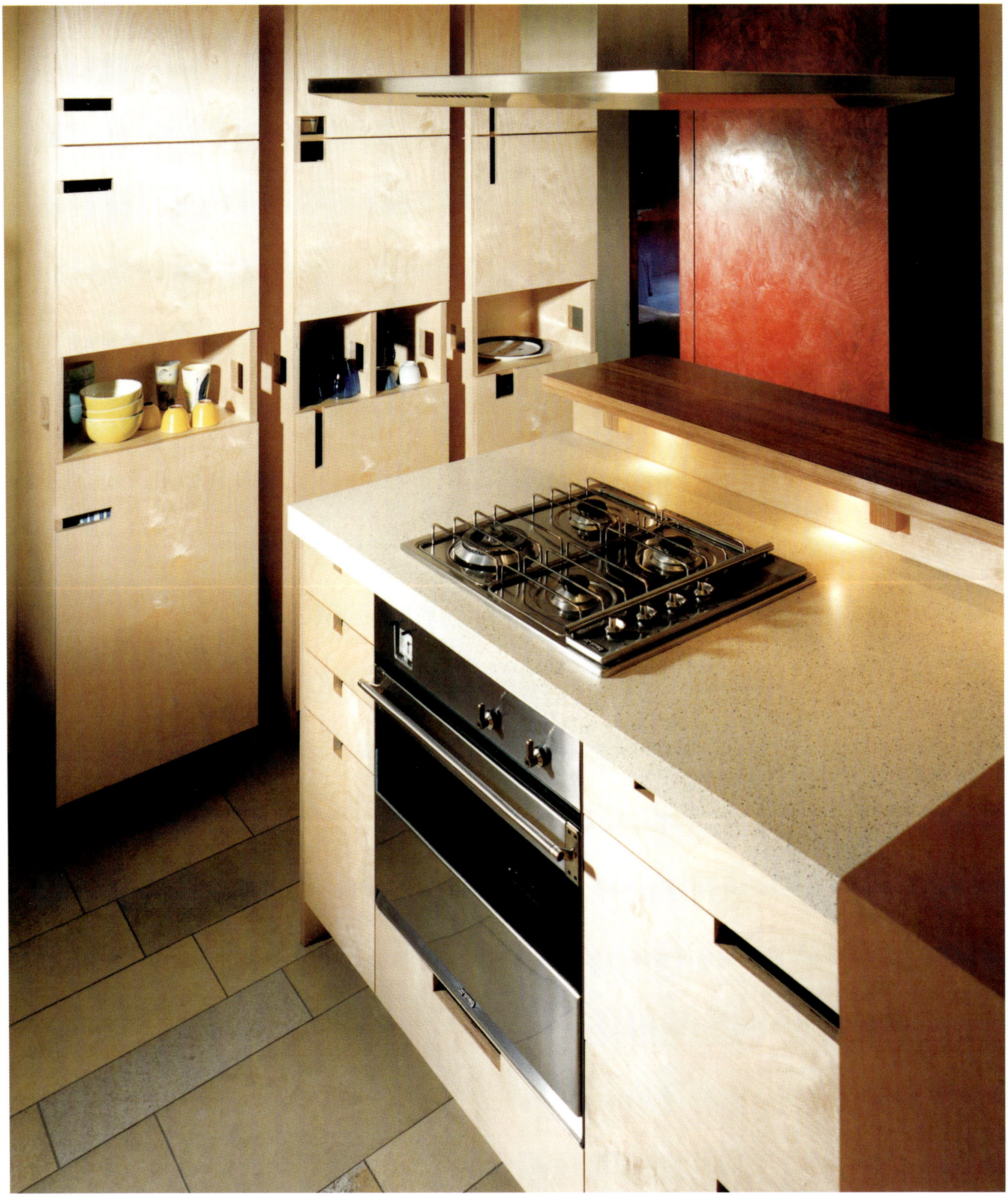

Geometrische Spannung
Blick in die Küche einer jungen Familie, die ihr Haus aus den fünfziger Jahren innenarchitektonisch umgestaltete: Den Rahmen für die klare Geometrie der Kücheneinrichtung aus Multiplex-Platten liefern warme Lasuren an den Wänden und natürliche, erdige Töne an den eingestellten Wandscheiben. Umgesetzt wurden diese mit marmormehlhaltigen Kalkputzen.

Erotisch

Nur durch eine transluzente Glaswand getrennt, gliedert sich dieses Bad direkt an den Schlafbereich der Dachgeschoß-Wohnung an. Einfallendes Tageslicht projiziert das Glutrot der Wände auf die trennende Glasscheibe, je nach Tageszeit fällt die Tönung anders aus. Sieben Farbschichten ergeben diese tiefe dunkle und doch leuchtende rote Oberfläche.

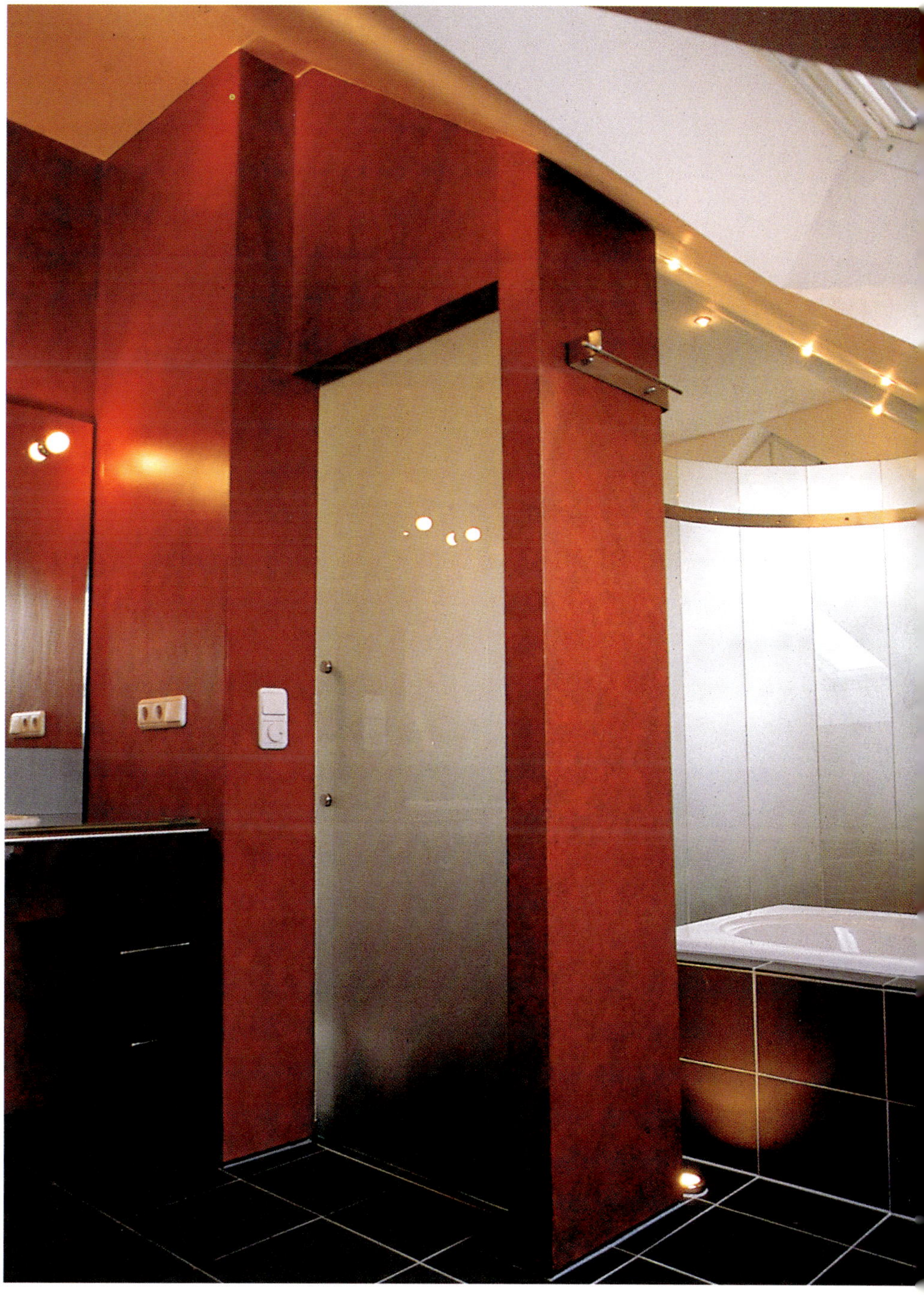

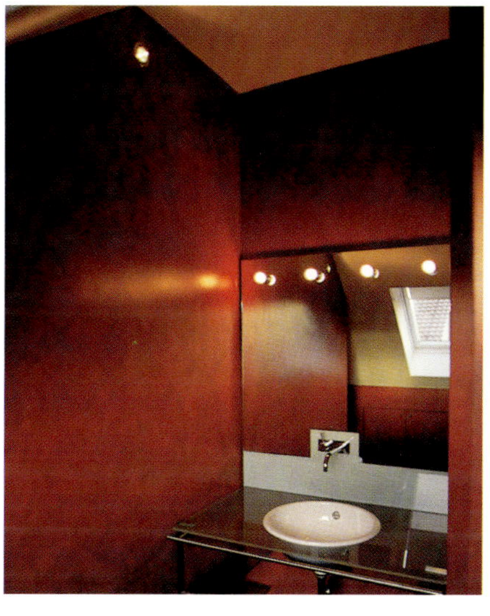

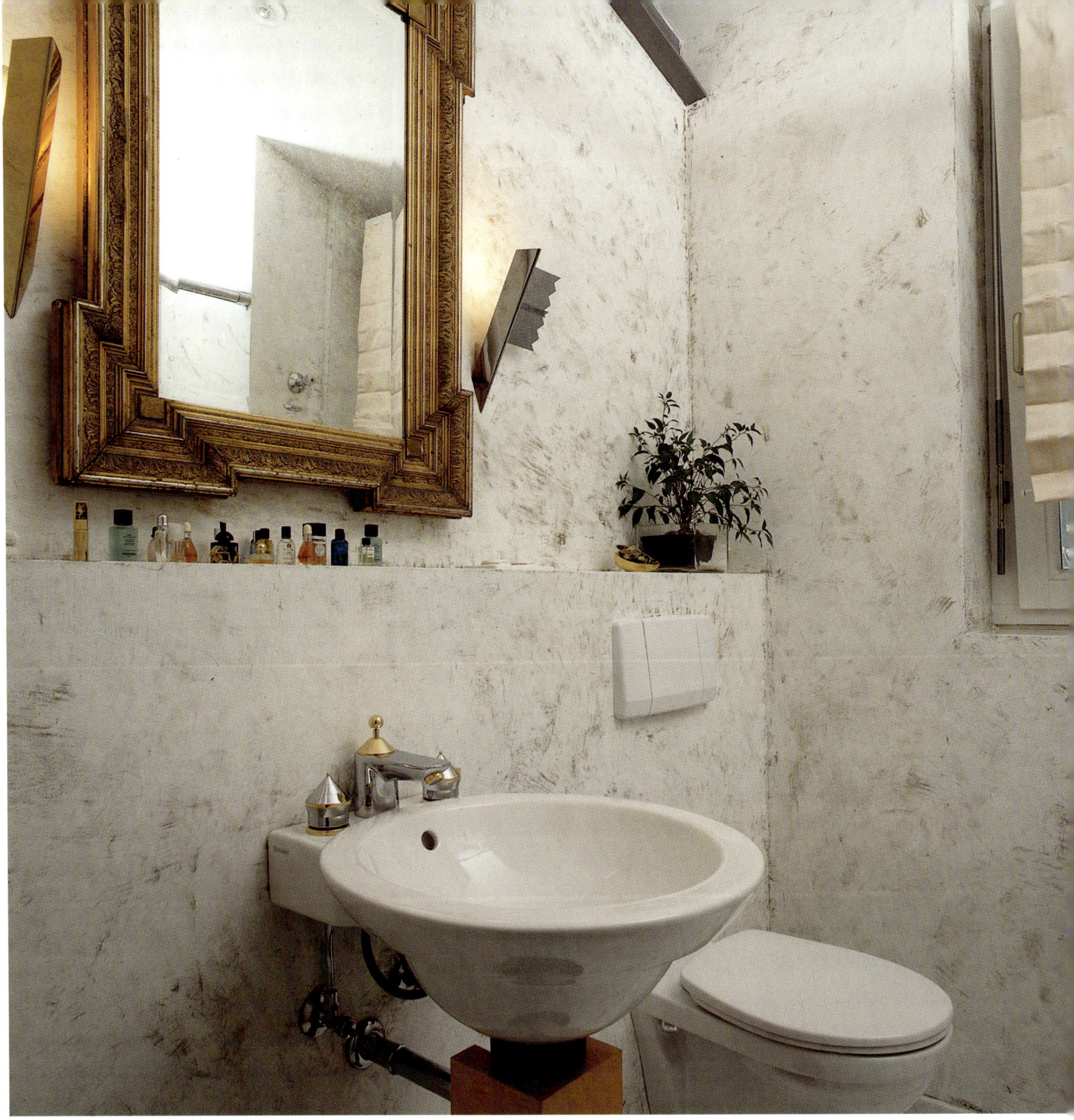

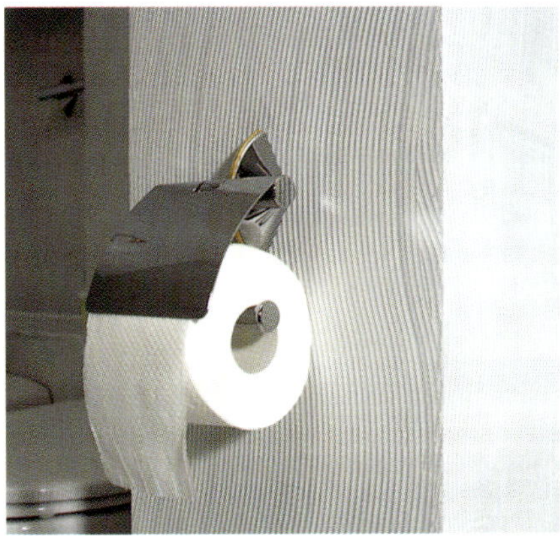

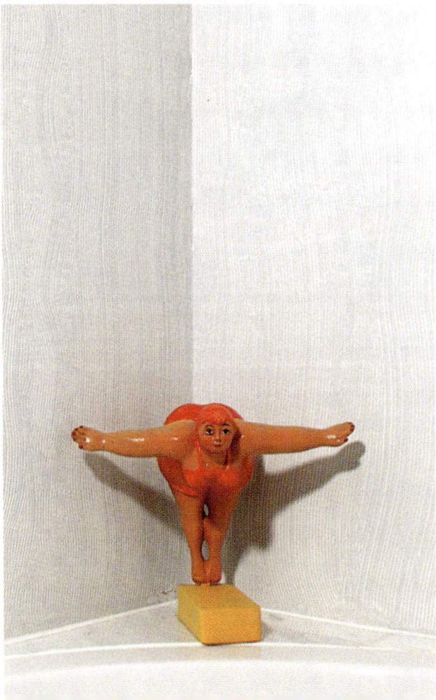

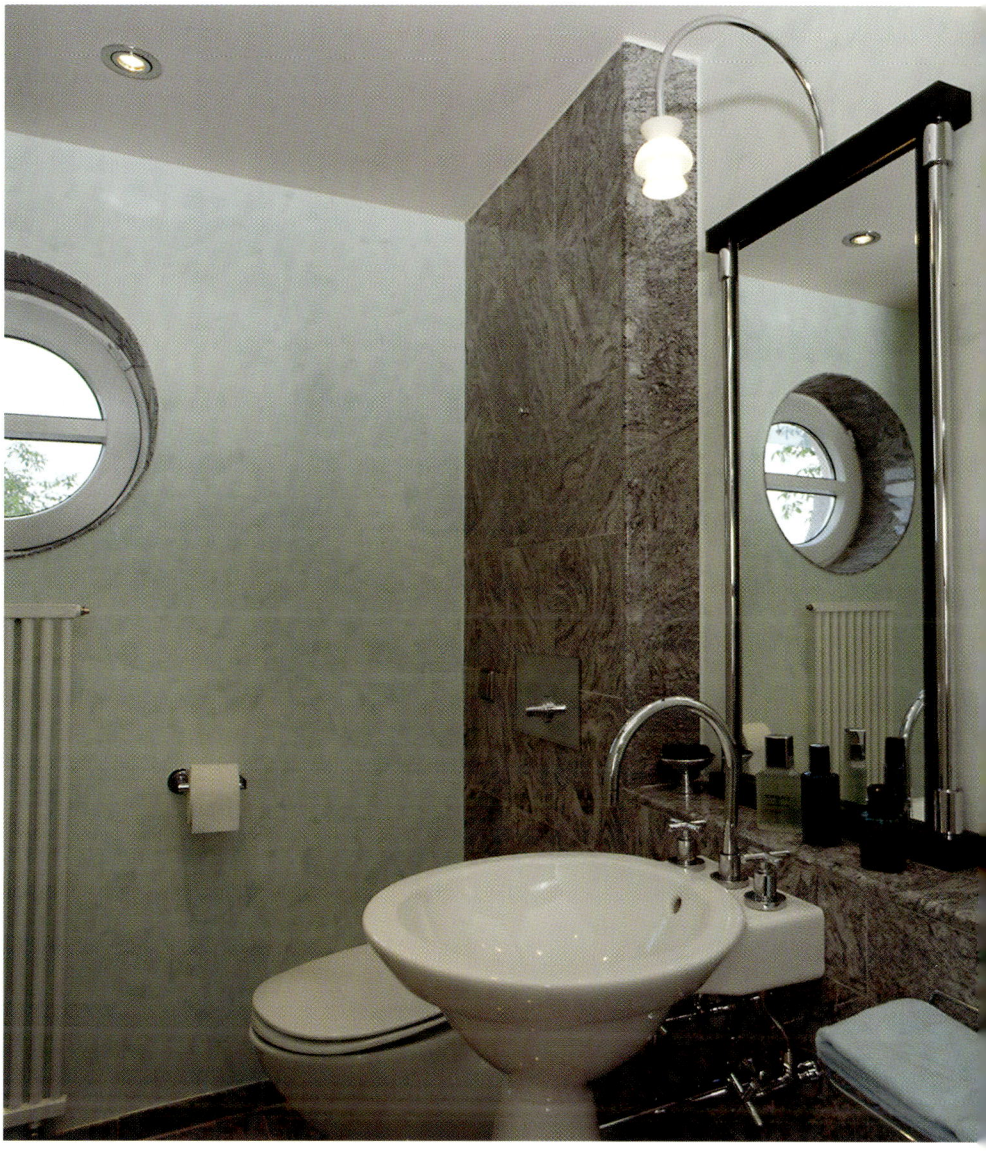

Goldener Schimmer

Geglätteter Kalkputz bestimmt dieses Badezimmer – hell, freundlich und als zusätzlicher Augenschmaus mit einer aufgespachtelten Wachs-Goldpulver-Mischung veredelt. Lebendige, zufällige Goldflecken überlagern die ruhige Oberfläche. Auch die alte Kammzugtechnik läßt sich ins moderne Ambiente problemlos integrieren: Im Gäste-Badezimmer wurde eine plastische Dispersion aufgetragen, per Kammzug schwungvoll strukturiert, dann mehrfach grau und weiß beschichtet – und schließlich durchgeschliffen. So bildet sich eine Farbigkeit heraus, die aus mehreren Ebenen herrührt.

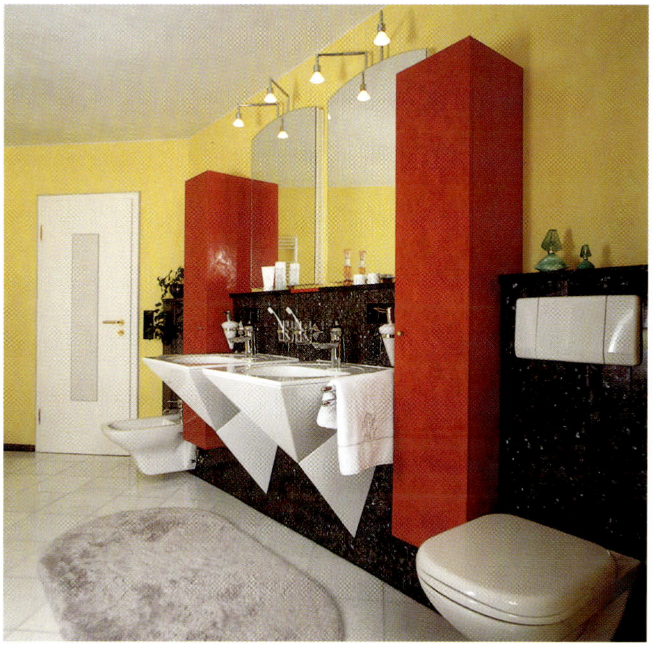

Angenehme Wärme

Sonnig und warm zeigt sich das Badezimmer dem Benutzer. Alle Wandflächen, wie auch die beiden Hochschränke tragen eine Kalkglättetechnik mit gewachster Oberfläche. Der dunkle Steinsockel steigert die Leuchtkraft von Wand und Möbel.

Hell und frisch

Frische dominiert in diesem kleinen Gäste-WC. Die Wandflächen ohne direkte Spritzwasserbeanspruchung tragen eine helle Glättetechnik. Den Installationskanal betont eine dunkel-monumentale Natursteinverkleidung.

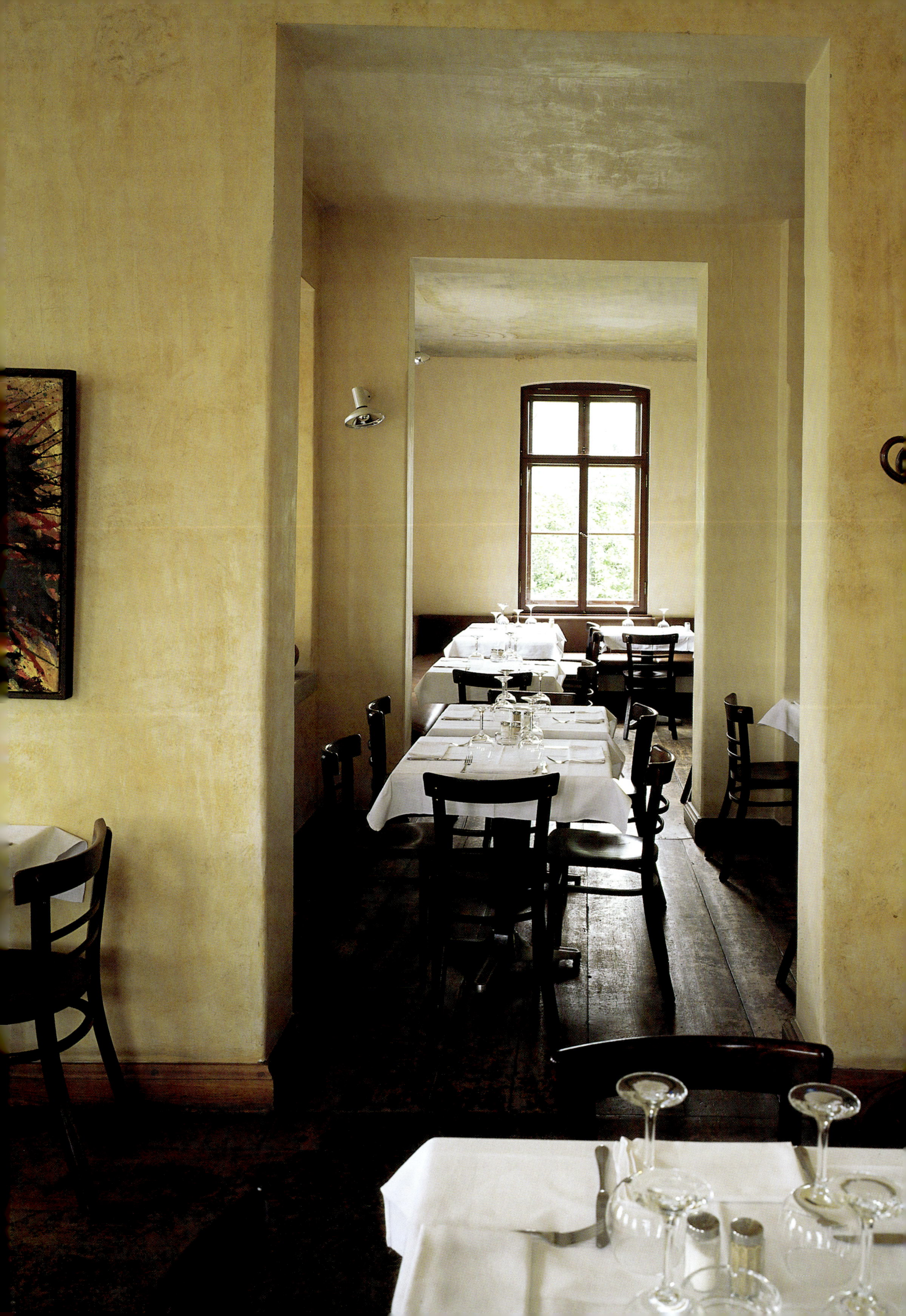

ESSEN UND TRINKEN

Die Gestaltung eines Restaurants, einer Bar oder eines Cafés verdeutlicht stets das Konzept des gastronomischen Betriebs, schafft eine positive Atmosphäre und stimmt ein auf das, was den Gast an Genüssen erwartet. Insbesondere bei Restaurants mit ausländischen Spezialitäten oder der Erlebnisgastronomie ist die Inszenierung von elementarer Bedeutung. Licht, Materialien, Farben und Oberflächen tragen ihren Teil zur Raumstimmung bei – die rustikale Weinstube betonen Patinierungen, dem »Mexikaner« entsprechen eher erdige Antiktechniken, und in der Bar unterstützen lebendige, kraftvolle Pinseltechniken den Charakter des Kommunikations- und Treffpunkts. Während in Gourmetrestaurants die Bühne eher zurückhaltend-ruhig und gediegen sein sollte,

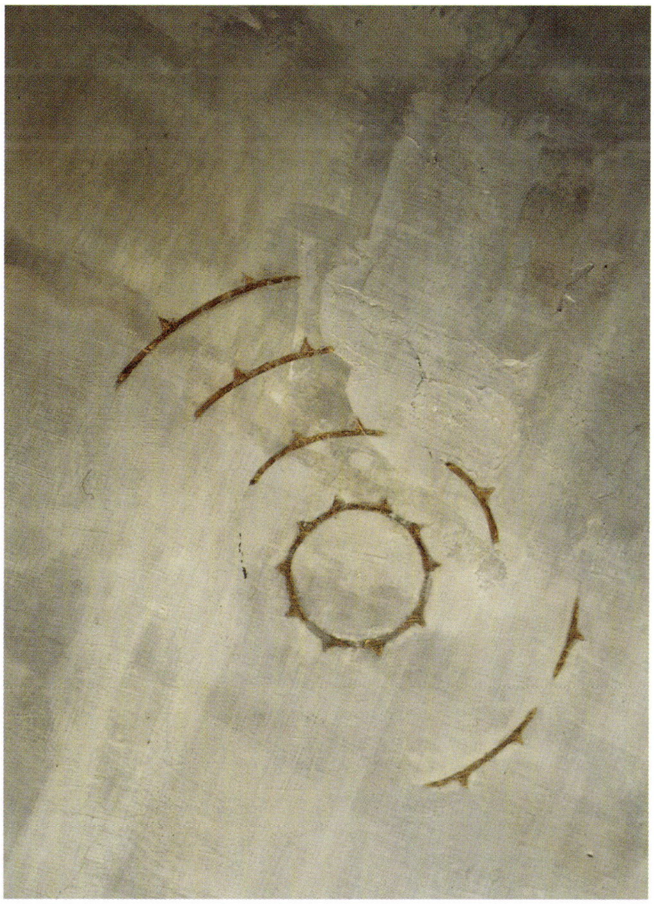

darf sie in der Fast-Food- oder Kantinensparte wiederum sehr viel lebendiger sein. Gerade hier wird deutlich, welchen Einfluß die Aufenthaltsdauer der Gäste auf die Ausgestaltung hat.

In Maltechniken übersetzt bedeutet dies, daß in eleganten Speiselokalen repräsentative, edle Oberflächen wie Kalkglättetechniken angebracht sind, während in Restaurants mit eher innovativem, trendigem Charakter die experimentellere Technik bessere Dienste leistet.

Doch Farbe oder das falsche Licht kann auch dafür sorgen, daß Speis und Trank nicht munden wollen. Machen Töne aus dem Rot- oder Orangebereich Fleischgerichte appetitlicher, so wirken sie auf den Genuß vegetarischer Menüs eher hemmend. Gerade diesen zentralen Faktor der Farbveränderung übersieht man leider leicht.

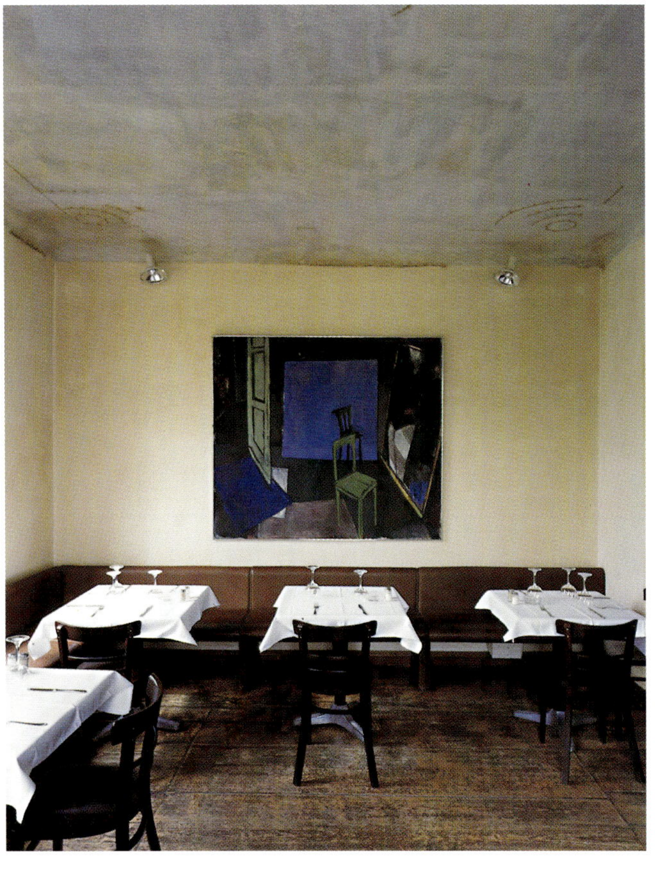

Mediterranes Flair
Den italienischen Stil der ehemaligen, um 1880 erbauten Villa trägt das Gestaltungskonzept der »Villa Marie« in die Gasträume hinein. Mediterrane Oberflächen, erdige Farben und eine gewisse Kargheit der in sich subtil belebten Wandflächen kennzeichnen das Ambiente des am Elbufer liegenden Dresdner Restaurants. Die abgenutzte Wirkung der Flächen ist beabsichtigt und geplant – dazu dient eine patinierende Lasurtechnik, die der unterschiedlich saugende Untergrund verschiedenartig zur Geltung kommen läßt.

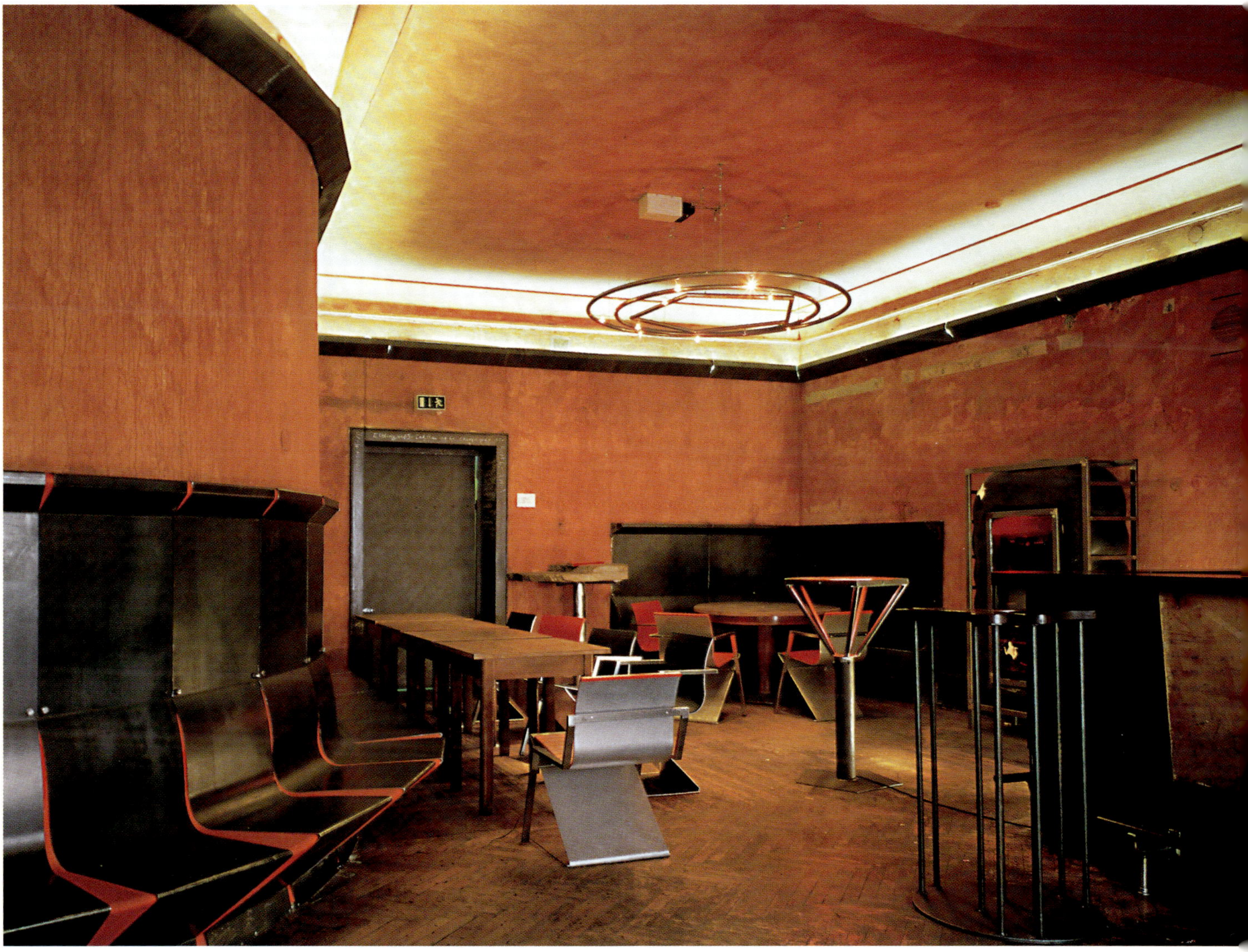

100 Tage
Gerade mal 100 Tage bestand das »Café Casino« – so lange, wie die »documenta 8« im Jahre 1987 Kunstbegeisterte aus aller Welt anzog. Die Gruppe Pentagon, bekannt für ihre Objekte an der Grenze zwischen Kunst und Design, schuf einen performance-ähnlichen Treffpunkt für Künstler und Besucher der »documenta«. Obwohl das »Café Casino« zunächst wenig mit traditioneller Kaffeehausatmosphäre zu tun hat, greift es doch manches bekannte Element auf – wozu auch die verwaschen und abgewittert wirkenden Wände gehören. Sie bildeten einen warmen Rahmen für die von kaltem Stahl dominierten Einrichtungsgegenstände. Pentagon gestaltete damals nicht nur das Café, sondern betrieb es auch und belebte es mit ungewöhnlichen Veranstaltungen.

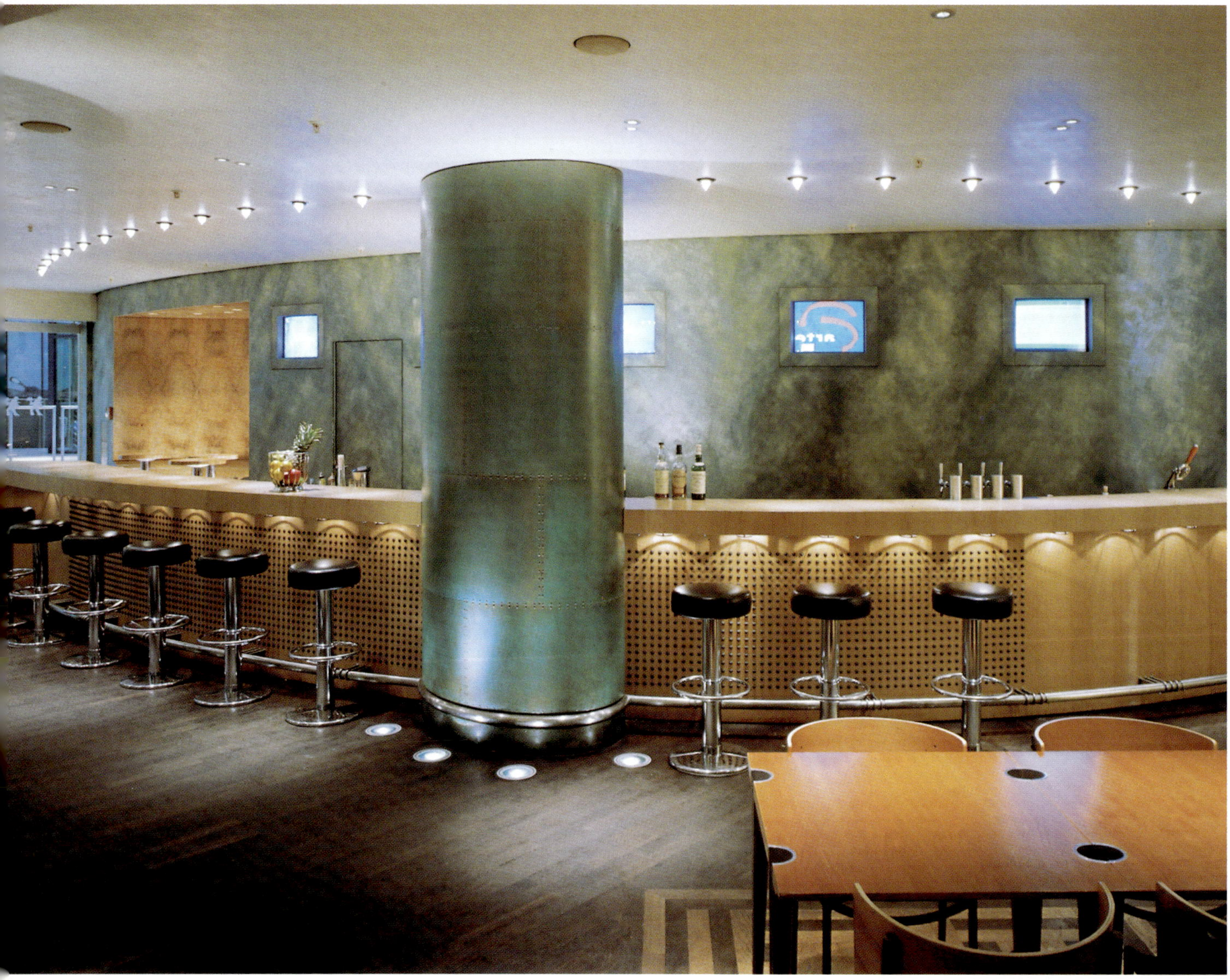

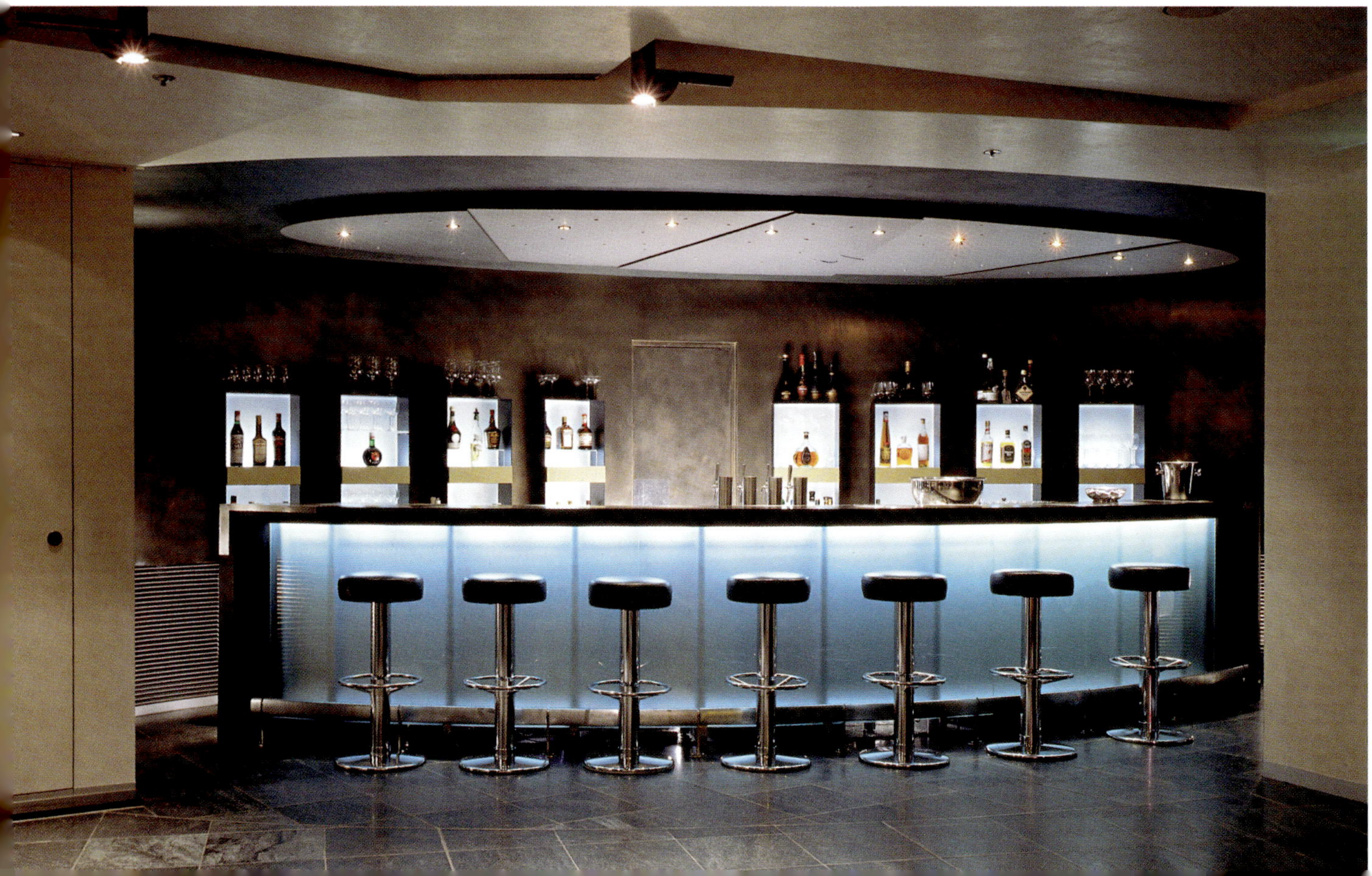

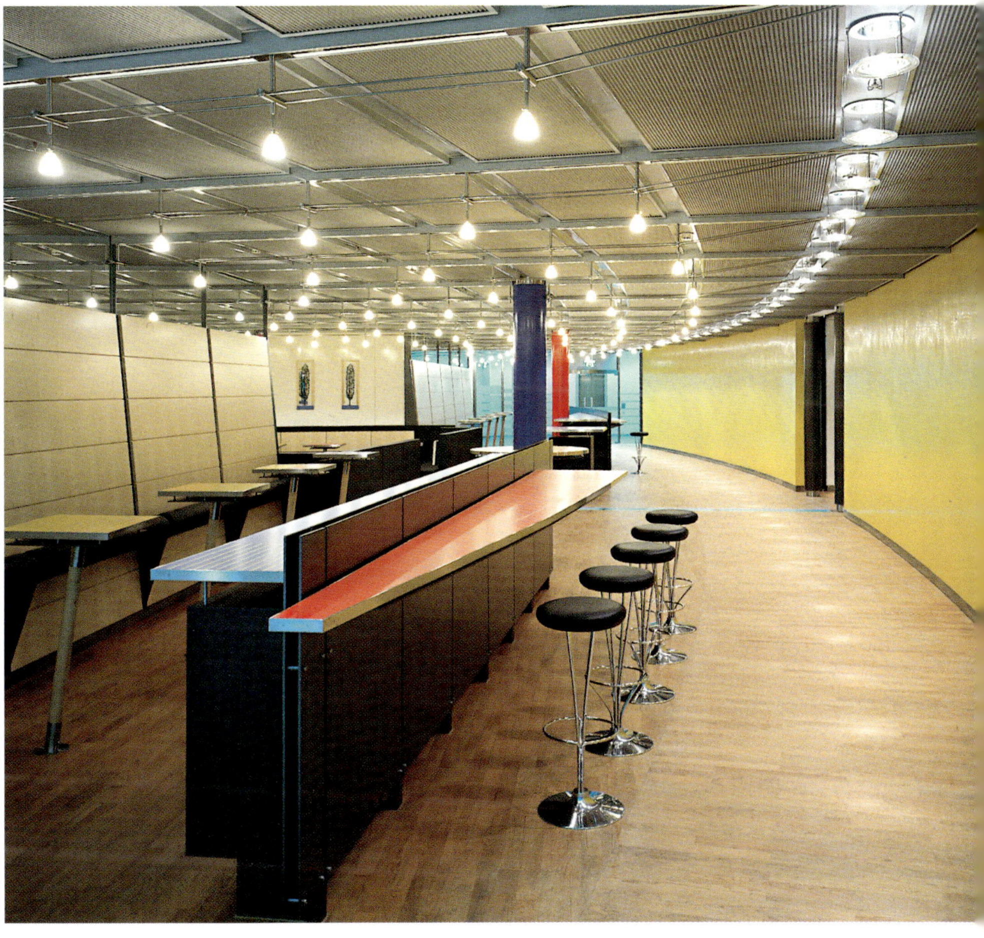

Börsenbühne

Das »Café Cult« findet sich unweit der Frankfurter Börse und vereint Café, Restaurant, Kunstgeschehen, Musik- und Theaterveranstaltungen auf zwei Geschossen. In erster Linie aber fungiert es als Treffpunkt und Kommunikationsort für Börsianer und Geschäftsleute. Entsprechend detail- und abwechslungsreich geben sich die Räume: ungewöhnliche Materialien, Oberflächen, ein Mix aus traditionellen und neuartigen Elementen geben dem »Café Cult« einen avantgardistischen Charakter.

Maltechnisch betrachtet sind vor allem die beiden Barbereiche interessant. Im Erdgeschoß besteht der Tresen aus Eichenholz mit nach außen zeigenden schwarzen Gumminoppen. Die in der Rückwand integrierten Monitore spielen Videos, Börsenkurse und andere Informationen ein – so verliert der Barbesucher nie den Kontakt nach draußen.

Die Rückwand selbst trägt eine grünliche, stark bewegte Ölspachteltechnik.

Auch im Untergeschoß wartet eine Bar auf Gäste; ihre halbrunde Rückwand ziert eine dunkle, geheimnisvoll wirkende Technik aus anthrazitgrauen, grün und goldenen Lasuren. Alle übrigen Wandflächen weisen eine helle, ruhige Lasurtechnik auf.

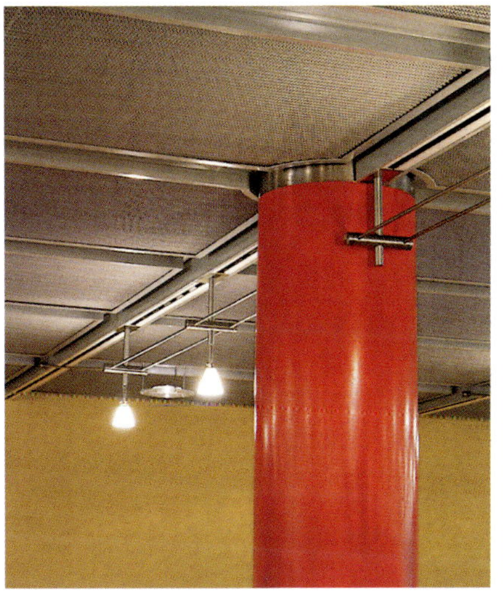

Gelbe Klammer

Eine gelbe Wand mit großem Schwung und leuchtendem Gelb bildet das Rückgrat des »Café Leopold«, das als interner Treffpunkt für die Mitarbeiter der Münchner Rückversicherung konzipiert ist. Die gelbe Wand, in Kalkglättetechnik umgesetzt, gibt dem weiten, im Untergeschoß liegenden Raum eine farbige Klammer und den erwünschten sonnigen Ausdruck, denn schließlich soll die Cafeteria Entspannung von der umgebenden Büro-Arbeitswelt bieten.

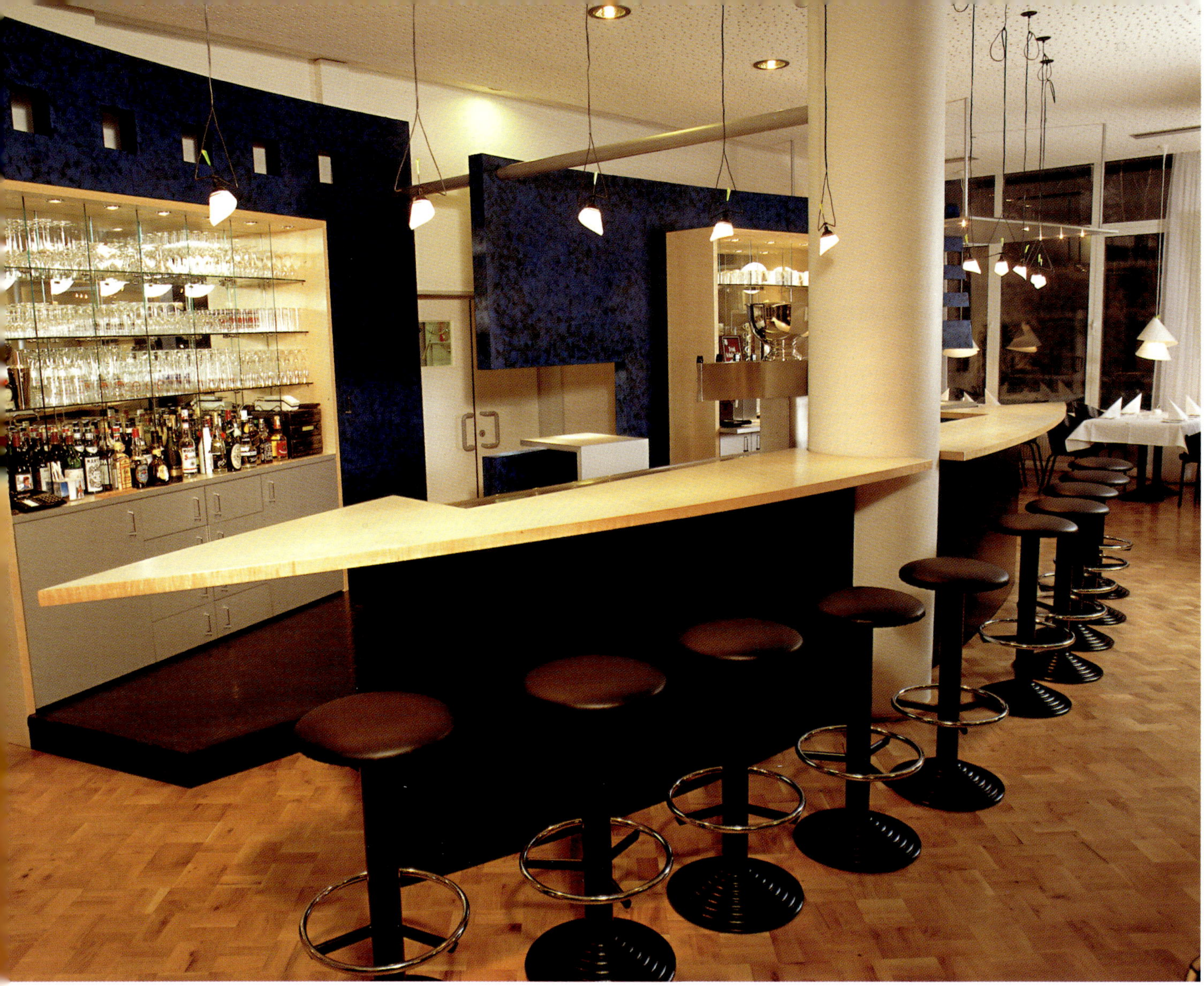

Modernes Ambiente
Die Zeiten, in denen Kantinen oder Betriebskasinos karg und lieblos waren, sind vorbei. Beim »Tezett«, das Firmenmitarbeiter und Gäste des Technologiezentrums Siegen versorgt, herrscht eine offene, lebendige und moderne Atmosphäre. Abwechslungs-, erlebnisreich und dennoch zweckmäßig ergänzt das »Tezett« bestens den innovativen Anspruch des Zentrums. Theke und Getränkebuffet wurden mit blauer Spachteltechnik als eigenständige, raumbestimmende Elemente herausgehoben. Das Konzept hat Erfolg: das »Tezett« avancierte in kurzer Zeit zum beliebten Anlaufpunkt auch außerhalb der Arbeitszeiten.

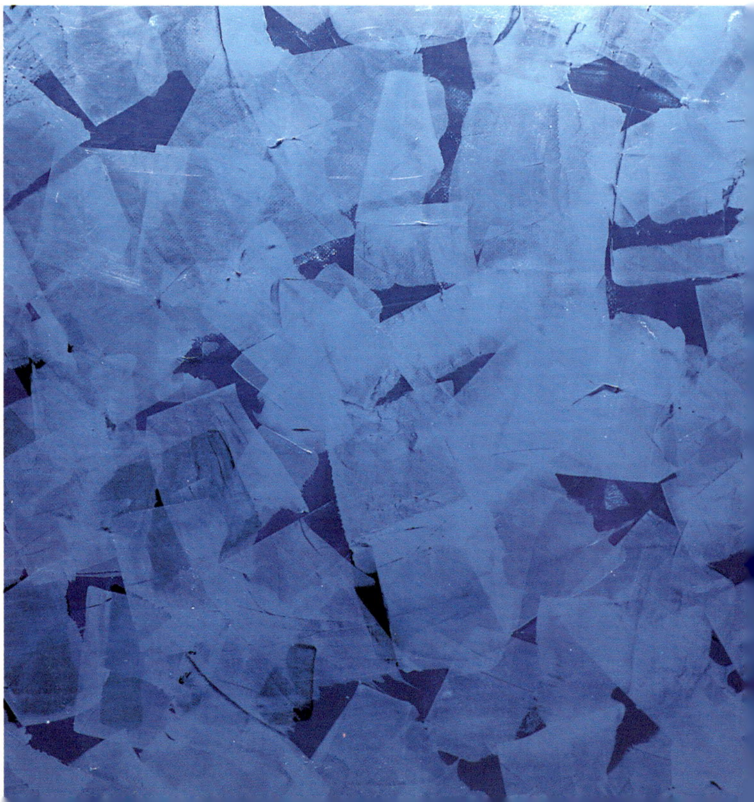

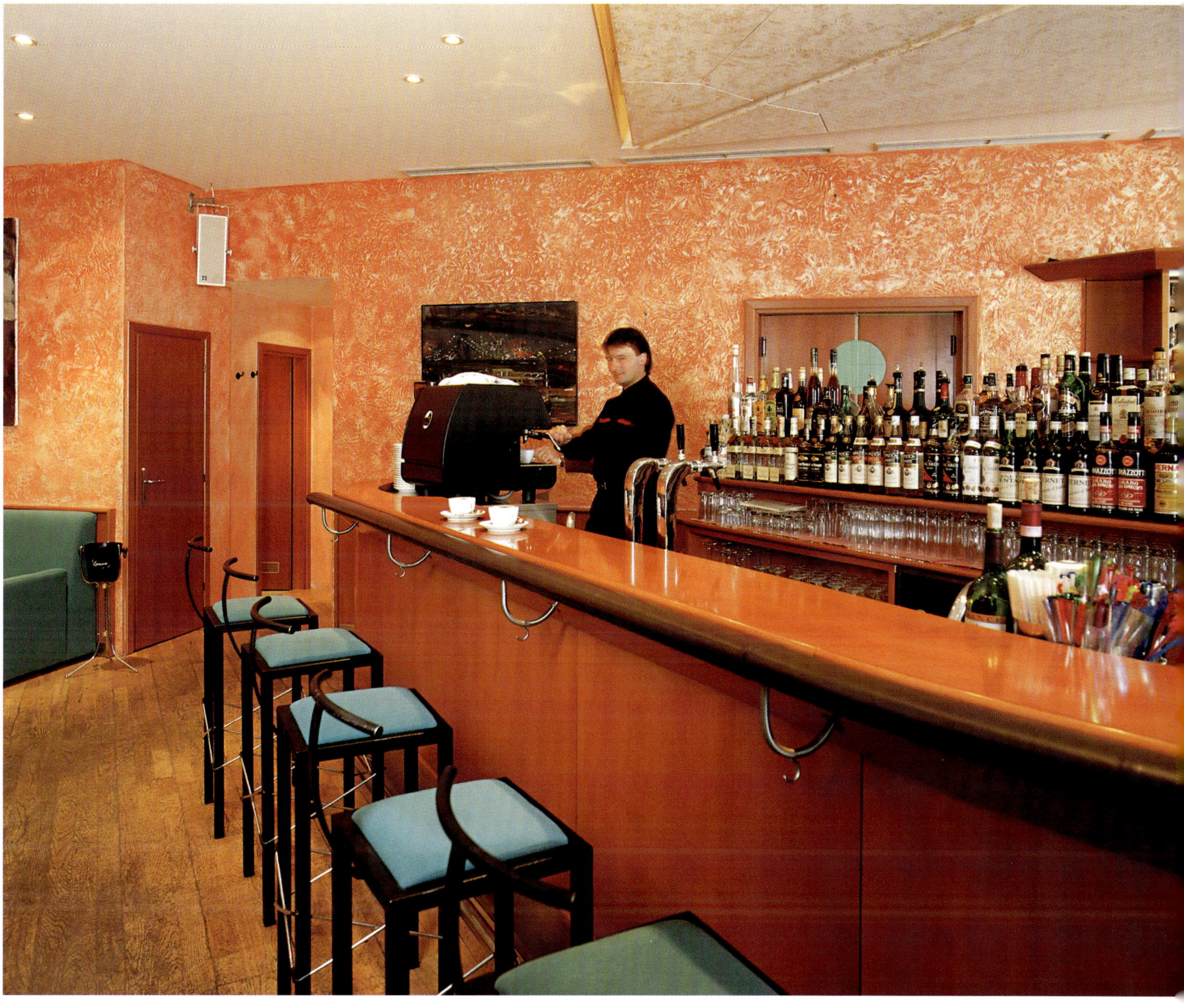

Strukturbetont

Aus Italien ließ der Pächter sämtliche Einrichtungselemente der Stuttgarter »Piano Mo.« anliefern – die Oberflächengestaltungen hingegen übernahm ein ortsansässiger Betrieb. Im Barbereich waren dies die gewickelten Deckenfelder und die plastischen, apricotfarbenen Wände. Die starke Struktur wurde durch Überlasieren und Durchschleifen nochmals betont. In den Sanitärbereichen trifft der Gast auf polierte Kalkpreßtechniken in sattem Blau oder Rot – je nach Geschlecht.

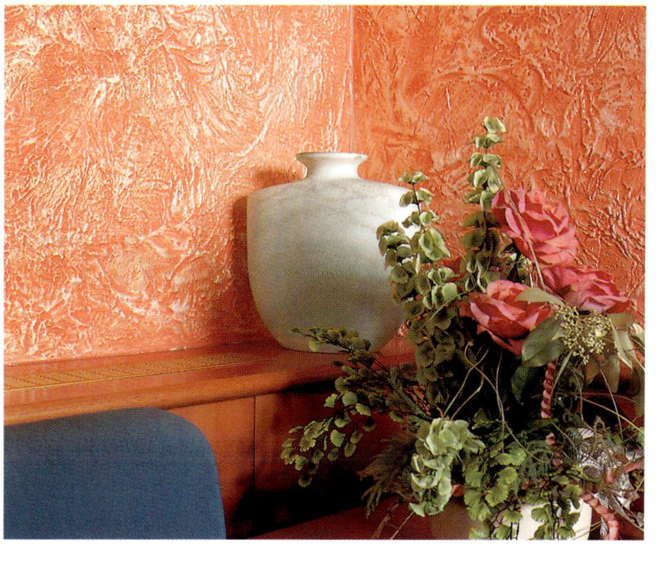

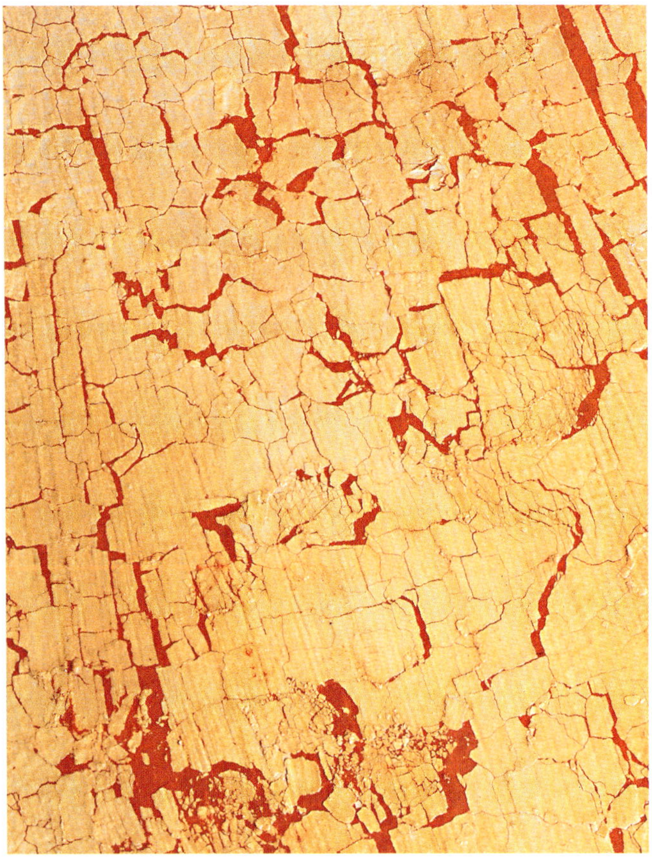

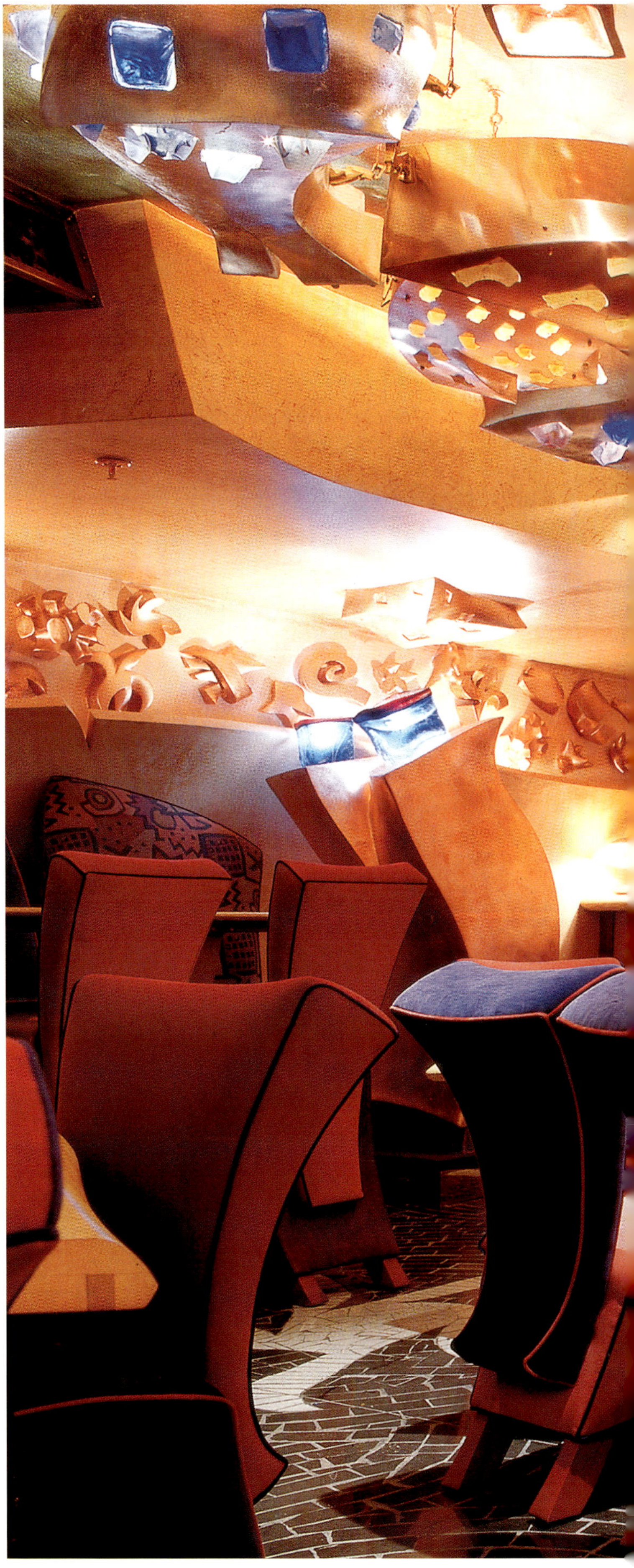

Eigenwillige Welt
Auf den ersten Blick reichlich skurril wirkt das Restaurant »Stars« in Frankfurt – alle Raumelemente scheinen voneinander wegzudriften, der Raum selbst zu expandieren. Dieser »Urknall« breitet sich im Frankfurter Messeturm auf über 700 Quadratmetern aus. Seine warme, irgendwo zwischen Rosenholz und Bernstein pendelnde Grundfarbigkeit schafft trotz des gewohnheitsbedürftigen Raumgefüges nach und nach Geborgenheit. Der Wandputz wechselt zwischen gelblichen und rötlichen Bereichen, Teile mit Reißlack oder patiniertem Grünspaneffekt fördern den surrealistischen Gesamteindruck dieses Erlebnisrestaurants.

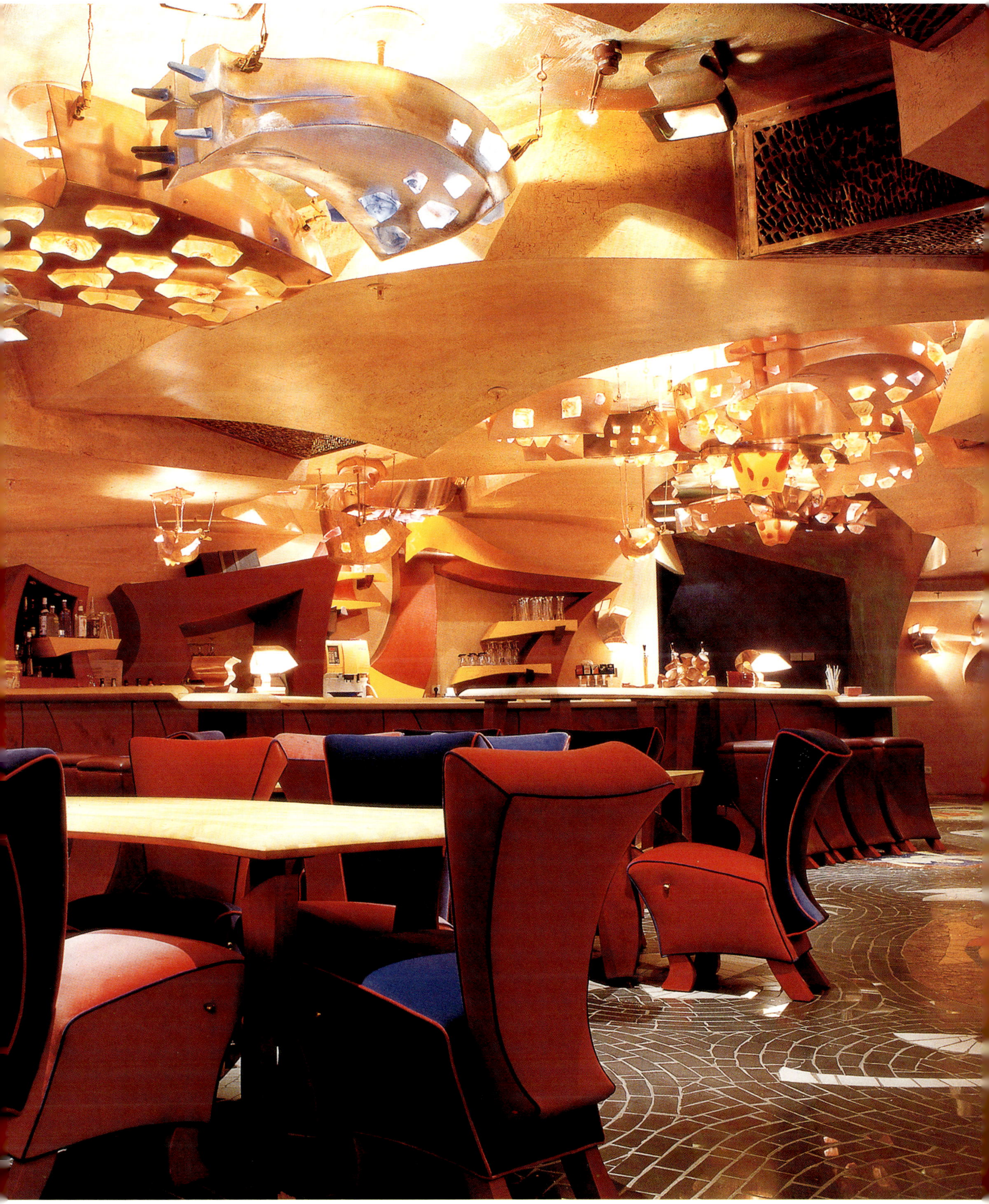

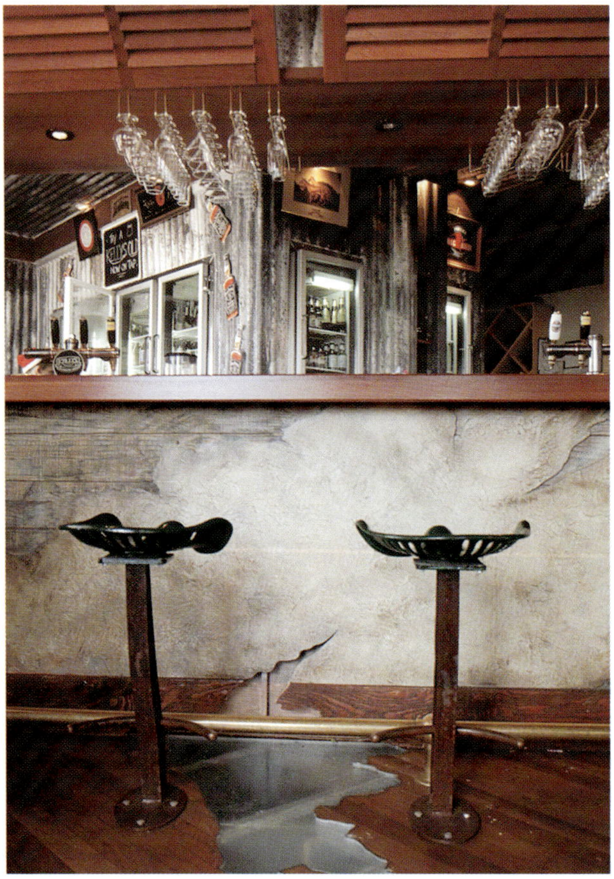

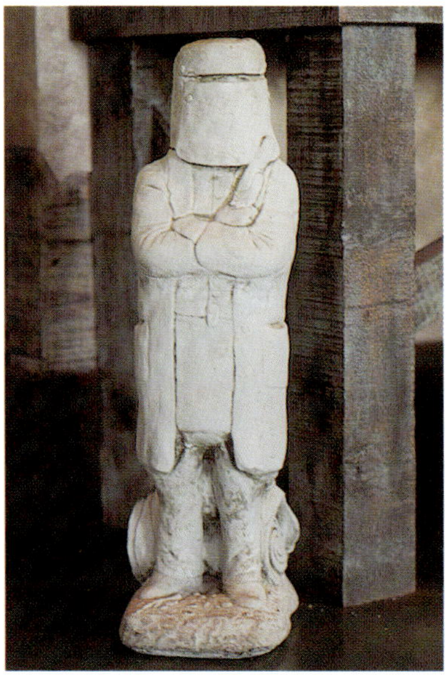

Down Under
Auch im fernen Australien steht die Erlebnisgastronomie hoch im Kurs. In Brisbane wurde ein ganzes Bistro dem legendären Gesetzlosen Ned Kelly gewidmet, der in einer selbstgebauten Rüstung bis 1880 sein Unwesen trieb. Unter Einsatz verschiedenster Maltechniken schuf man eine Kneipe im Stil der australischen Pionierzeit – Brüche, Risse, Verwerfungen und Verschmutzungen sollen eine möglichst authentische Atmosphäre herstellen.

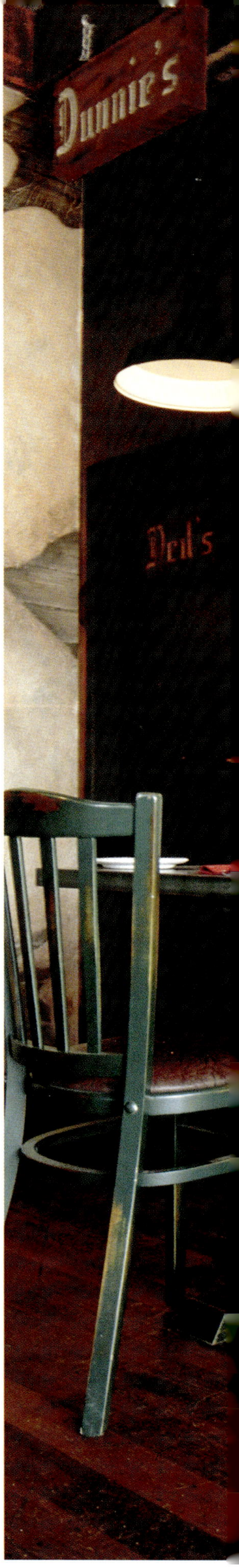

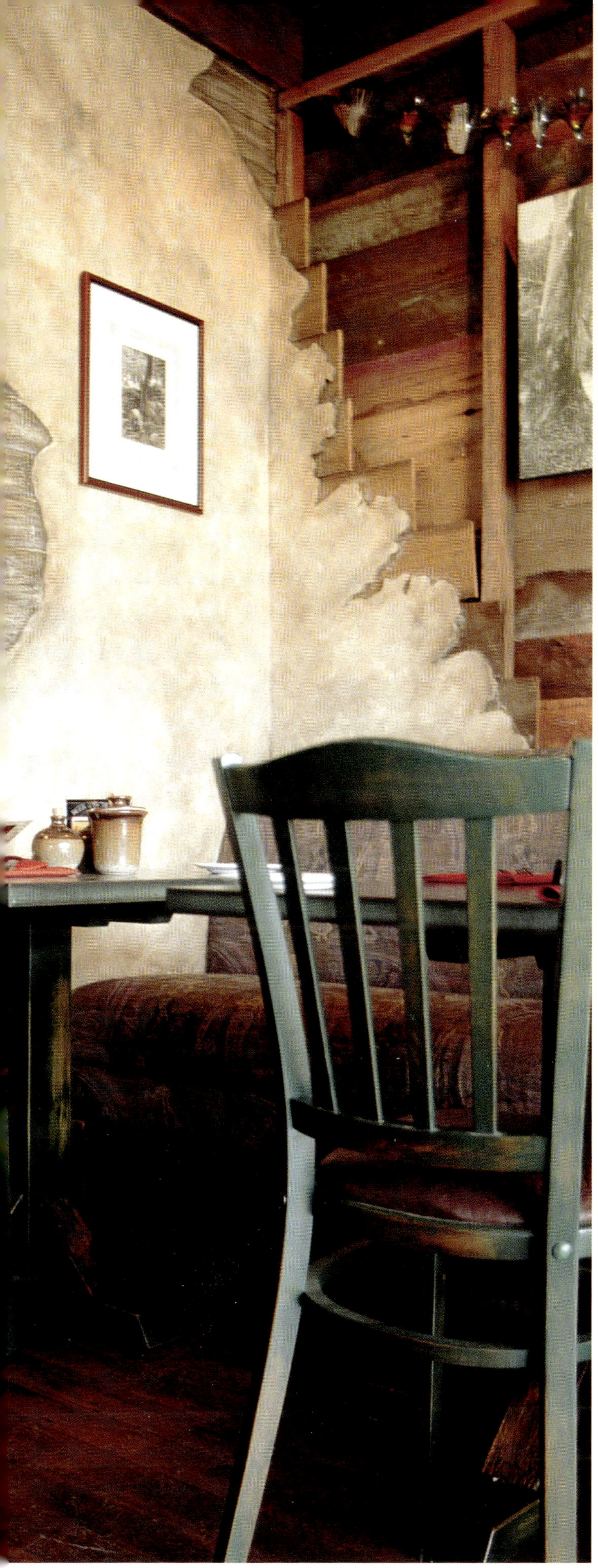

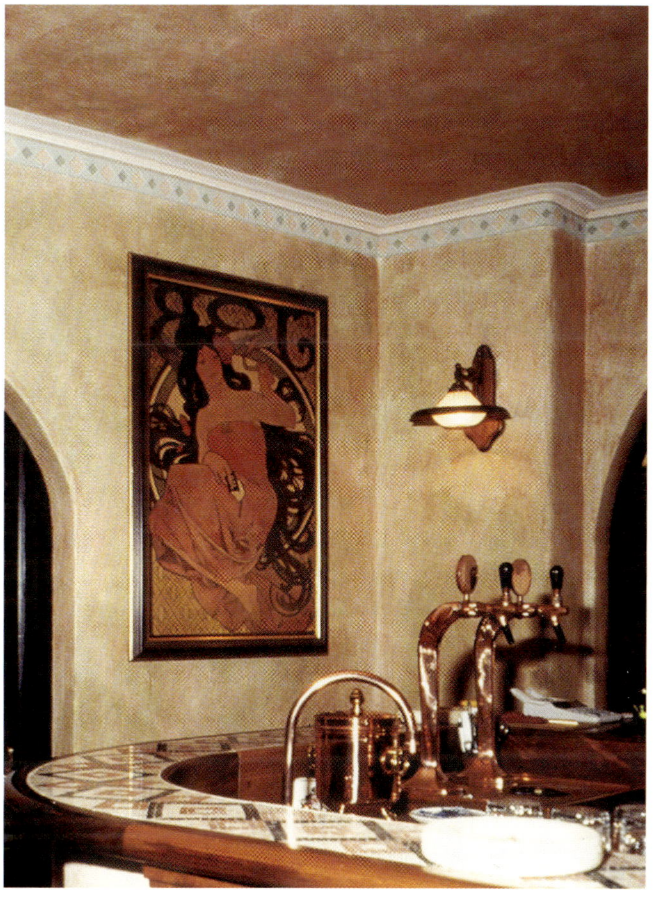

Ausgeprägter Duktus
Mit einem warmen Terracotta-Farbton empfängt dieses oberitalienische Bistro seine Gäste. Unterhalb des ornamentalen Frieses wurde der Kalkputz mehrfach per Bürste mit einer Kalklasur bearbeitet und die Schicht jeweils mit einem Schwamm abgetupft.

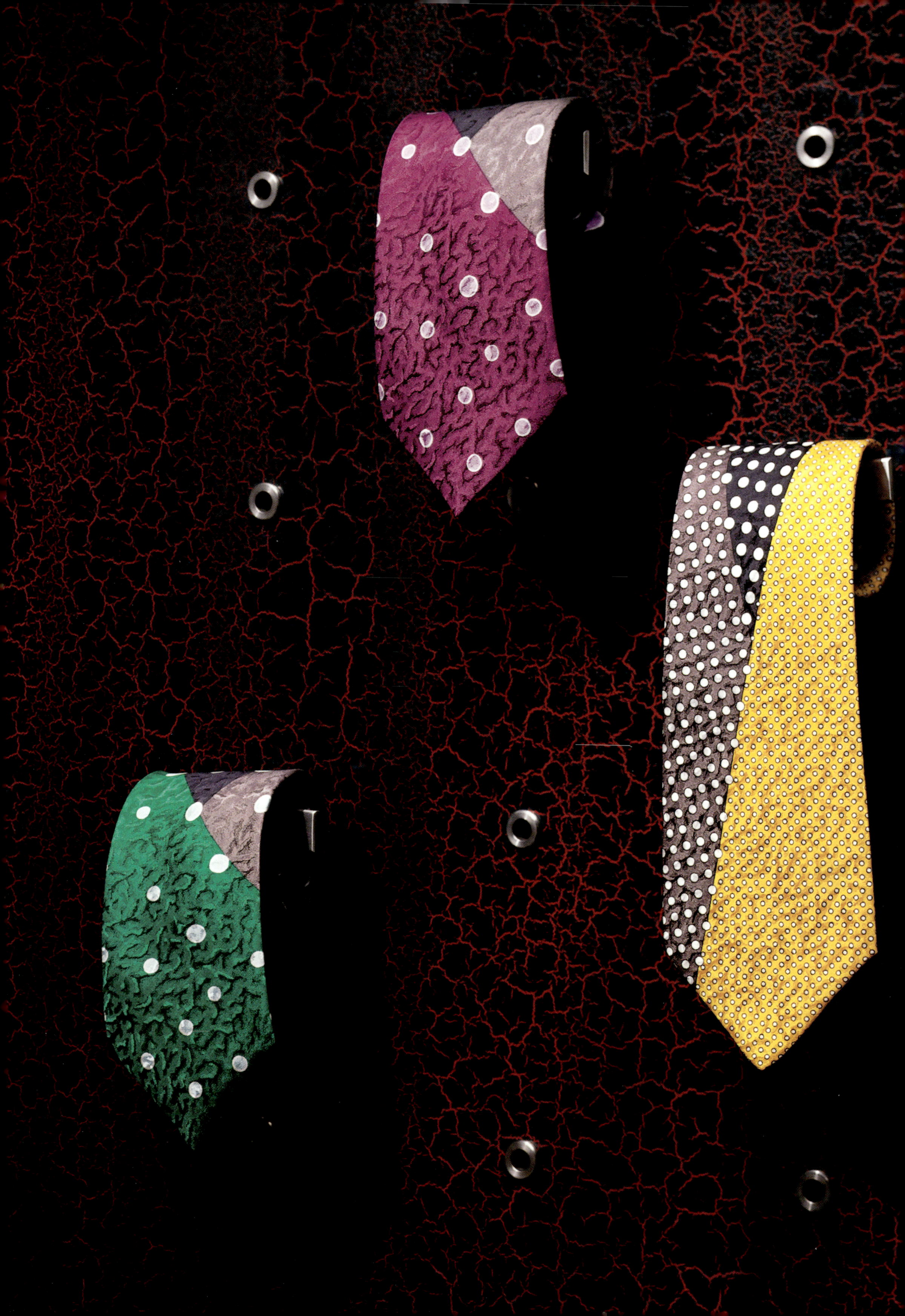

EINKAUFEN

Zufriedene Kunden sind die besten Kunden – denn sie kommen wieder. Eine bekannte Tatsache, die besonders dann Gewicht hat, wenn nicht Güter des unmittelbaren täglichen Bedarfs angeboten werden. Wo Bedürfnisse geweckt werden sollen, müssen nicht nur Angebot, Service, Beratung und der Preis stimmen, sondern auch das Ambiente. Das gilt nicht nur für die Modeboutique, den Friseur oder die Weinhandlung; selbst Apotheken und Buchhandlungen verlangen heute nach einer emotionalen Komponente, die das Einkaufen zum »Erlebnis« werden läßt. Für den eigentlichen Kaufimpuls ist die Innenarchitektur mit ihrer Raumdramatik, Lichtführung, Möblierung, ihren Materialien, Farben und Oberflächen das auslösende Moment.

Je nach Waren oder Dienstleistungsangebot wird man diese Parameter anders kombinieren. Je trendiger, desto experimenteller, schnellebiger und innovativer müssen auch die Maltechniken und Farben sein. Im hochpreisigen, exquisiten

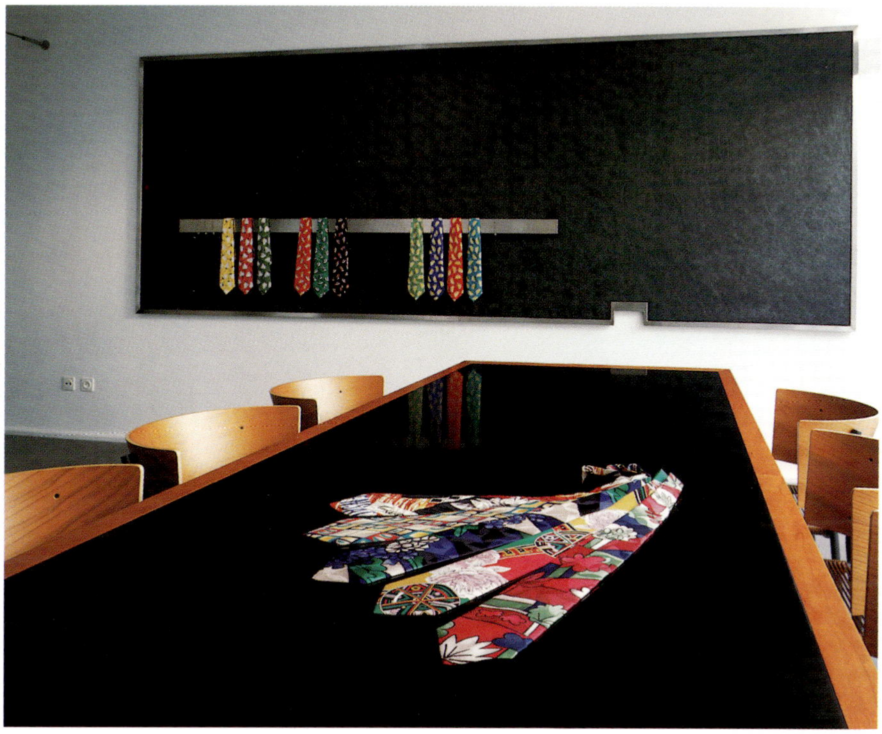

Marktsegment sind hingegen ruhige, repräsentative und artifizielle Gestaltungen gefragt. Zurückhaltend werden sich Buchhandlungen präsentieren, schließlich stehen beim Thema Buch die Inhalte im Vordergrund, und die Maltechnik kann nur das adäquate Umfeld bilden.

Überall dort, wo das Angebot austauschbar ist, wird man versucht sein, es durch spektakuläre Maltechniken aufzuwerten.

Steht wenig Um- oder Ausbauzeit zur Verfügung, so eignen sich schnell umsetzbare Techniken: hauptsächlich also gewolkte Oberflächen mittels Tupf- und Stupftechniken und Pinsellasuren. Aufwendigere Maltechniken bieten sich auf Raumelementen an, die vorab bearbeitet und dann nur noch montiert werden.

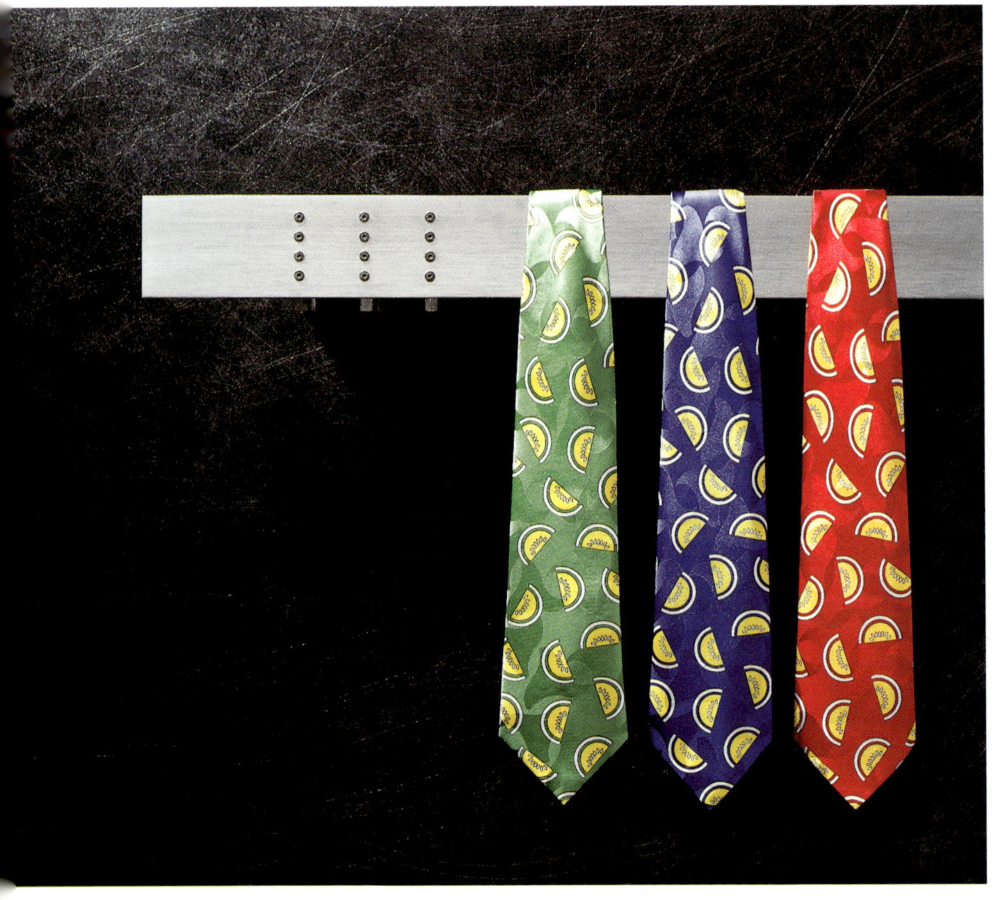

Unübersehbarer Hintergrund
Wie unaufdringlich und doch effektvoll sich edle Krawatten präsentieren lassen, zeigt der Verkaufsraum eines Krefelder Herstellers. Die Krawatte bleibt immer Hauptdarsteller, ihre Präsenz wird durch die Oberflächen der Präsentationswände noch gesteigert. Mal bildet eine traditionelle Reißlacktechnik den stilvollen Rahmen für den exklusiven Herrenschmuck, mal sorgt eine mehrschichtige Kratztechnik für den ausdrucksvollen Hintergrund. Fast objekthaft geben sich diese Flächen, die nur auf den ersten Blick monochrom grau anmuten. Bei näherer Betrachtung zeigen sie ihren vielschichtigen Aufbau, den feine Einritzungen zusätzlich strukturieren.

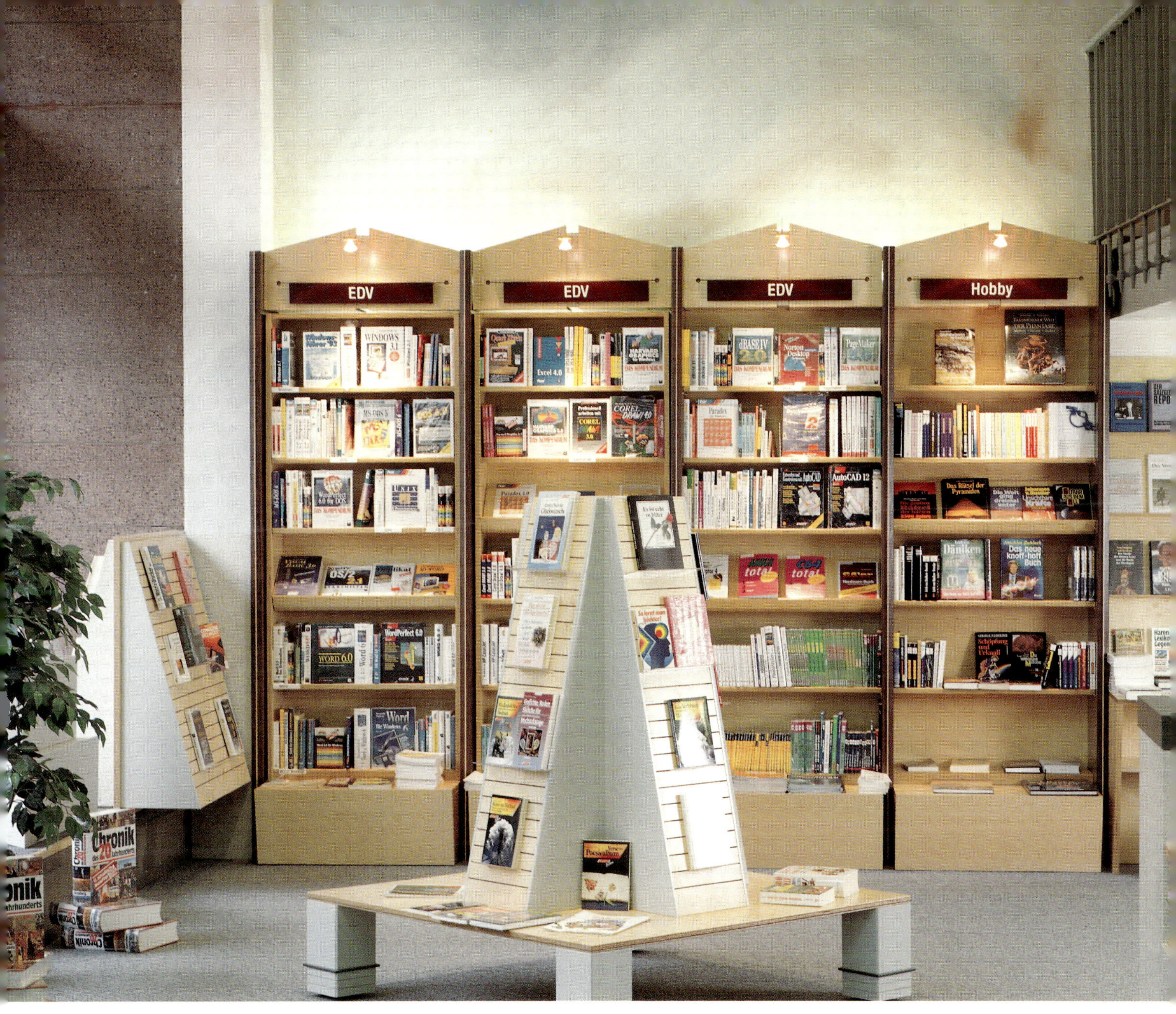

Zarter Hintergrund

Duftig, leicht und freundlich präsentieren sich die Wände in dieser Buchhandlung; sie setzen einen angenehmen Kontrapunkt zu den warmtonigen Naturholzregalen, bleiben aber dezent im Hintergrund und lassen der Ware Buch den Vortritt. Die Umsetzung erfolgte mit mehrfarbigen Lasuren per Wischtechnik, besondere Sorgfalt wurde auf die weichen Übergänge zwischen den einzelnen Lasurtönen gelegt.

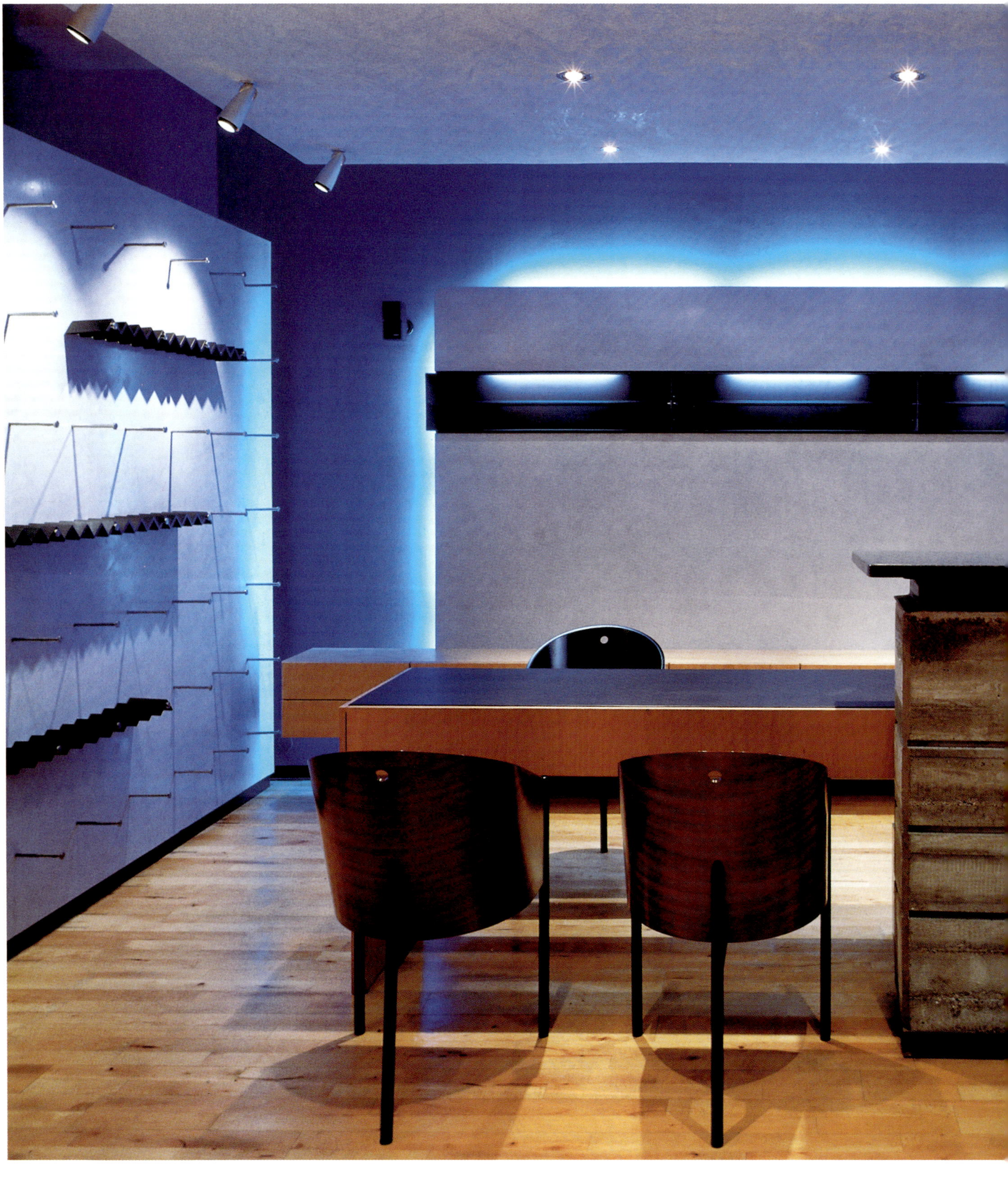

Raum im Raum

Geheimnisvoll leuchtendes Blau und warme Rottöne charakterisieren dieses umgebaute Optikergeschäft und sind sozusagen seine eigene Leuchtreklame. Konzeptionell teilt sich der Laden in zwei Ebenen: in die alte Raumhülle und die neuen, eingestellten Elemente. Dank des mineralischen, deckenden Anstrichs tritt die Hülle in den Hintergrund, bleibt aber dennoch existent und bildet den Rahmen für die unfarbigen Wandscheiben des »neuen« Optikers. Alle diese Scheiben wurden mit Kalkmaterial grau gespachtelt, während die zentrale Theke tatsächlich aus Sichtbeton besteht. Die abgehängte Deckenzone trägt einen leicht strukturierten Kalkputz in betongrau. Diesen materialsichtigen und unfarbigen Elementen stehen die rot gebeizte Holzscheibe und der warmtonige Parkettboden entgegen. Grobe und feine Oberflächen bilden ein weiteres Spannungsmoment und verleihen dem Laden Eigenständigkeit.

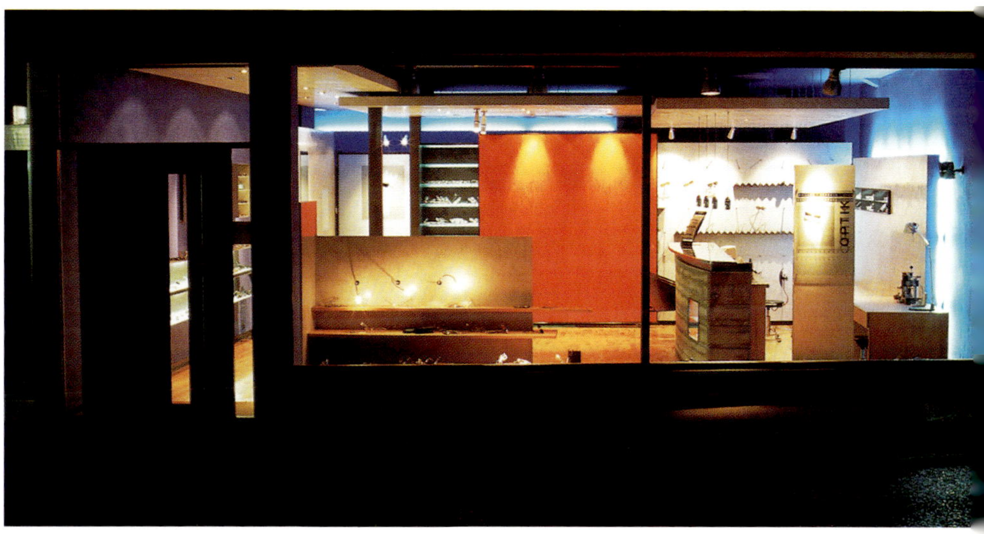

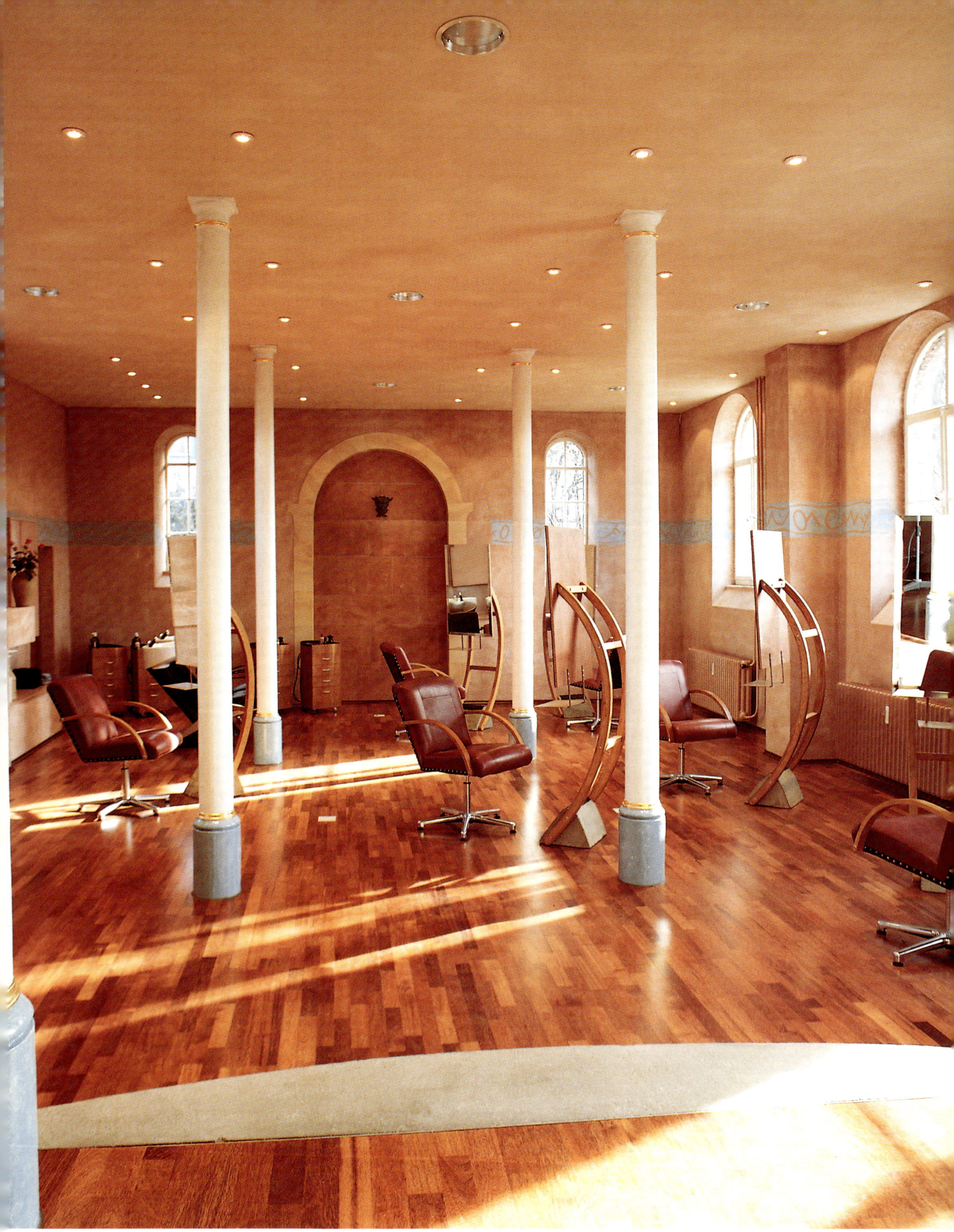

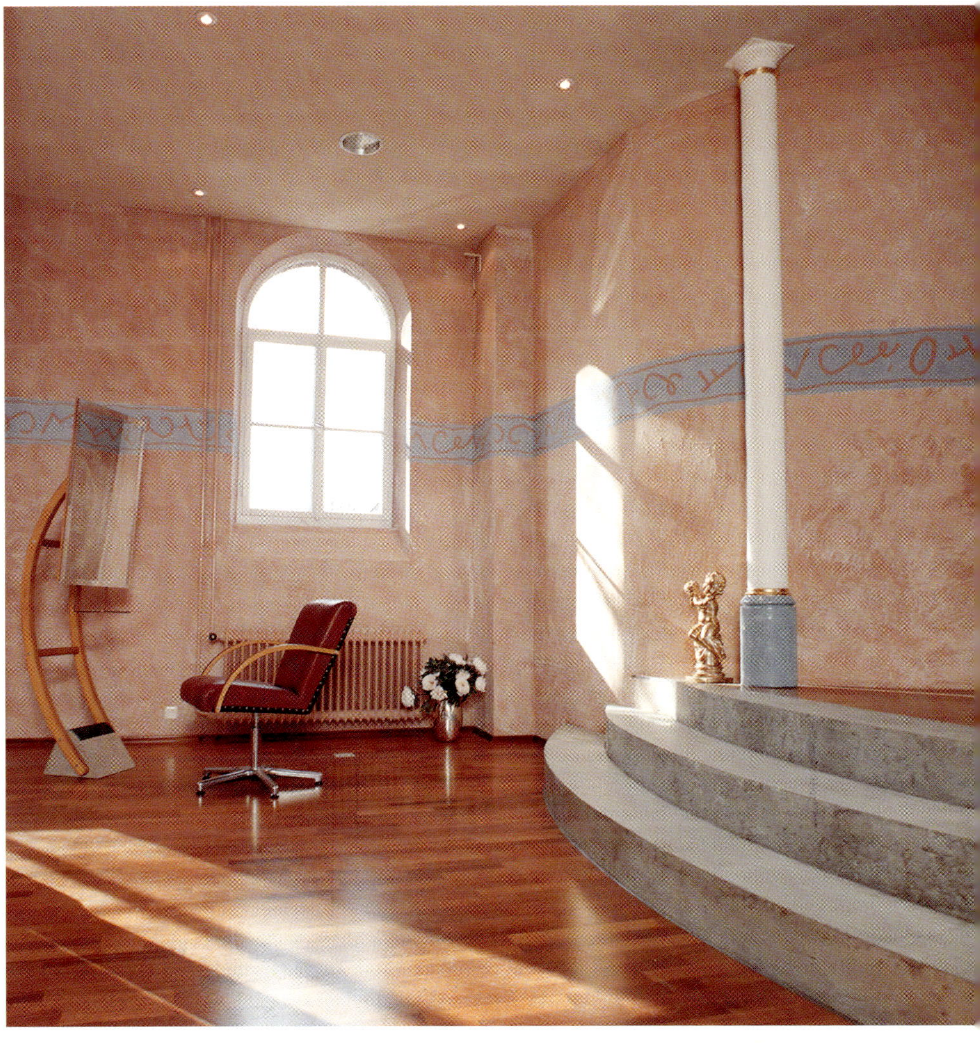

Gewollte Unregelmäßigkeit
Einst beherbergte das kleine Backsteinhäuschen eine Kirche, dann eine Fabrik und nun einen Haarkünstler. Zuvor jedoch wurde die zwischenwandfreie Etage vollständig renoviert und mit Unikat-Möbeln und -Wänden ausstaffiert. Die Farbigkeit der Wände lehnt sich an die der Backsteine an, doch wird der erdige Ton mit einem blauen, kontrastierenden Fries kombiniert. Belebend wirkt auch die gewollt starke Struktur und die unregelmäßige Färbung der Wände. Das durchgefärbte Material wurde mit der Traufel aufgezogen, so daß sich Schlieren, Flecken und Risse bildeten; in einem weiteren Arbeitsgang folgte ein hellerer Lasurauftrag mit der Bürste. Auch der Fries im komplementären Farbton ist bewußt unregelmäßig: Das Ornament entstand mit Hilfe der Schablone, aber beim Ausmalen durfte wieder unregelmäßig vorgegangen werden. Die Decke erhielt einen Auftrag mit Putzgrund, der dann naß in naß mit der Bürste zweimal überwischt wurde.

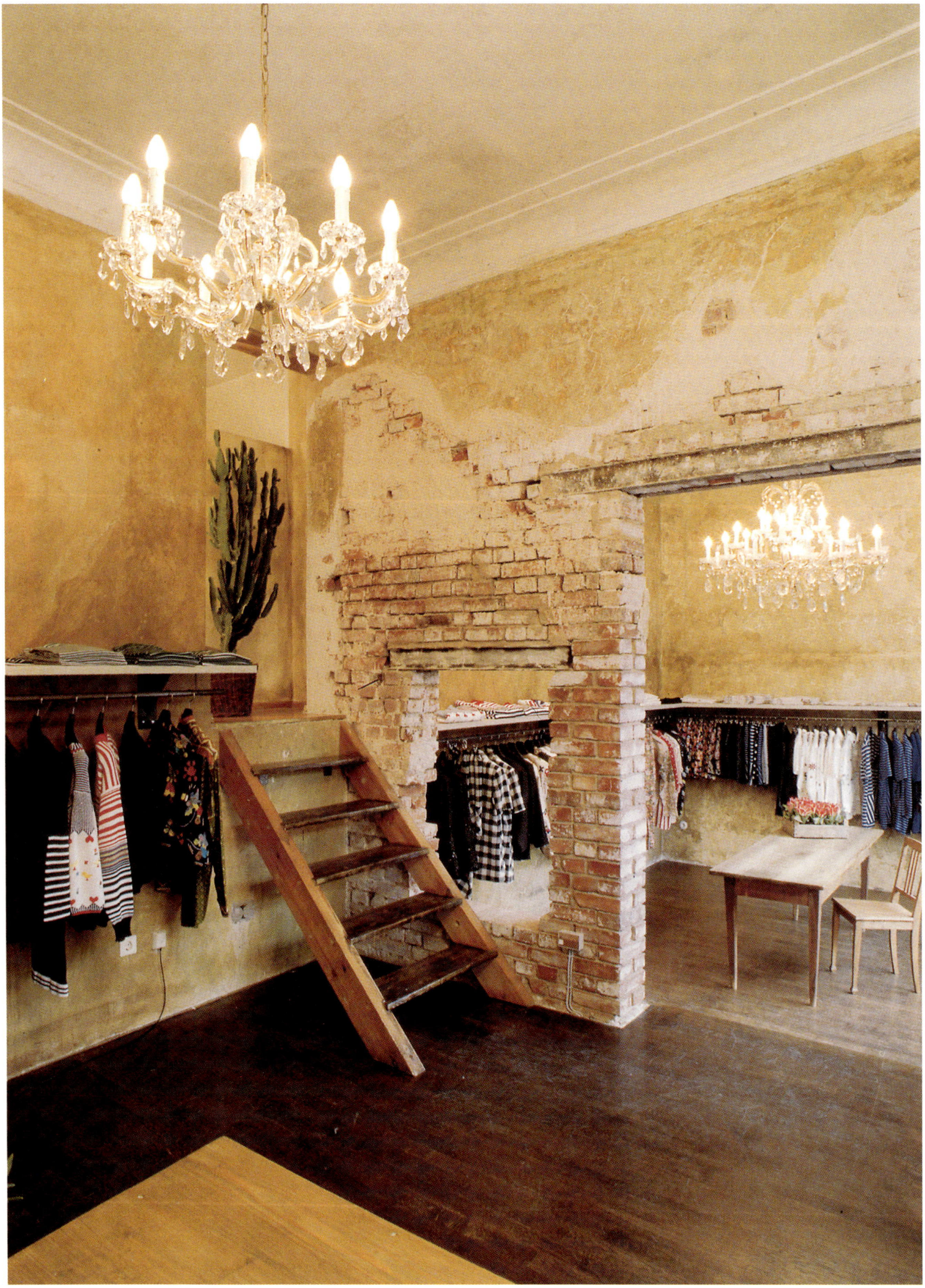

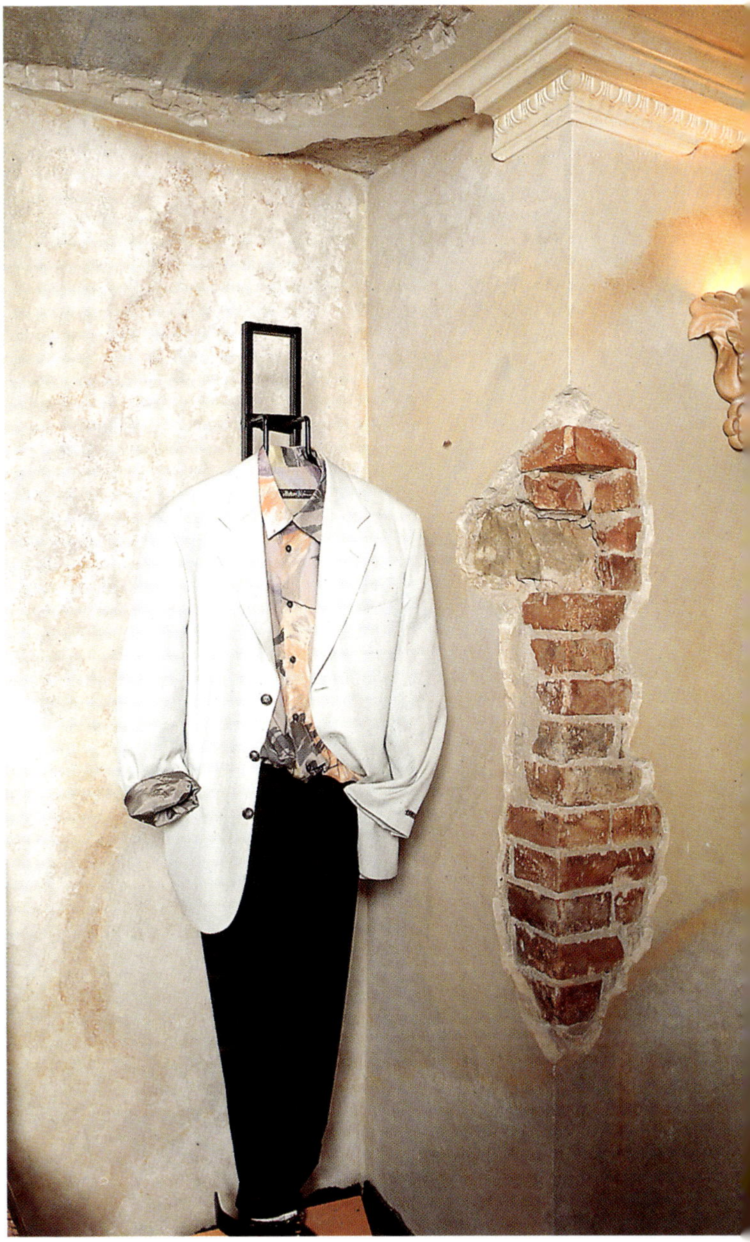

Alter Palazzo

Ruinenhaft ist das Ambiente – allerfeinst die käuflichen Kleidungsstücke in der Stuttgarter Boutique Schmalor. Durch Ablösen alter Tapetenschichten und Abschlagen lockeren Putzes legte man einstige Anstriche sowie das Mauerwerk frei und half an anderen Stellen dem verwitterten Charakter künstlich nach. Dazu trug man mit Bürsten in drei bis vier Arbeitsgängen eine selbstgefertigte Lasur auf. Der Eindruck feucht gewordenen Putzes basiert auf der Zumischung von Trockenpigment. Die »Raumpatinierung« schließlich ergab den gewünschten, an einen alten Palazzo erinnernden Charakter.

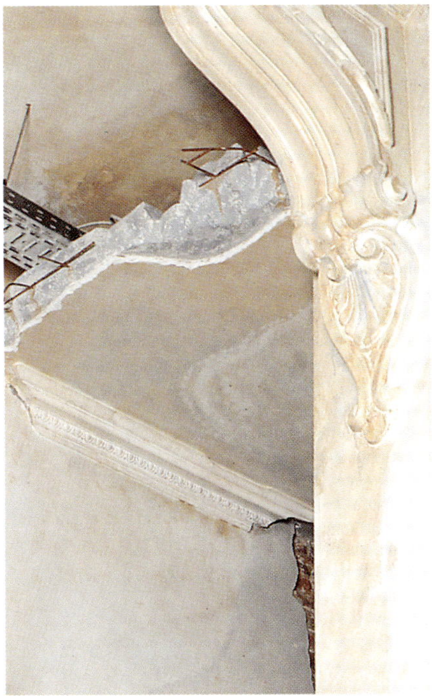

Fabrikambiente

An eine jugendliche Käuferschicht richtet sich das Angebot dieses Ladens für Jeansmode. Die Abbruchoptik ist mit viel Aufwand erzeugt worden – schließlich sollte das Geschäft den Charme und Zustand einer alten Fabrik wiedergeben. Auch hier kamen während der Ausführung der Patinierungen an Decken und Wänden noch viele weitere Ideen hinzu. Stuckfriese, freigelegtes Mauerwerk, bewußt bröckelnde Putzbereiche und per Wischtechnik behandelte Flächen erzeugen einen sauberen, sterilen Gammellook, der kurz vor dem Übergang zum Kitsch liegt.

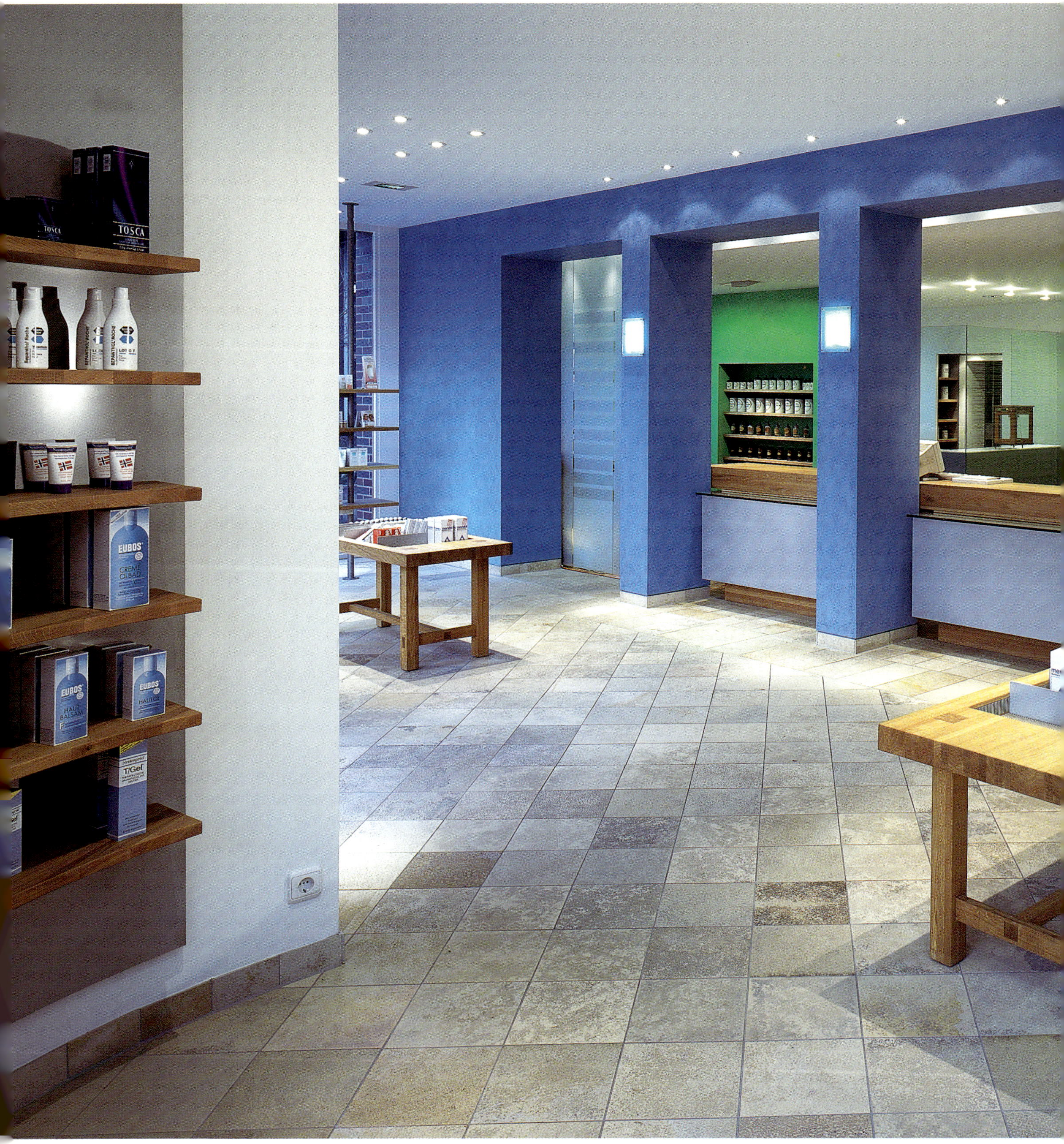
TOSCA
EUBOS
EUBOS

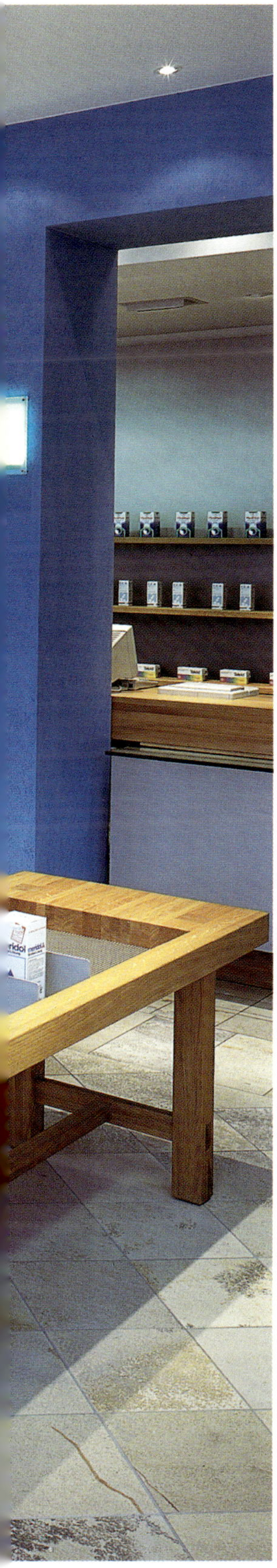

Sichtbare Naht

Wie jede Apotheke teilt sich auch die Lemförder Löwenapotheke in zwei Funktionsbereiche: in den Verkaufsraum und den Arbeitsbereich, in dem die Medikamente lagern und Mixturen hergestellt werden. Die Theke als Trennlinie zwischen diesen beiden Zonen kennzeichnet auch eine bauliche Grenze. Wurde der Arbeitsbereich im bestehenden Altbau aus den fünfziger Jahren integriert, so bildet ein eingeschossiger, vorgelagerter Anbau den großzügigen Verkaufsraum. Die ehemalige Außenwand des Altbaus wandelte sich so zu einer Innenwand – und wo einst die Schaufenster waren, befindet sich heute die Theke. Die farbige wie maltechnische Behandlung hebt die einstige Außenwand hervor und macht sie zum Thema des Umbaus. So betont ein lichtes Blau mit steinern wirkender Oberfläche die portalähnliche Stützenfolge vor der Theke. Als optische Fortführung erhielt auch die »zweite Ebene« hinter den Theken die gleiche Technik, allerdings in einem lichten Grün. Zusammen mit dem weißen Raumumfeld, den Aluminiumelementen, dem Eichenholz für Möbel und Boden im Arbeitsbereich herrscht so eine heitere, nördliche Stimmung.

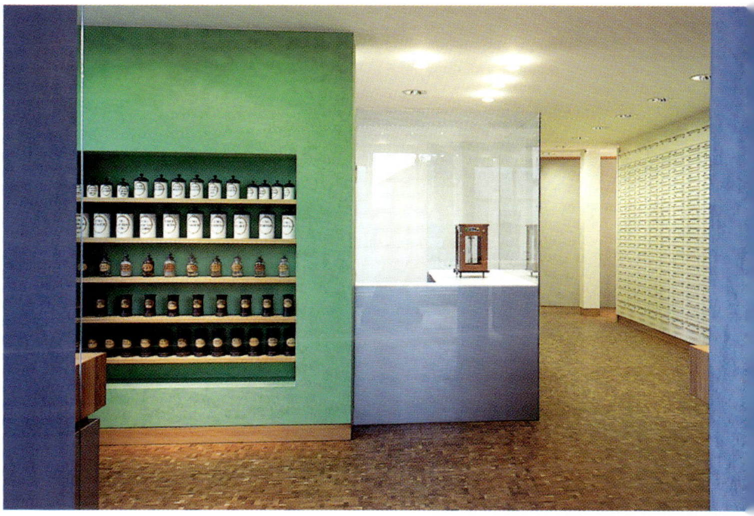

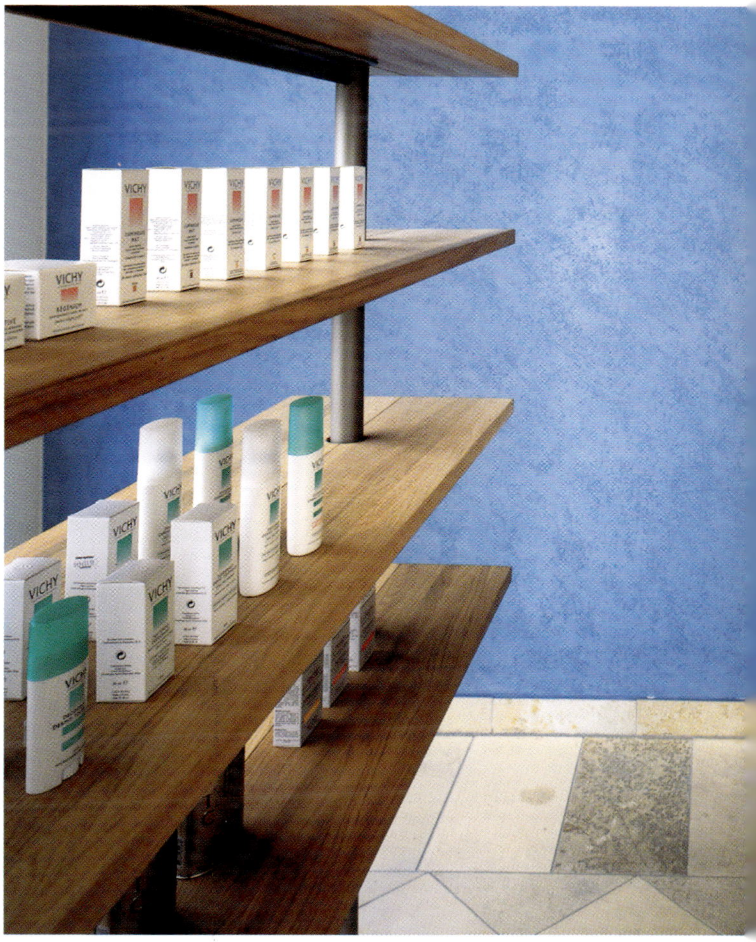

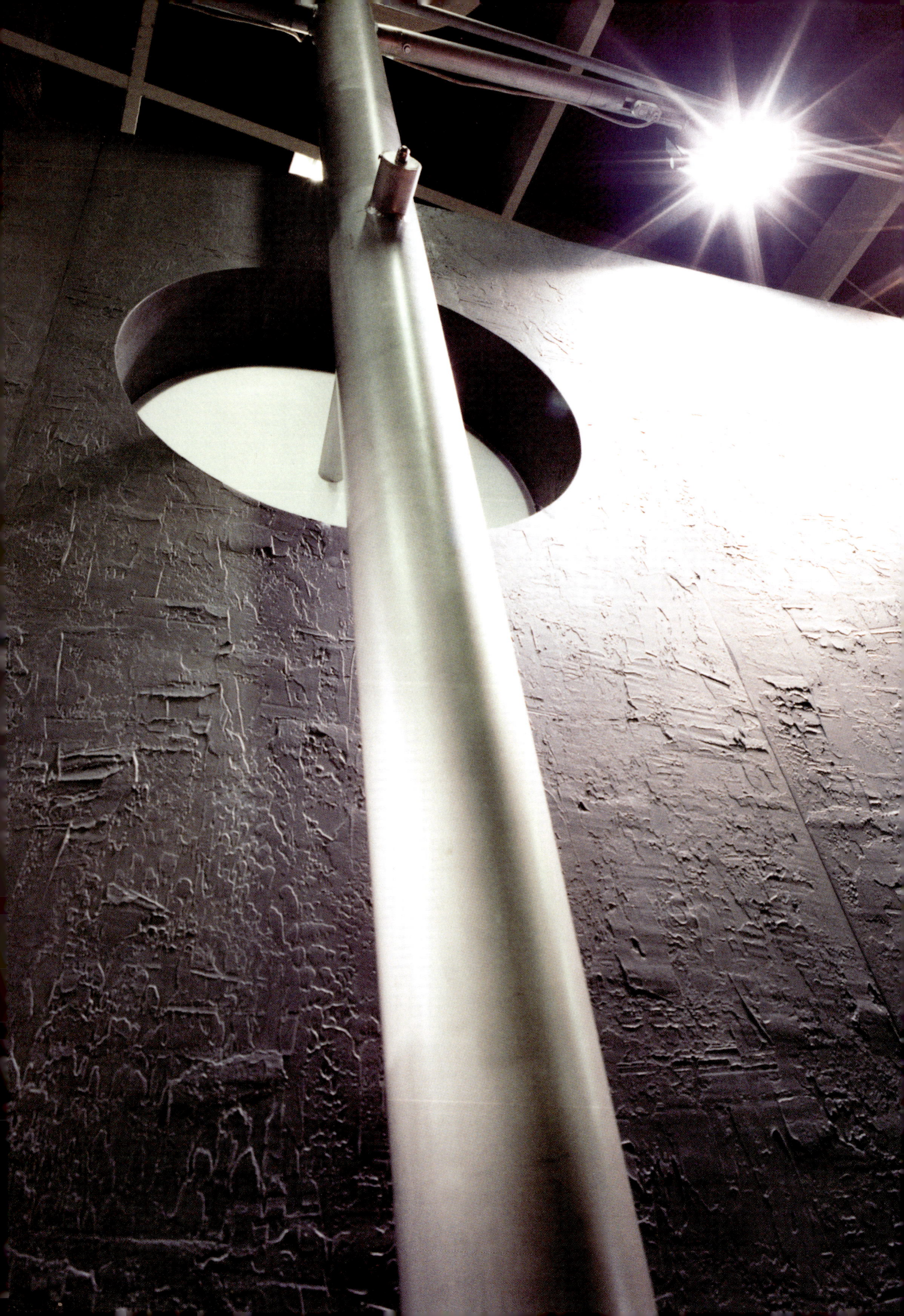

AUSSTELLEN

Messen und Ausstellungen sind heute ein wichtiges Kommunikationsmittel der Wirtschaft. Dabei ist die Messe längst nicht mehr Ort des sachlichen Informationsaustausches, sondern eine Show, ein Theater der Produkte, der Unternehmen und ein Erlebnisraum besonderer Art. Unterschwellige Botschaften und Emotionen gelten als Mittler zum Erfolg. Licht und Farbe eignen sich da besonders, diese Gefühlswelten zu erzeugen.

Präsentierten sich die Messestände lange Zeit im »High-Tech-Look«, mit Stahl, Glas und kühlem Lack, so ist auch hier die Zeit des Wandels gekommen. Individualität, Ökologie und Sinnlichkeit bestimmen heute den Trend – was die Farbgebung nachhaltig beeinflußt. Da darf es denn auch theatralisch zugehen, spektakulär sowieso, einladend, neugierig machend und innovativ.

Stets spielen Farben und Oberflächen eine wesentliche Rolle: kontrastreiche Stimmungen, die sich durch die geschickte Kombination verschiedener Strukturen, Materialien und Farben einstellen, sprechen emotional direkt an. Hoch im Kurs stehen Lasurtechniken per Bürste oder mit

Material- und Strukturkontrast
Die plastische Arbeitsweise eines Künstlers stand Pate für diese grobe Spachtelstruktur. Besonders ausgeprägt beim Messeauftritt des Herrenmodeproduzenten Venturo sind die Kontraste: spiegelndes, glattes Kupferblech steht gegen die graue, rauhe Wandtechnik.

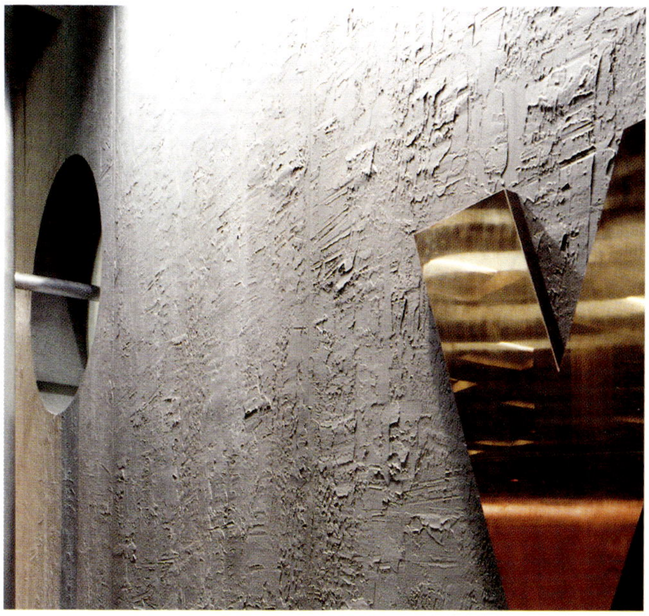

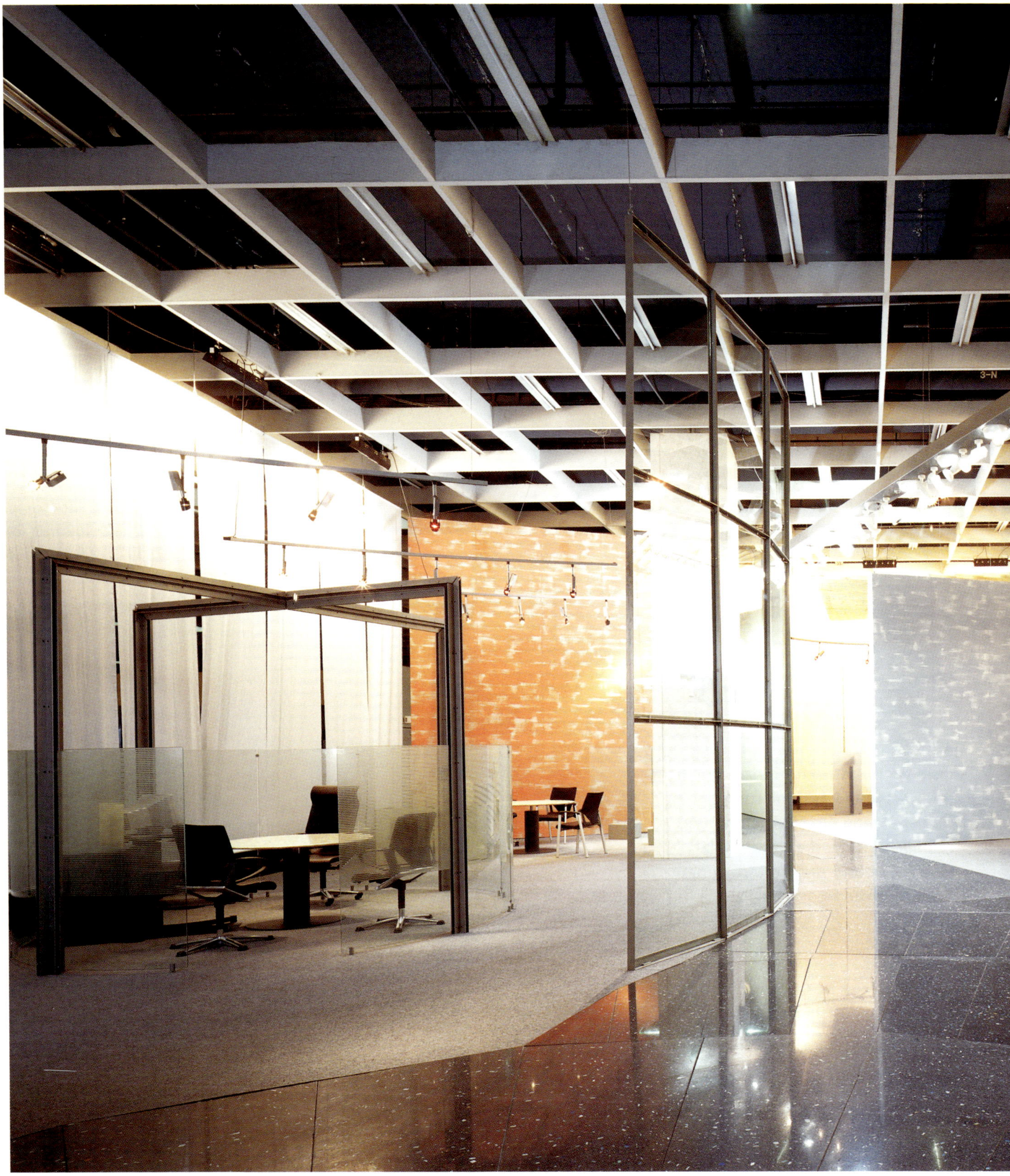
3-N

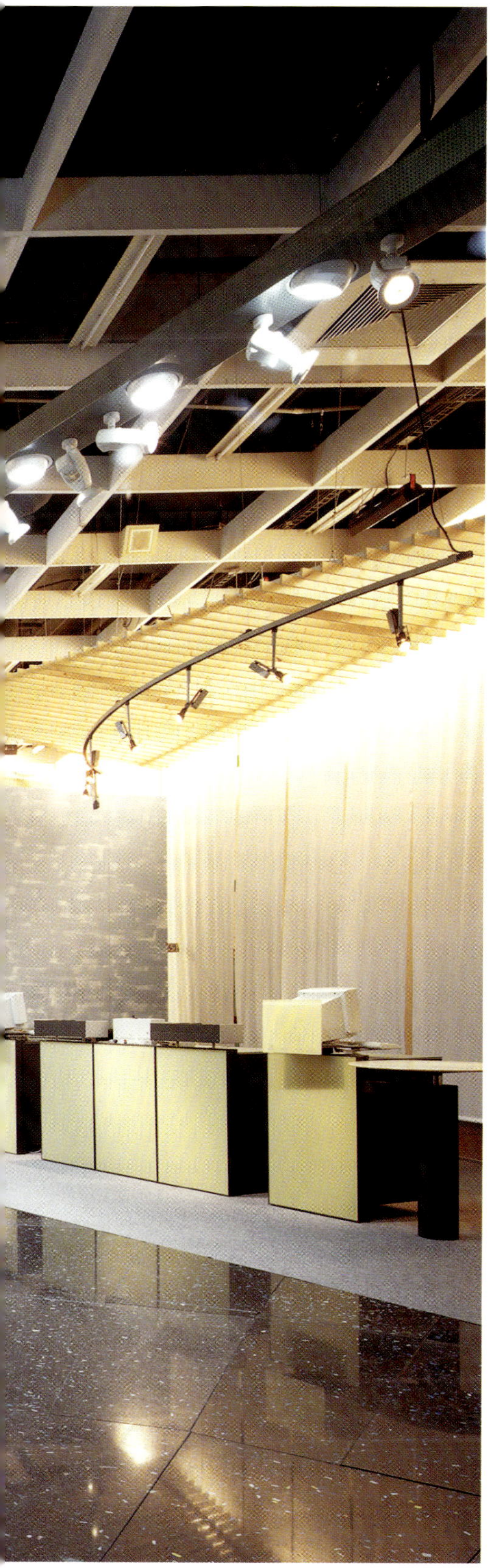

Geldgeschäfte

Für den Auftritt des Bankenausstatters Alex Linder während der Orgatec 96 bearbeitete man die großen Wandscheiben mit ausgesprochen dynamischen Pinsellasurtechniken, die zum polierten Steinboden und den technisch-kühlen Exponaten einen lebhaften Kontrast bilden. Abgestimmt auf die einzelnen Produktgruppen wählte man Hellblau, Gelb und Orange. Der Untergrund wurde vor der einschichtigen Pinsellasur ebenfalls vorgebürstet, dazu tönte man Weiß leicht mit den jeweiligen Endfarben ab. Die Umsetzung erfolgte vor Ort.

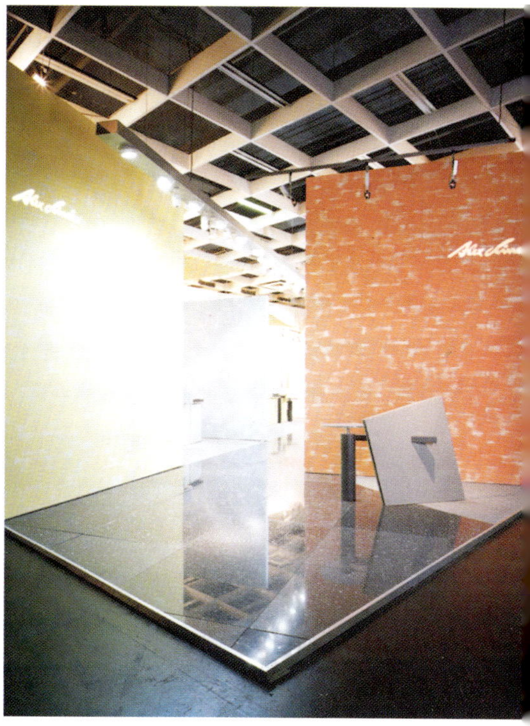

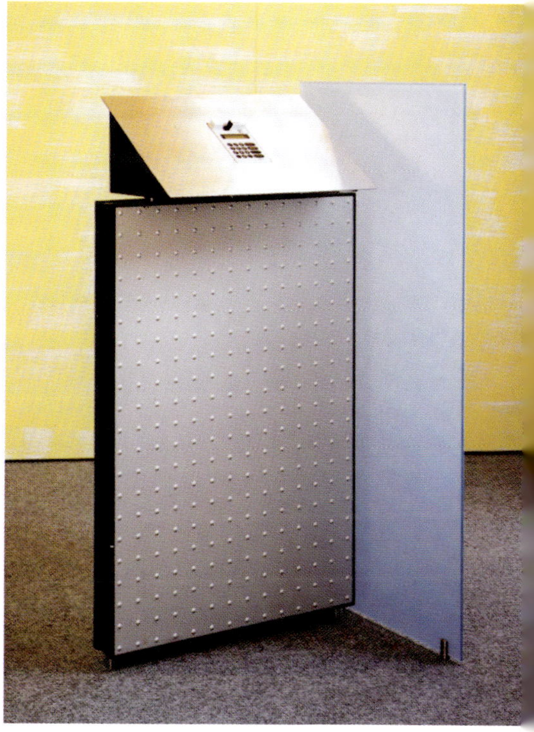

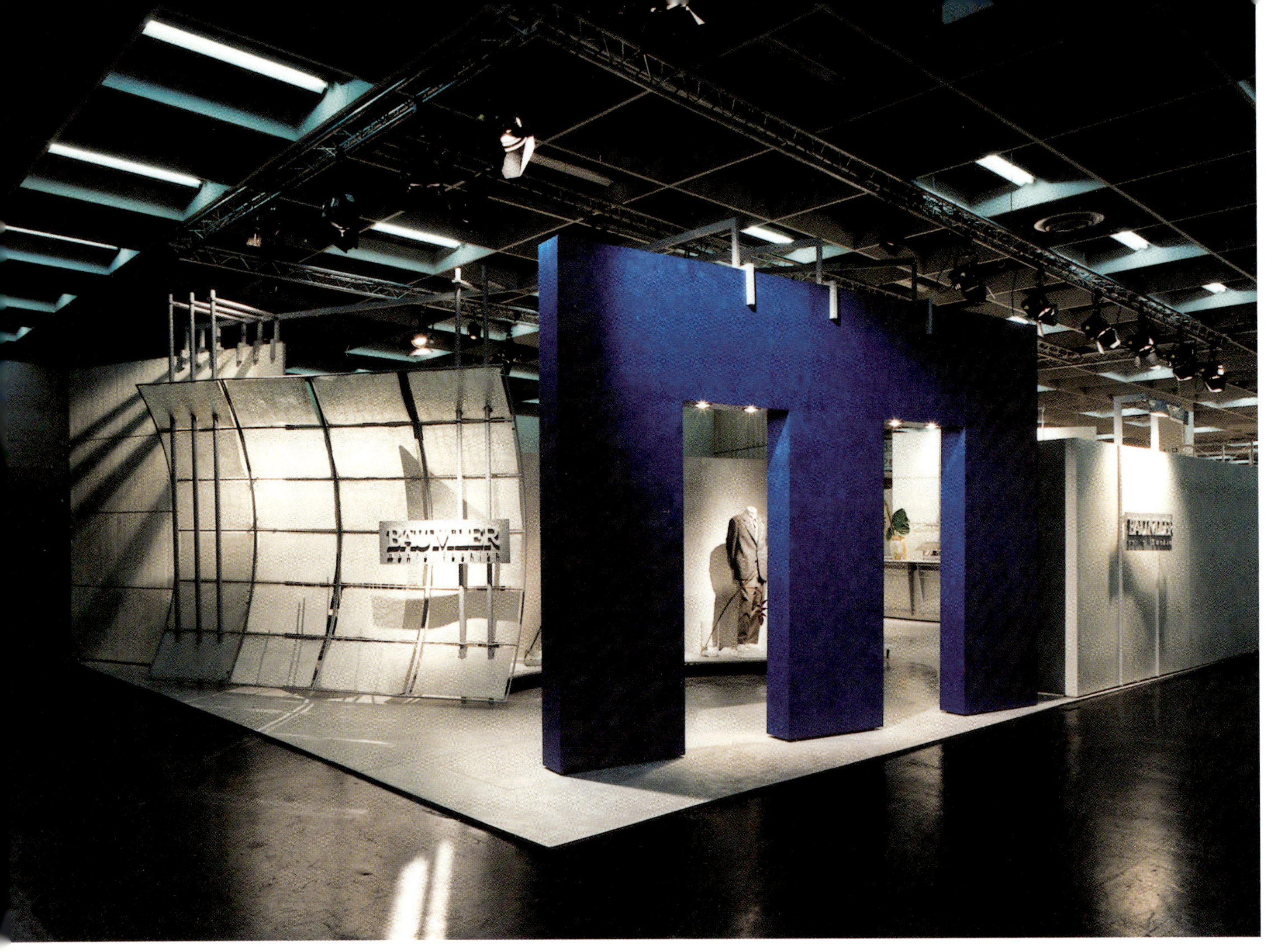

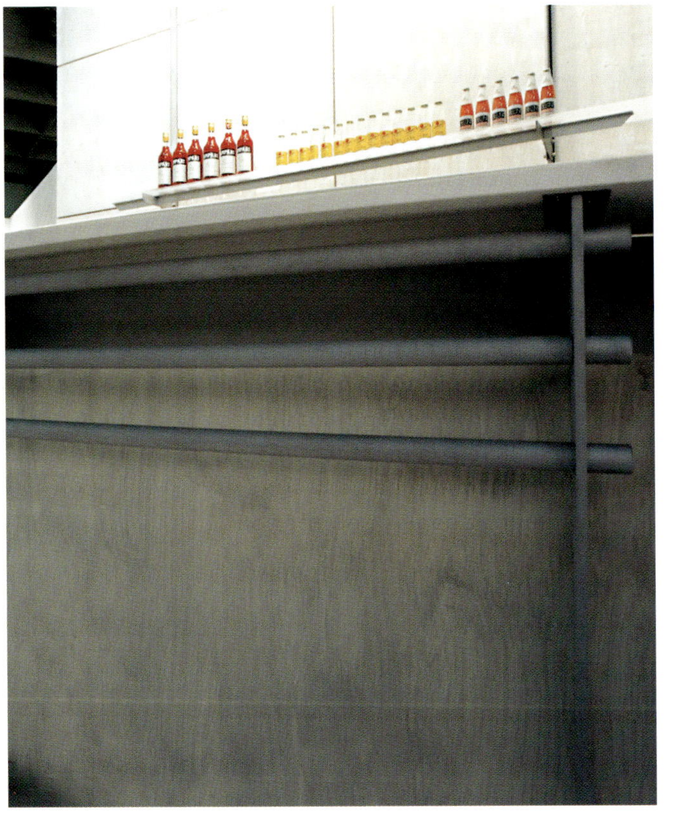

Neutraler Hintergrund für feine Mode
Stände, an denen Mode präsentiert wird, sind meist zurückhaltender in ihrer Farbigkeit. Bei diesem Unternehmen für Herrenmode bildet Grau den dezenten Hintergrund – nur das Hauptportal setzt einen Akzent in Blau. Ansonsten treffen sandgestrahlte Holzwände, gewischte Bodenplatten und eine strichig lasierte Theke aufeinander, alles in zurückhaltenden, grauen Nuancen.

Herbstfarben
Die herbstliche Modepräsentation wird von jahreszeitlich passenden Farben und Oberflächen gerahmt: Eine terracottafarbene und eine hellockerige Lasurtechnik schmücken die Außenflächen des Messestandes dieses Kleidungsherstellers. Umgesetzt wurde die Lasurtechnik mit der Bürste, wobei der recht grobe, leicht plastische Duktus erwünscht war.

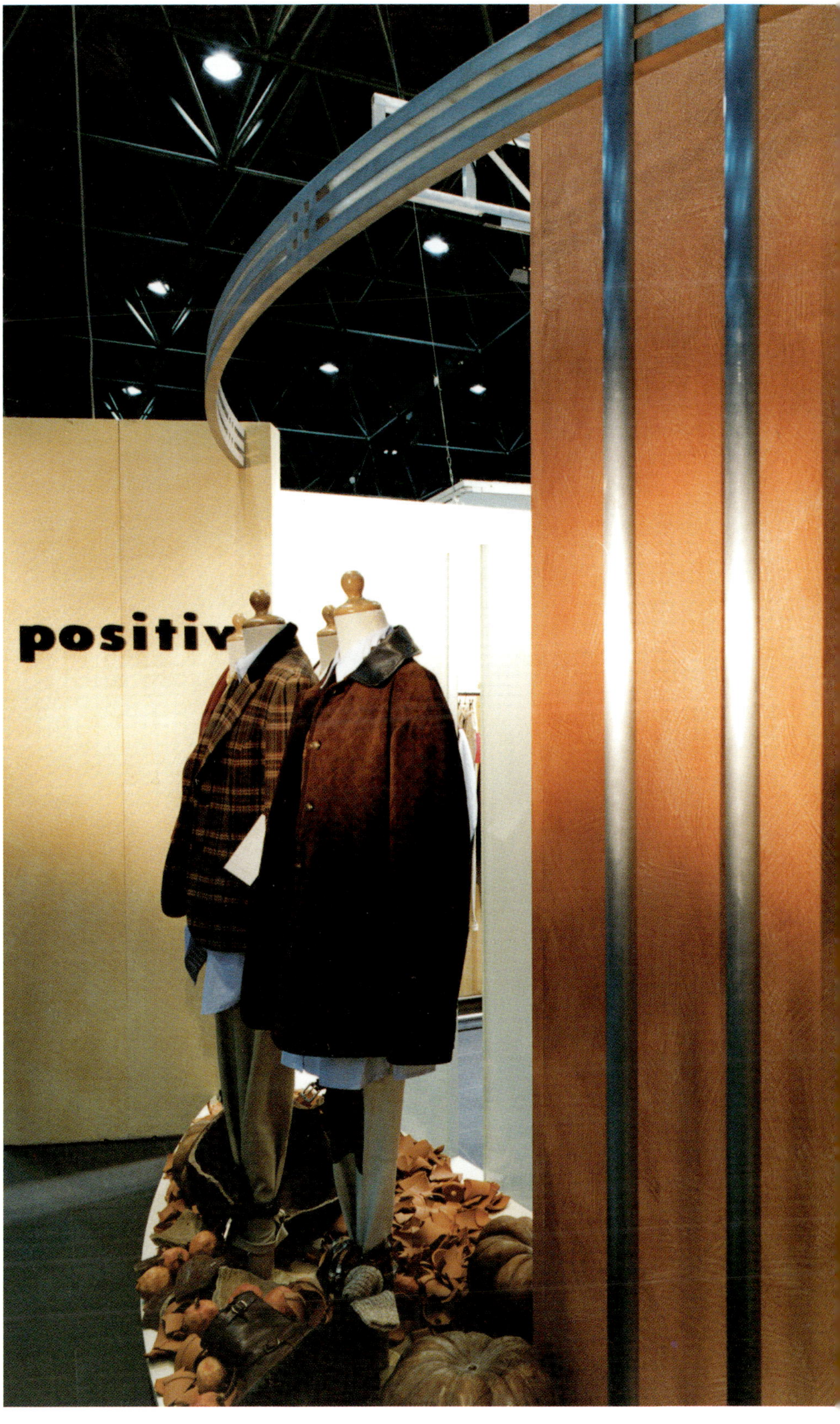

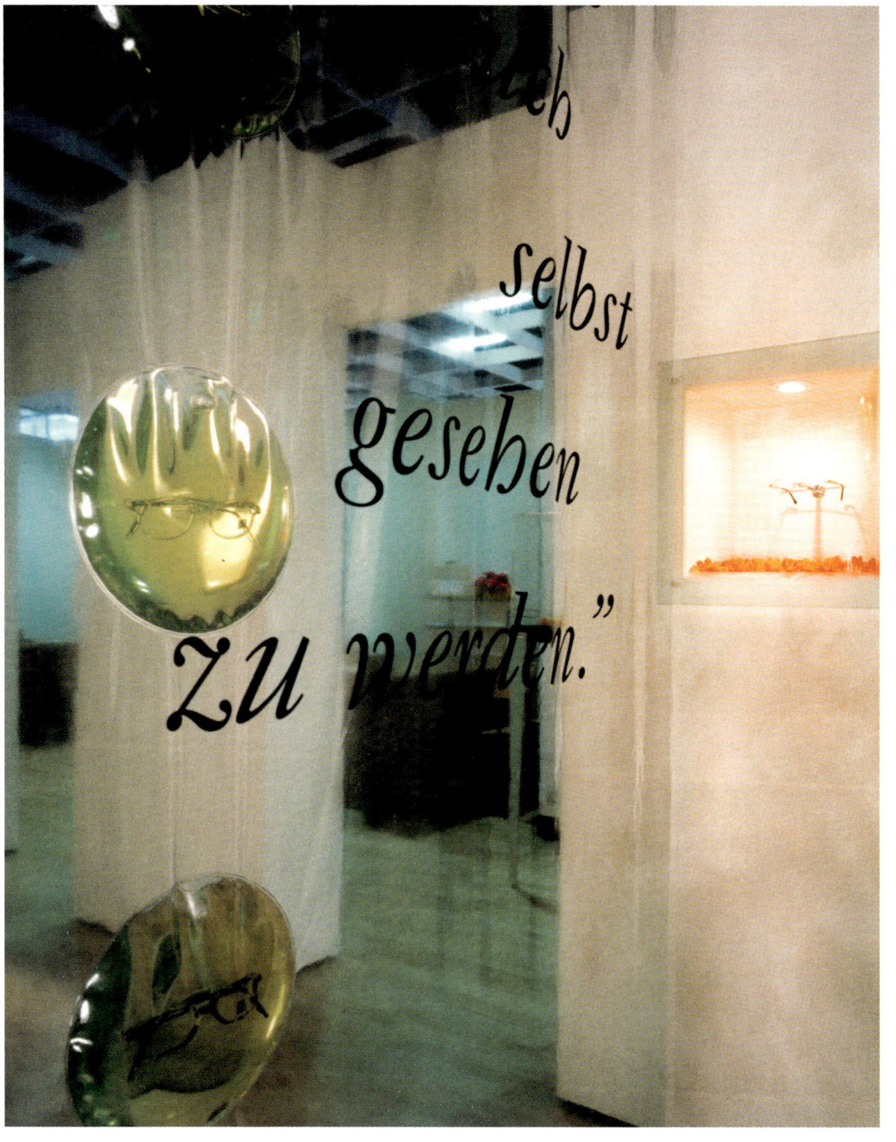

Eingelegte Sehhilfen
Brillenpräsentationen gehören zu den schwierigsten Aufgaben – schließlich sind die Fassungen fragil und oft kaum wahrnehmbar. Hinzu kommt die Überfülle an Brillengestellen, die während Optikermessen feilgeboten werden. Hier liefern die Stellwände mit einer plastischen, aber optisch weichen Lasurtechnik den zurückhaltenden Rahmen für die »eingelegten« Neukreationen.

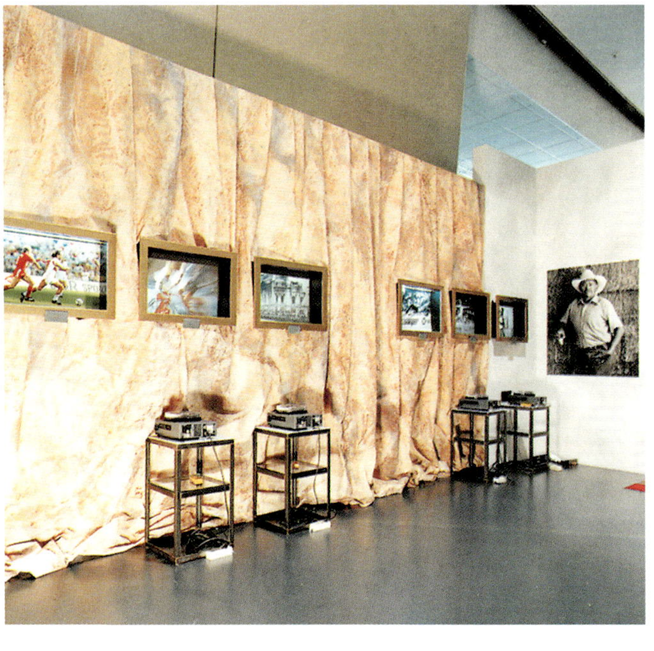

Vorhang zu
Diaprojektion im Guckkasten: Die per Wischtechnik patinierte Leinwand umschließt die Schaukästen, in denen Kodak während der Photokina Diaserien zeigte.

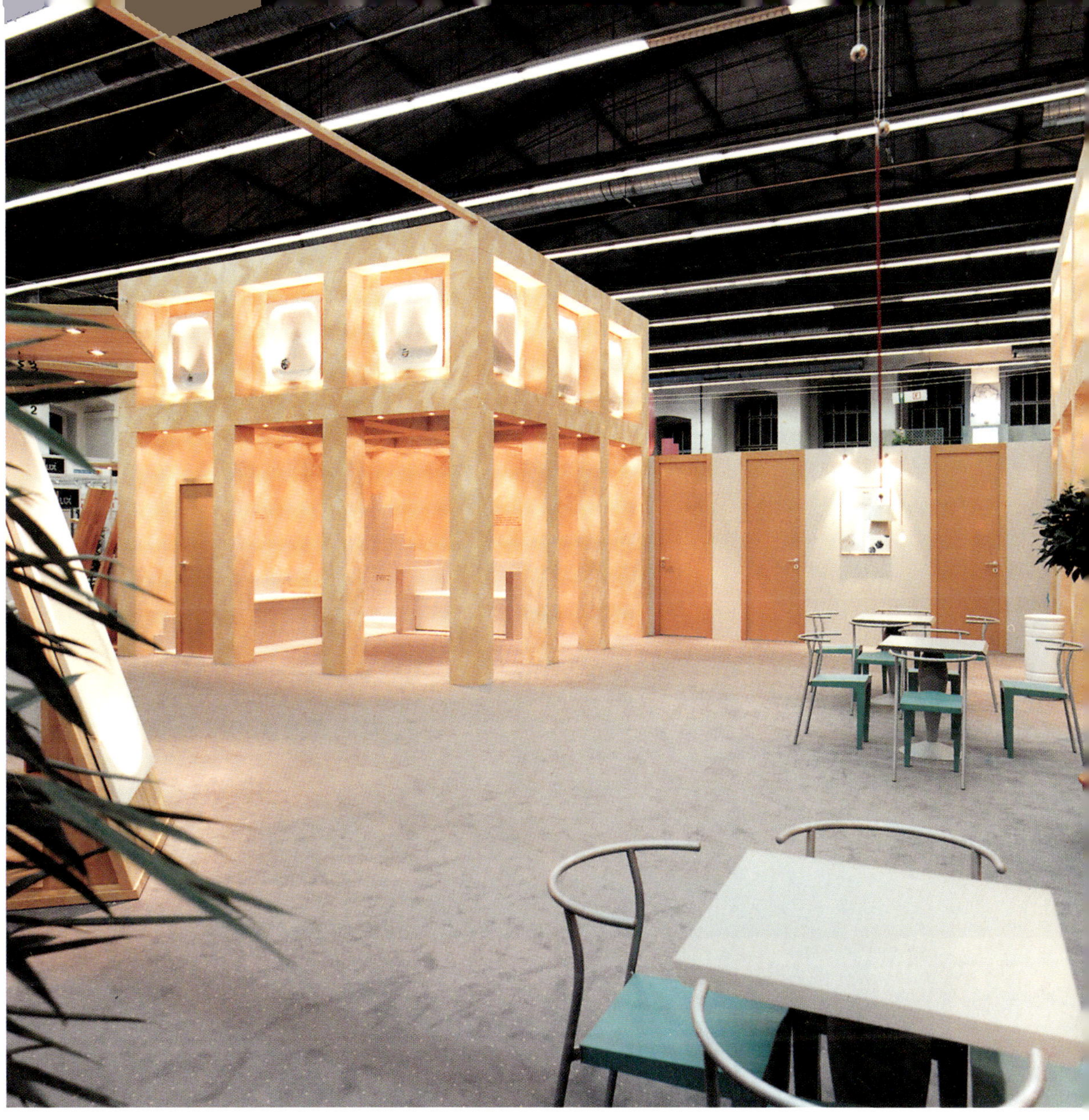

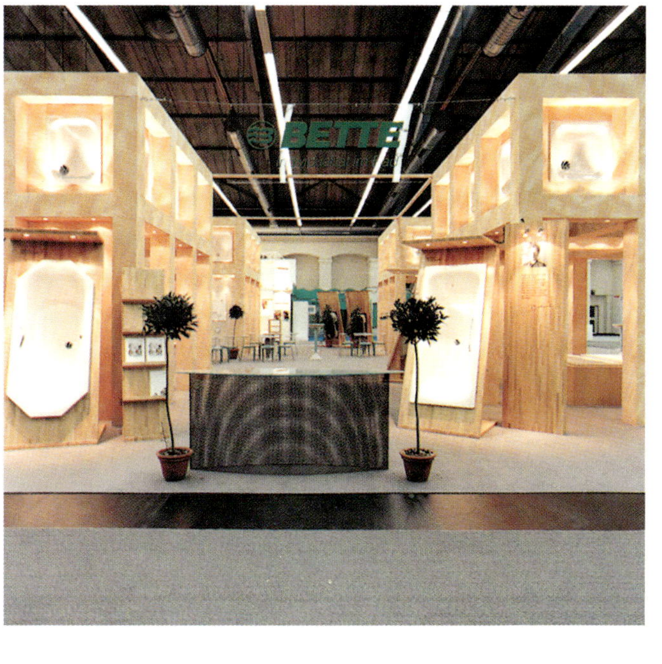

Warmes Ambiente

Eine warme Umgebung als Kontrast zu kühlen Sanitärprodukten erzeugt diese ockerfarbene, mehrschichtige Pinsellasur. Umgesetzt wurde sie auf Streichputz mit der Abstaubbürste. Bei dieser Arbeitsweise bildet sich ein sehr lebendiger Duktus heraus, der die Präsentationskuben des Herstellers Bette farblich akzentuiert. Reduzierte Architektursprache, dynamische Maltechnik und gekonnte Beleuchtung machen den besonderen Reiz der Unternehmensdarstellung aus.

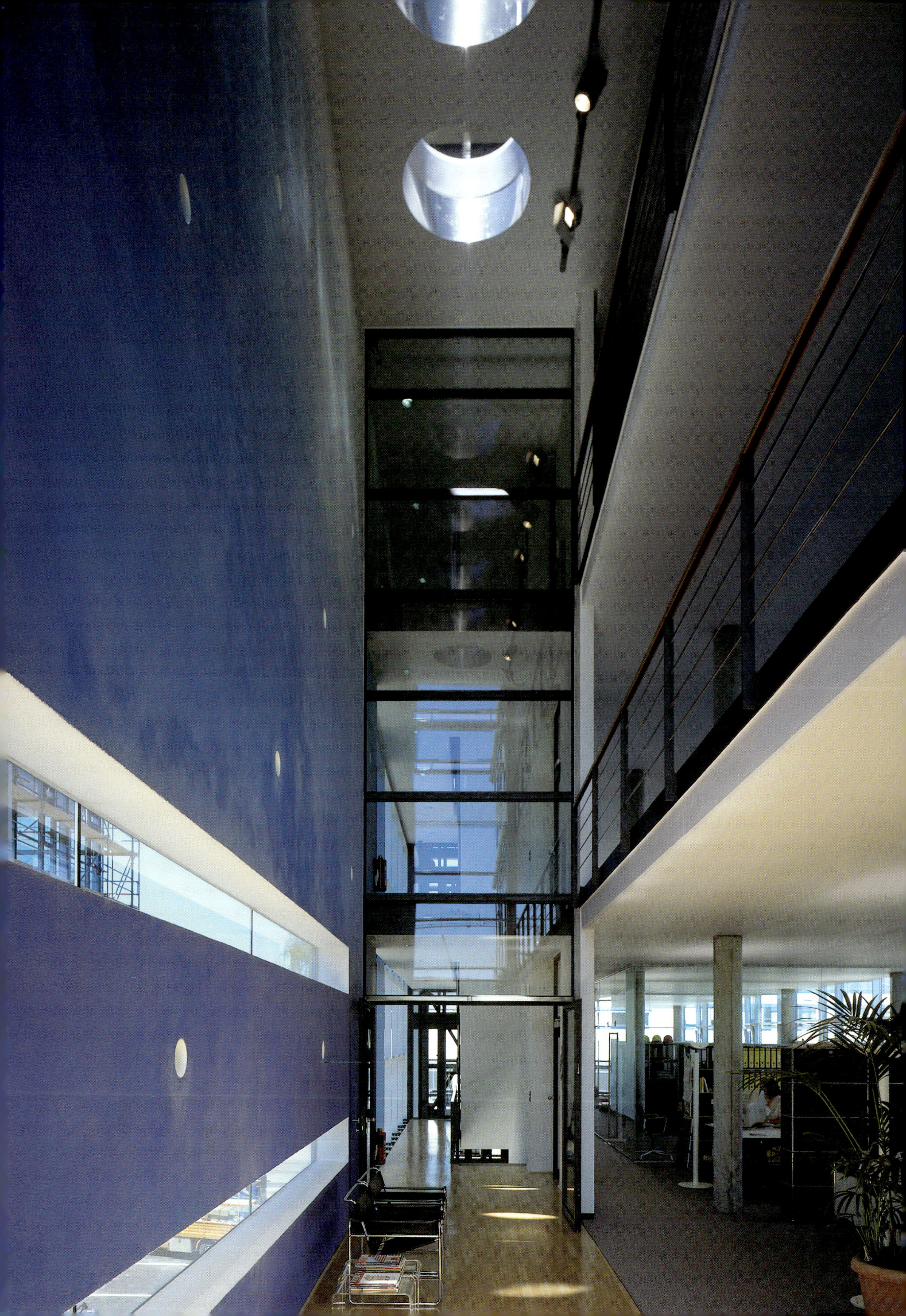

ARBEITEN

Die Büroarbeit hat einen tiefgreifenden Wandel hinter sich: Einst war das Kontor ein düsterer Ort, an dem staubige Aktenberge und »Vorgänge« verwaltet wurden. Das Büro von heute hingegen gibt sich offen, hell, funktional und spricht den dort tätigen Mitarbeiter über Einrichtung und Gestaltung emotional an. Schließlich soll der nicht länger gedankenlos einmal beschlossene Abläufe repetieren, sondern kreativ, verantwortlich und dynamisch seine Arbeit tun – eben wie ein »Mitunternehmer« agieren. Mehr Eigenverantwortung aber bedarf auch eines größeren Freiraums und einer gehobenen Wertschätzung des Mitarbeiters durch das Unternehmen. Neue Ideen, neue Produkte und neue Impulse entstehen nur dort, wo eine kreativitätsfördernde Umgebung existiert. Waren lange Zeit die Kriterien Ergonomie und Funktionalität oberste Richtschnur für die Ausstattung der Büros, so kommt nun der emotionale Aspekt hinzu. Ein Gesichtspunkt, der sich identifikationsfördernd auswirkt und das Büro zu dem macht, was es ist: ein Stück Lebensraum, in dem man viele Stunden pro Tag verbringt.

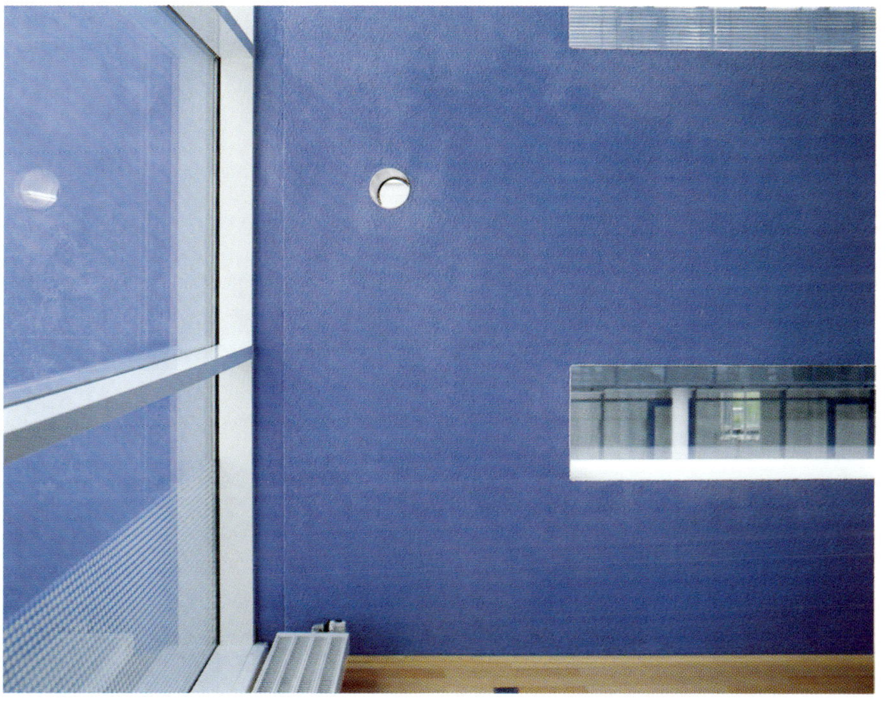

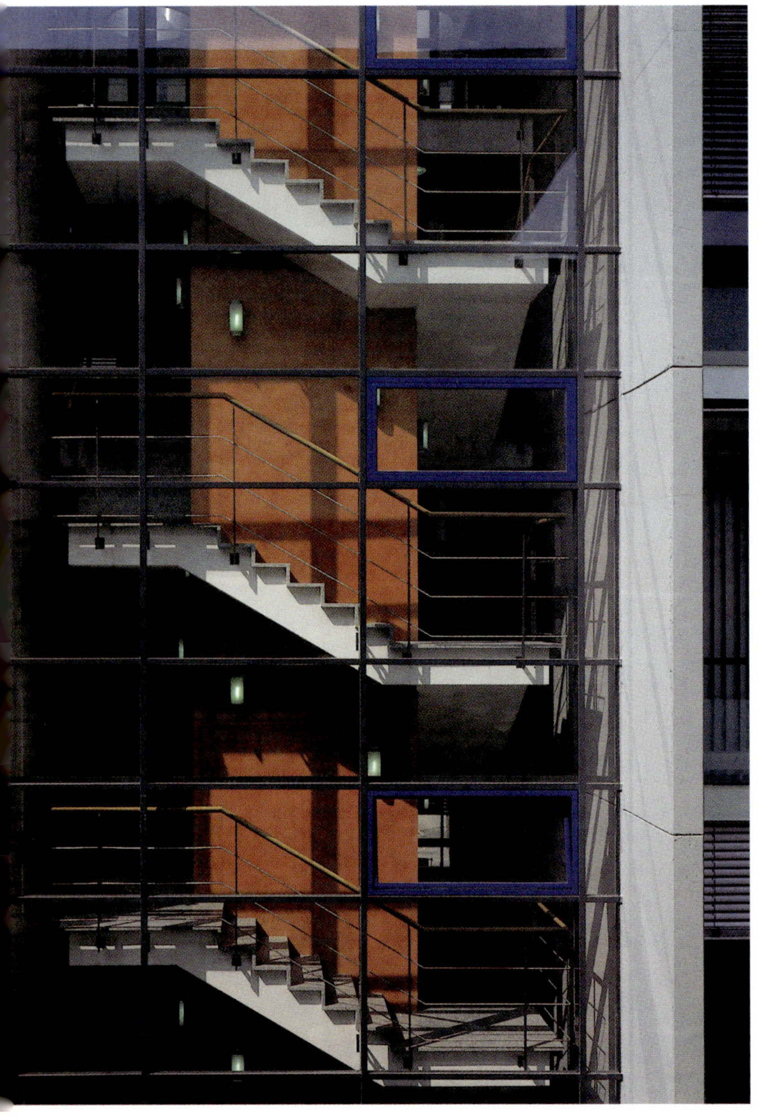

Farben können ihren Beitrag dazu leisten, das Büro und die Arbeit insgesamt emotional aufzuwerten, die Entfremdung zwischen Arbeit und Leben zu mindern. Außerdem vermögen sie bestimmte negative Rahmenbedingungen zu kompensieren. Farbenpsychologisch wurde das Arbeiten bereits eingehend durchleuchtet, die Wirkungen von Farben sind bekannt und ihr Gebrauch ist etabliert.

Einen Mehrwert bringt der emotionale Aspekt der Maltechniken in die Arbeitswelt ein – sinnlich erlebbare Oberflächen haben eine weitaus intensivere Präsenz als solche, die glatt, distanziert und beliebig reproduzierbar sind. Gerade dort, wo kreatives Arbeiten gefragt ist, stimulieren Maltechniken die Freiheit des Geistes, inspirieren und fördern die Konzentration. Wo Streß herrscht, helfen gewolkte, weiche Oberflächen in natürlichen, warmen Farben, diesen abzubauen. Je nach Tätigkeit, atmosphärischen Begleitumständen sowie dem Unternehmensbereich, wird man auf andere Maltechniken zurückgreifen. Im Foyer und in Empfangsräumen kann ein eher repräsentativer, eleganter Charakter von Nutzen sein, dies legt Glättetechniken nahe; Arbeitsräume hingegen sollten mit eher natürlich anmutenden Farben und Strukturen bereichert werden – und Konferenzräume einerseits Spannungen abbauen, andererseits aber kommunikationsfördernd wirken. Zwei zunächst gegensätzlich erscheinende Forderungen, die sich aber durch die verschiedenartige Gestaltung von Teilflächen erfüllen lassen. Das permanente Hintergrundgeräusch in Großraumbüros läßt sich durch eine rauhe Oberfläche mit dunkleren, wärmeren Farben zumindest teilweise kompensieren. Lasurtechniken bringen auch hier eine wohnlichere Atmosphäre hinein.

In jedem Fall beeinflußt die Corporate Identity des Unternehmens die Wahl der Farben und der Maltechniken. Werbeagenturen beispielsweise werden ihr kreatives Potential auch innenarchitektonisch belegen – mit neuen, innovativen bis experimentellen Techniken und Farbkompositionen. Firmen, die ihre Seriosität und Verläßlichkeit in den Vordergrund stellen, sollten klassische, elegante und unaufdringliche Oberflächen präferieren. Gleiches gilt für traditionsreiche Unternehmen.

Dominantes Blau

Wie zwei ungleiche Zwillinge stehen die beiden Bürogebäude parallel zueinander – gemein aber haben sie die Transparenz, die offene Grundrißplanung, ihre schlanke Form und die Bauweise. Auch die Einbindung der Farbe zeugt von der Verwandtschaft.

Im älteren der Gebäude trägt die dominante, durchgehende Betonscheibe innen einen sich nach oben verflüchtigenden Lasurverlauf in intensivem Blau und liefert so den Büroräumen einen kühlen, geistig-inspirierenden Hintergrund.

Der zweite Bau besticht farblich vor allem durch den sienarot lasierten Aufzugsturm. Durch die völlige Verglasung des Treppenhauses leuchtet die intensive Farbe nach draußen. Und bei beiden Gebäuden wurden die als horizontale Scheiben ausgearbeiteten Dächer auf ihren Untersichten gelb lasiert – sonnig an trüben Tagen, kontrastierend zum blauen Himmel bei schönem Wetter.

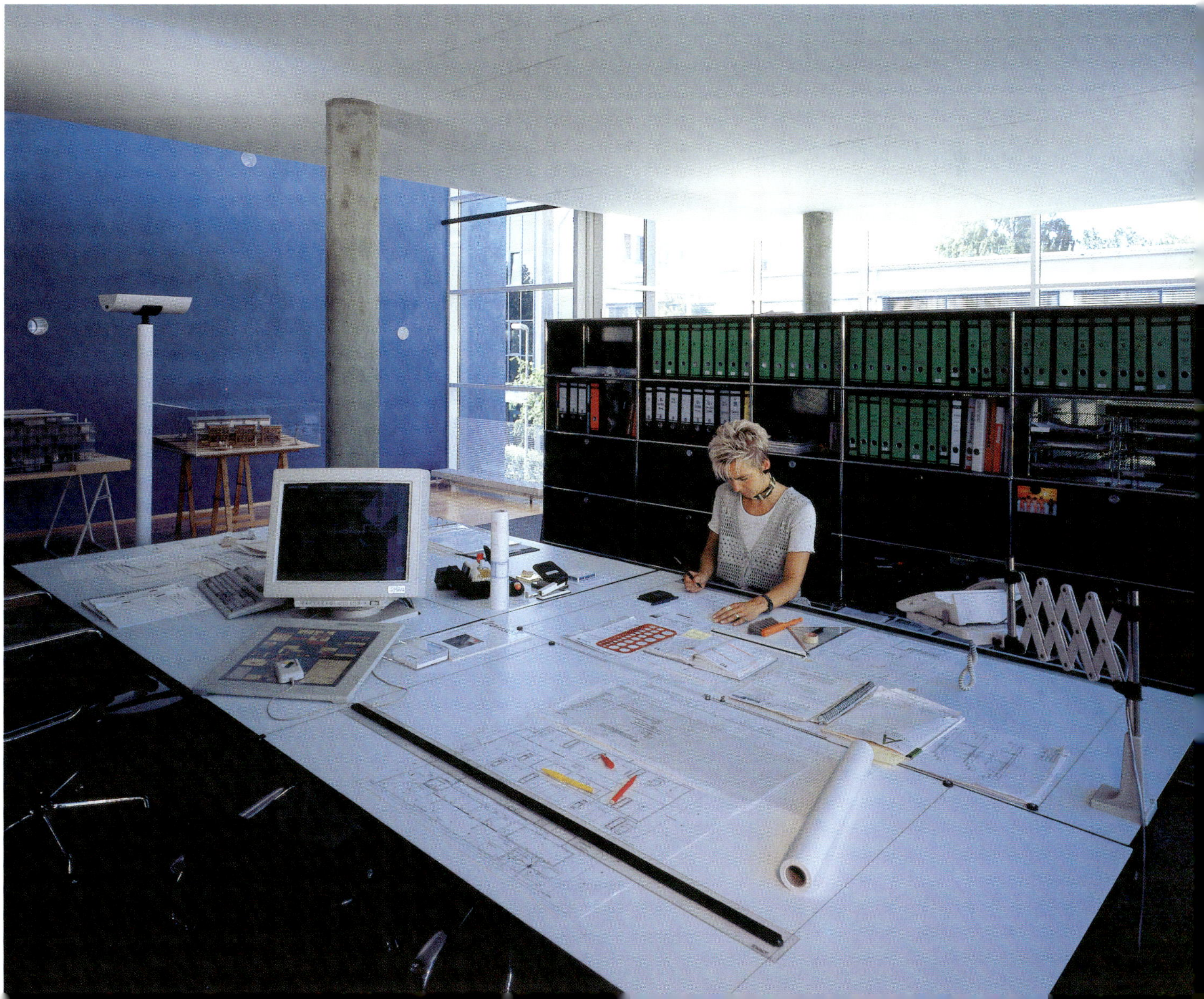

Selbstdarstellung
Materialbestimmt und konstruktiv roh belassen gibt sich diese Etage eines Architekturbüros. So sind Installationsrohre genauso sichtbar wie Elektroschächte, die Trapezblechdecke und das Betontragwerk. Dem gegenüber stehen eingestellte Elemente aus edleren Materialien. Eine schräge Wandscheibe mit horizontalen Nuten wird zum eigentlich raumbestimmenden Element; sie begegnet dem strengen Raster des Tragwerks mit Dynamik und trennt Arbeitsbereiche. Ihre geheimnisvoll dunkle Oberfläche erweist sich bei näherer Betrachtung als eine Glättetechnik aus anthrazitgrau eingefärbtem Kalkputz – ein Farbton, der in dieser Intensität und Technik völlig ungewohnt ist. Die Gestaltung der Etage ist auch Ausdruck des architektonischen Selbstverständnisses des Büros: Spannung durch Kontraste wird in einem harmonischen Ganzen zusammengeführt, und nebenbei zeigt die Wand eine der beiden Firmenfarben Grün und Schwarz.

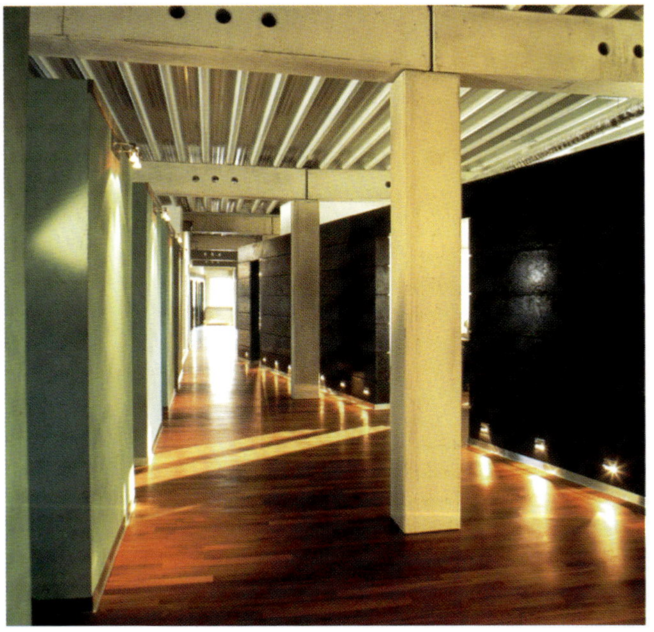

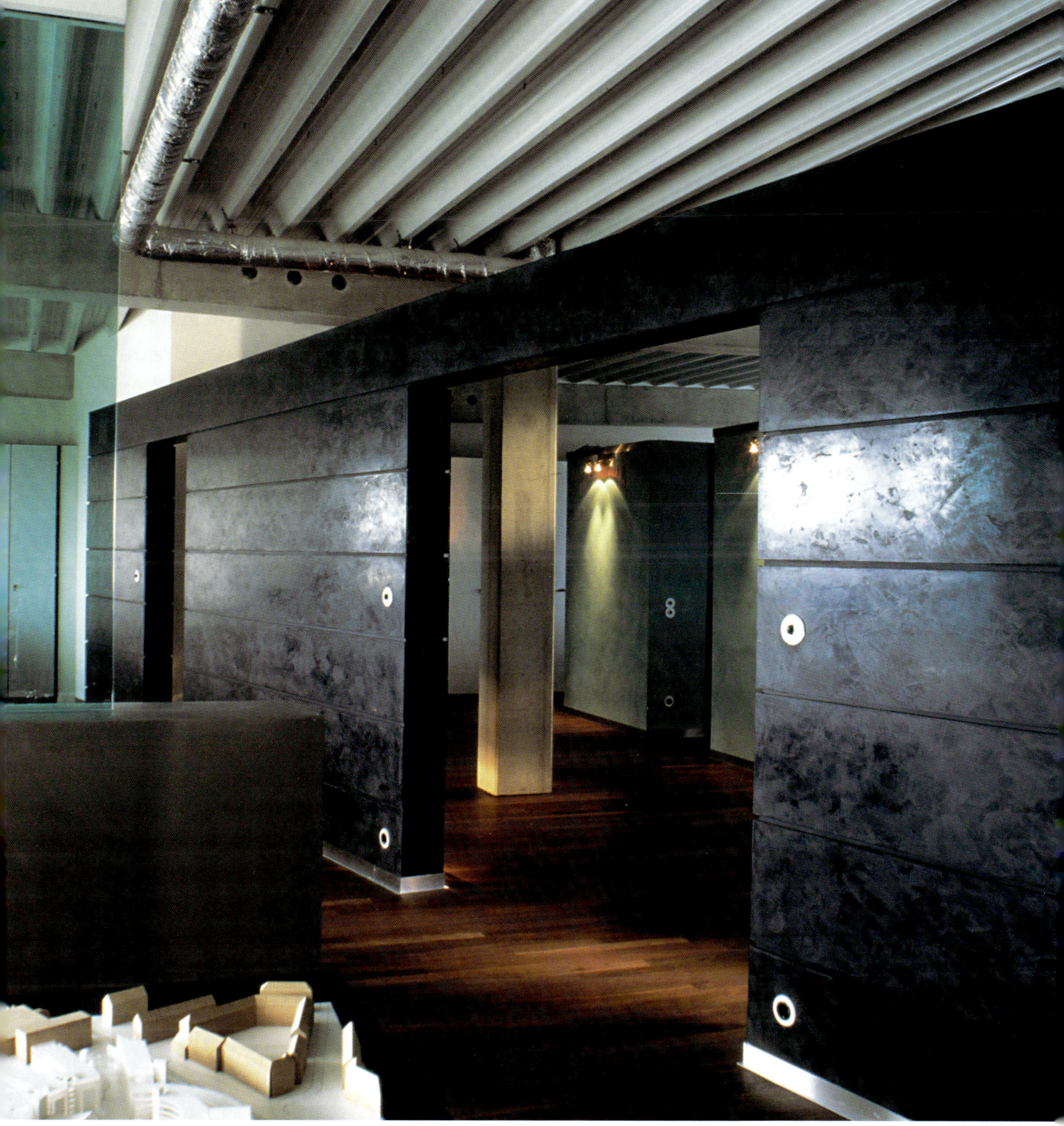

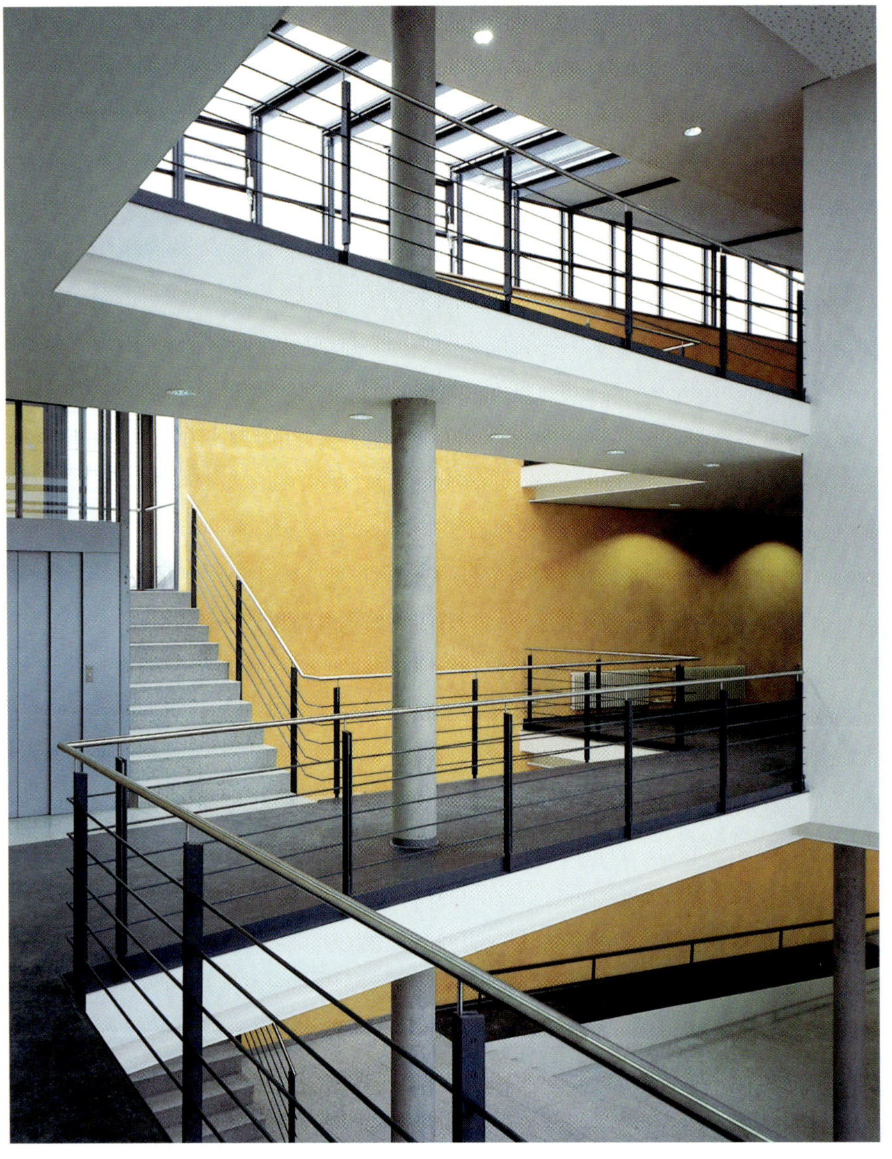

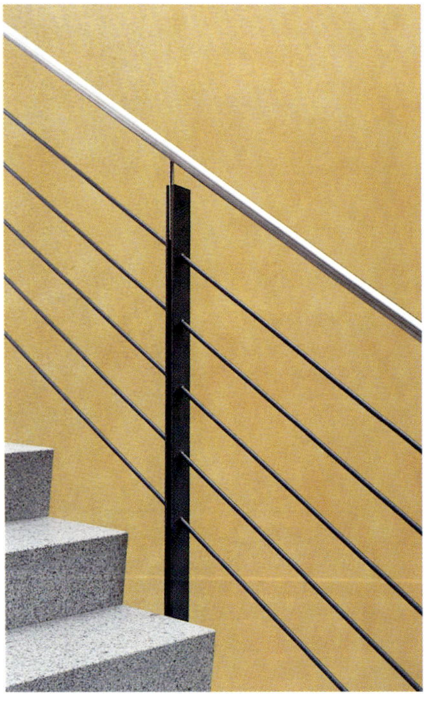

Freundliche Gemeinde-verwaltung

Das neue Rathaus der badischen Gemeinde Denzlingen befindet sich direkt an einer stark frequentierten Bahnstrecke und schottet sich mit einer nahezu geschlossenen, neun Meter hohen Außenwand gegen die stetige Lärmquelle ab. Die Wand bildet das Rückgrat des ganzen Entwurfs und erhielt daher eine besonders plastische Ausformung sowie eine leuchtend-gelbe Farbgebung, die im Innenbereich als Lasurtechnik ausgebildet ist. Diese mineralische Technik kommt insbesondere in der Eingangshalle zur Geltung, die als offener, dreigeschossiger Raum mit Haupttreppe und Aufzugsturm ausgebildet ist. Die großzügige Fassadenverglasung läßt die gelbe Wand als weithin sichtbares Orientierungselement hervortreten.

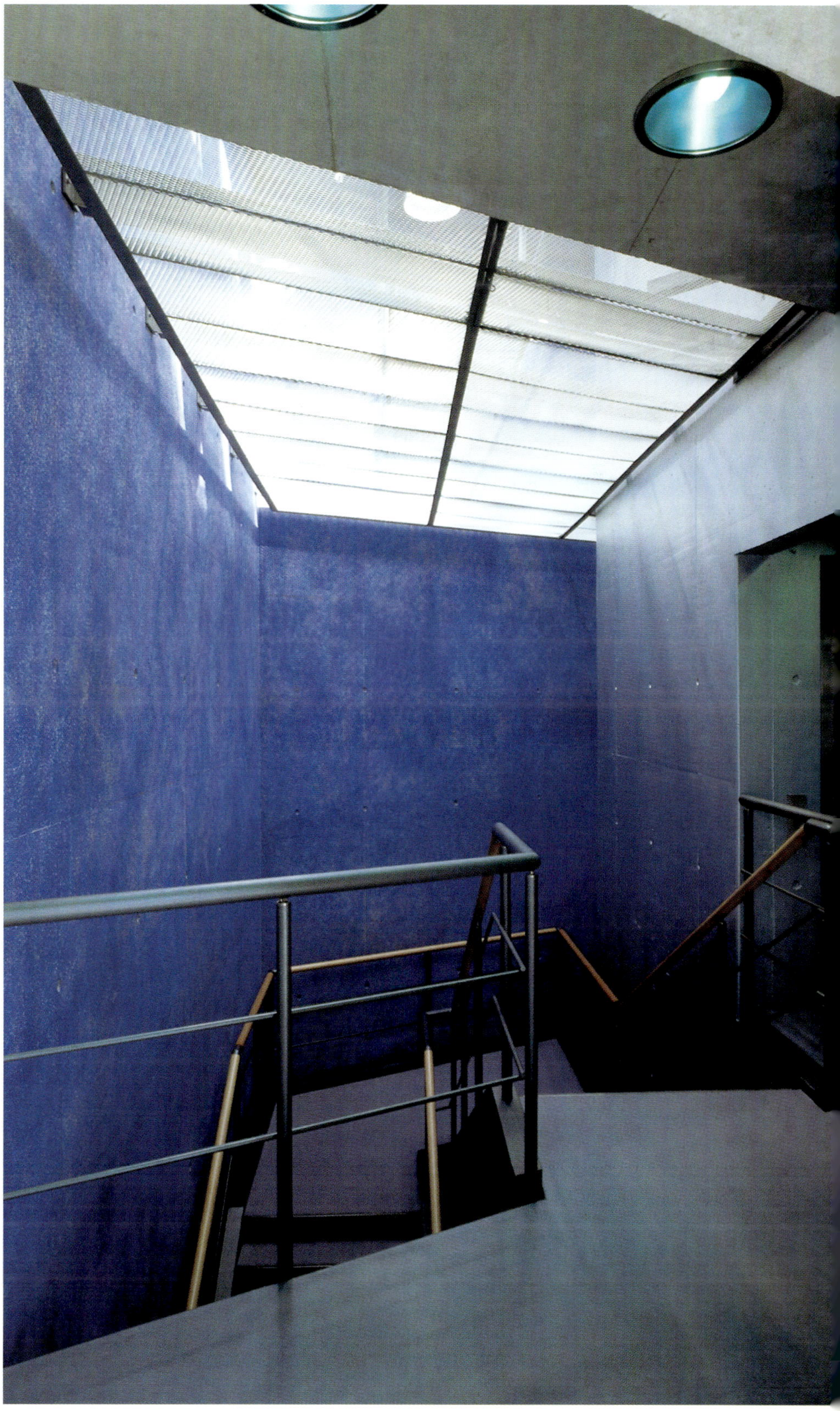

Beredtes Material

Phantasievoll und abwechslungsreich gibt sich die Architektur des Produktions- und Verwaltungszentrums der Braun AG in Melsungen. Eine ungewöhnliche Formensprache – im Großen wie im Kleinen – und Materialoberflächen, die weitestgehend so belassen wurden, wie sie aus dem Produktionsprozeß hervorgingen, kennzeichnen die Architektur. Beton wurde sichtbar gelassen, meist völlig unbehandelt, oft aber durch eine tiefblaue Pinsellasur moduliert. Büroflure und Treppenhäuser muten so wässrig, leicht und entmaterialisiert an – der Sichtbeton bekommt einen neuen Ausdruck, läßt aber seinen eigentlichen Charakter noch erkennen.

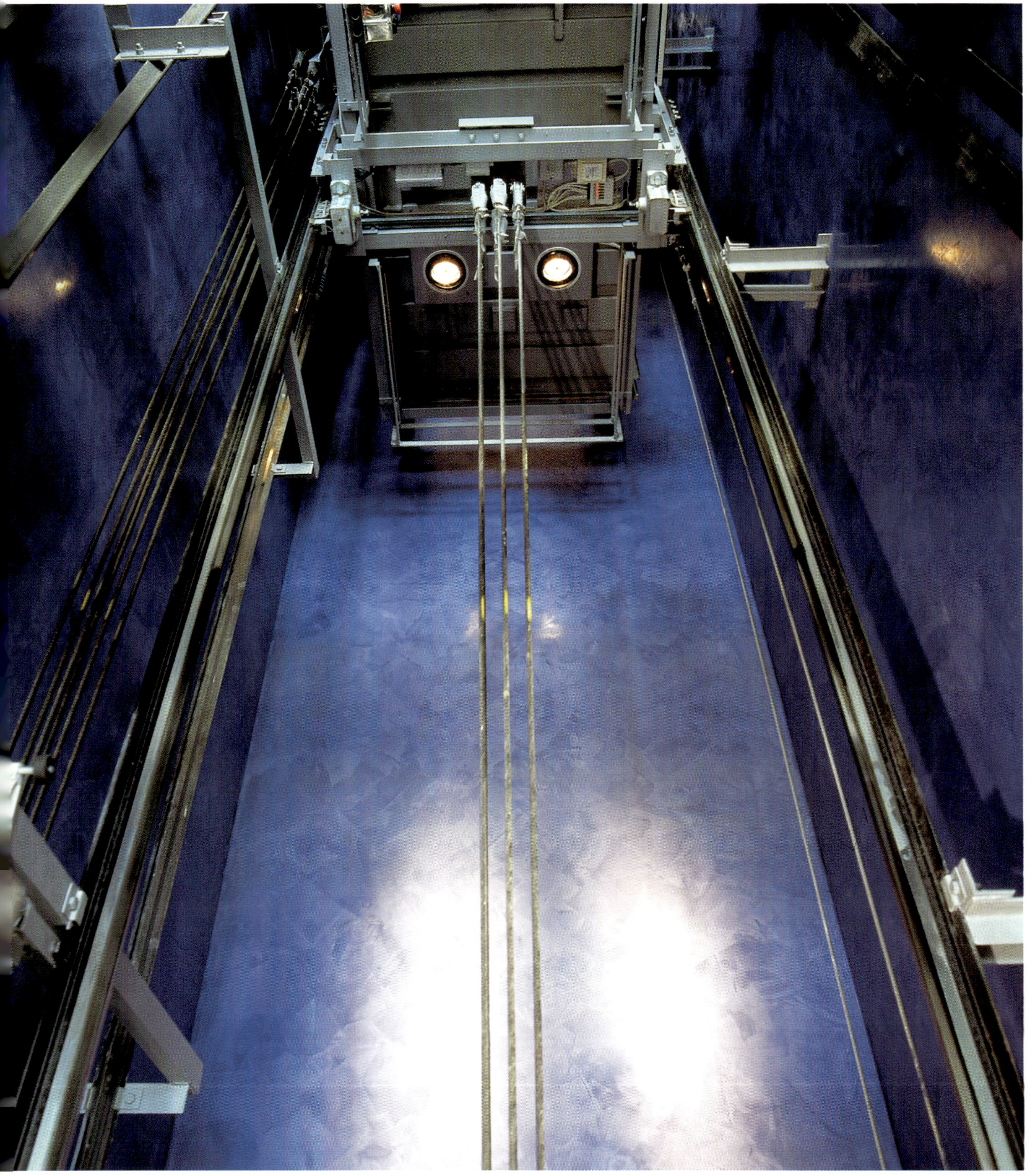

Blau und Rot
Blau sind die Jeans, Rot die Unternehmensfarbe: Auf diesen beiden Farben basiert die Gestaltung der deutschen Zentrale des Jeansherstellers Levis. Bereits im Foyer empfängt den Besucher eine tiefrote, elegante Wand, die vom leuchtend blauen Aufzugsschacht kontrapunktiert wird. Ob Kasino, Besprechungsräume oder auch Sanitärbereiche – stets sind es blaue und rote Wände, die das Corporate Design des Unternehmens spiegeln. Alle diese, teilweise auf Hochglanz polierten Flächen wurden umgesetzt in einer Kalkpreßtechnik mit marmormehlhaltigem Kalkputzmaterial.

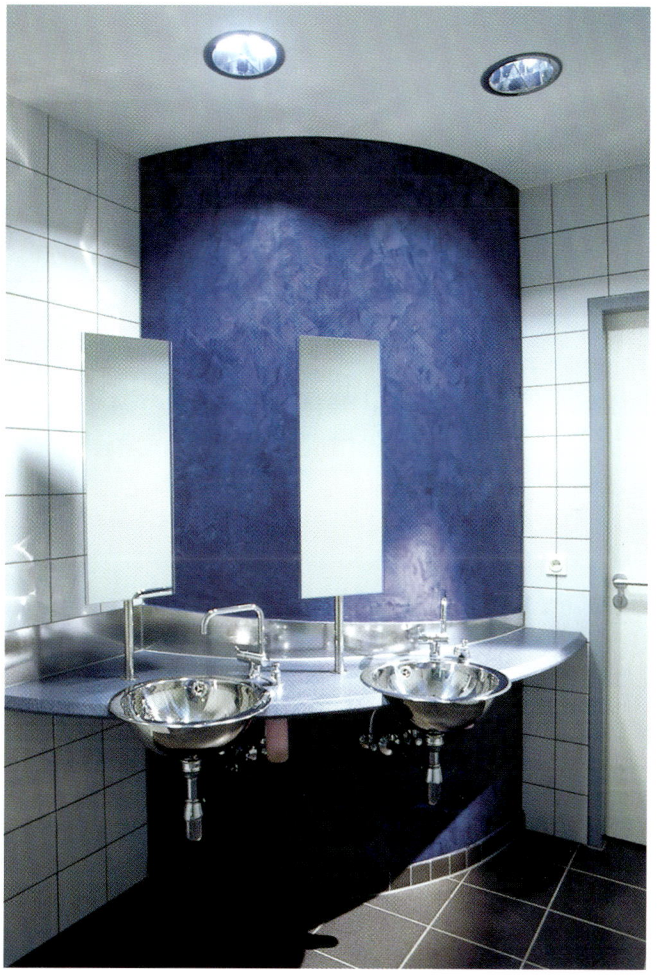

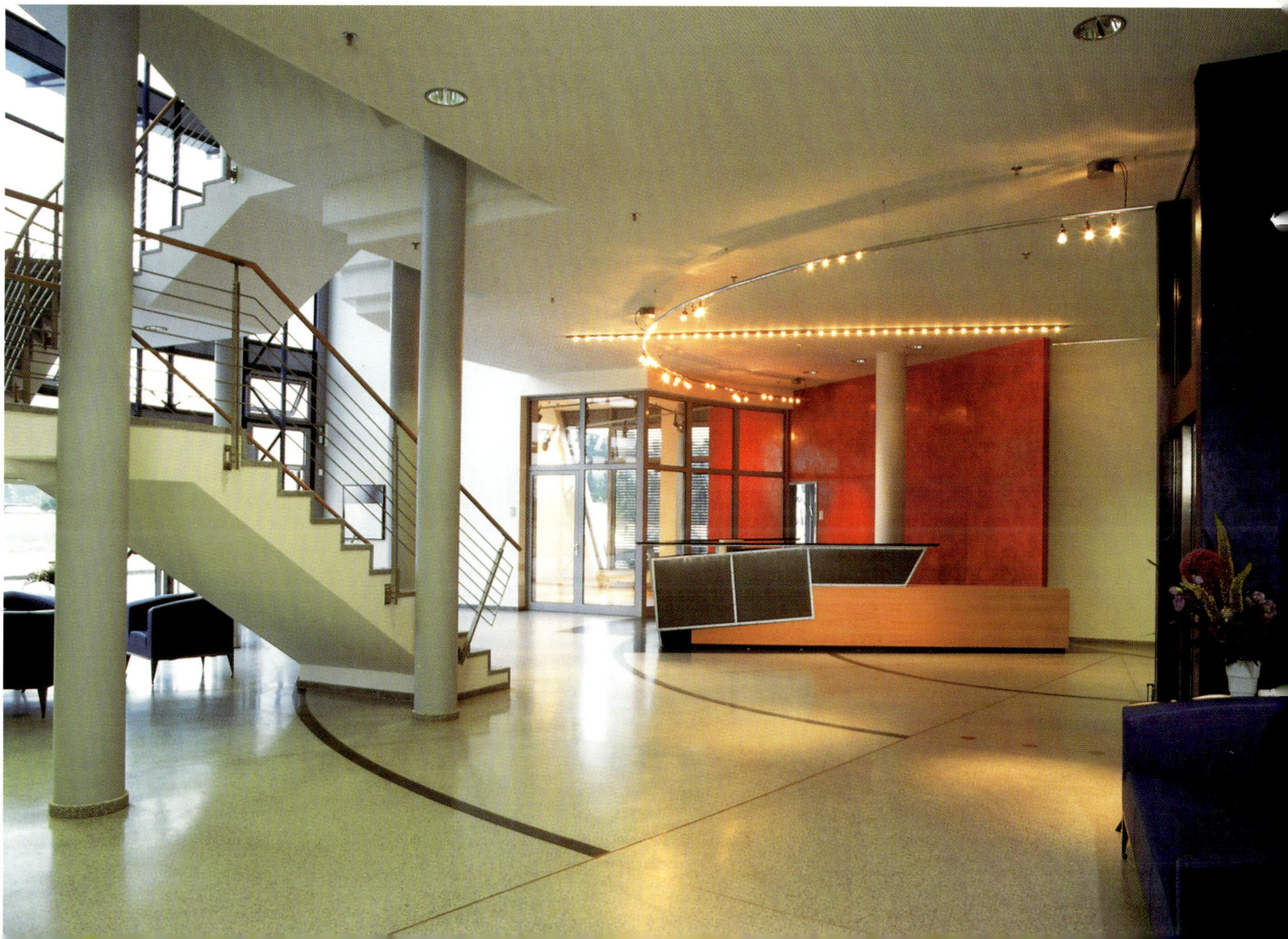

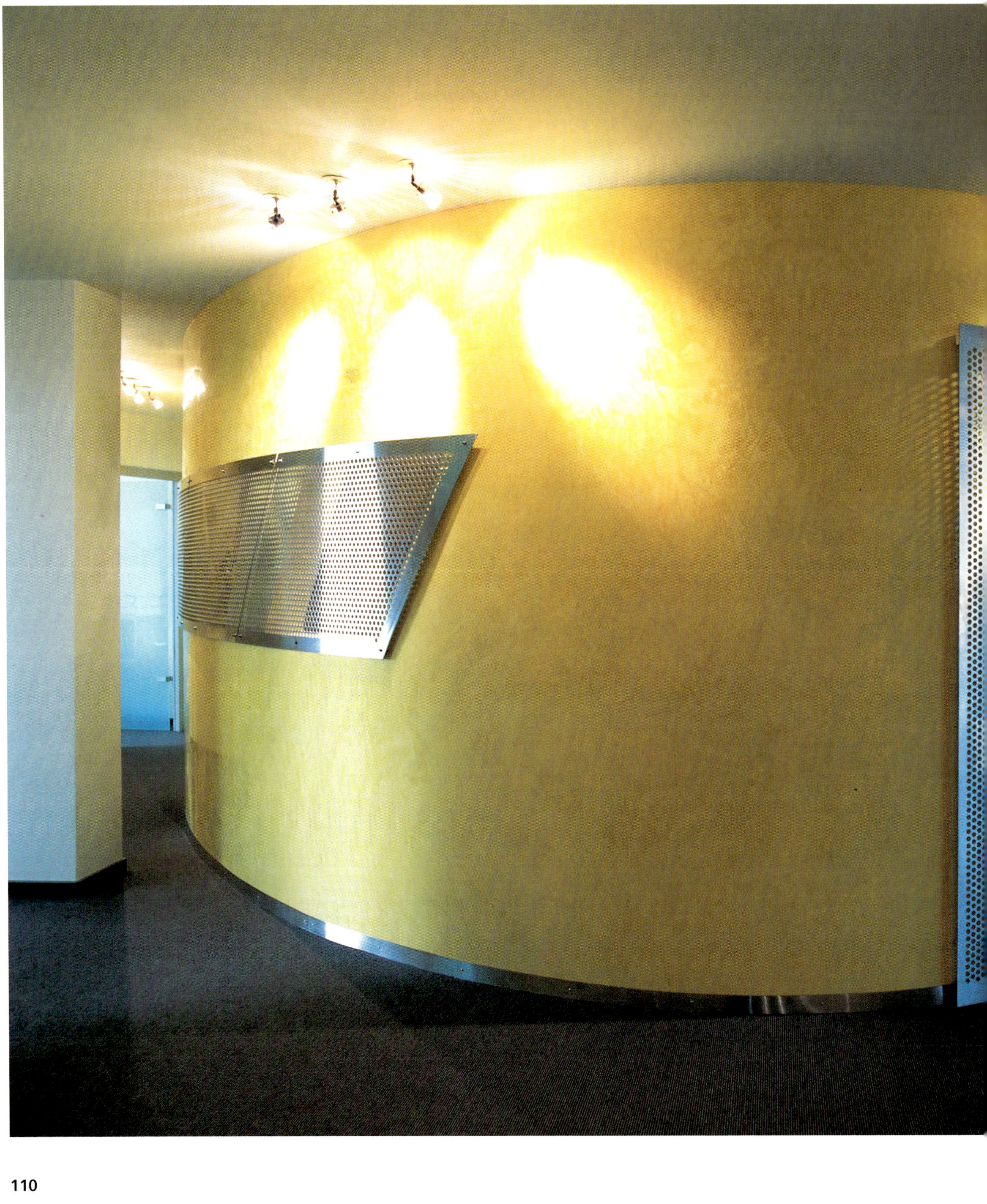

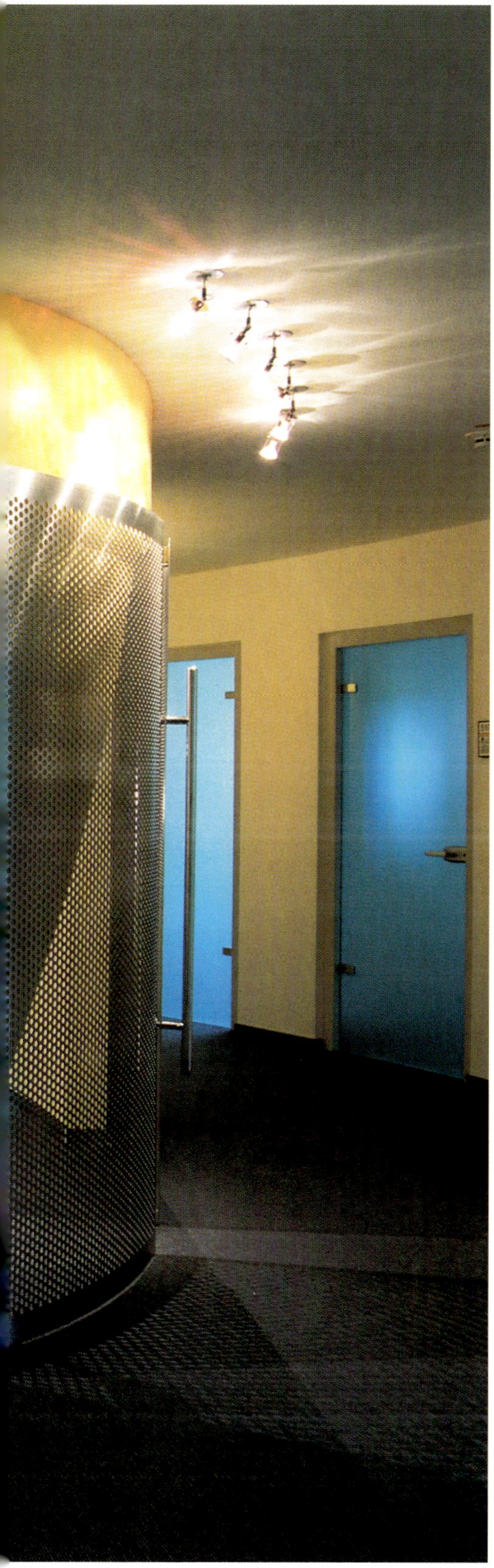

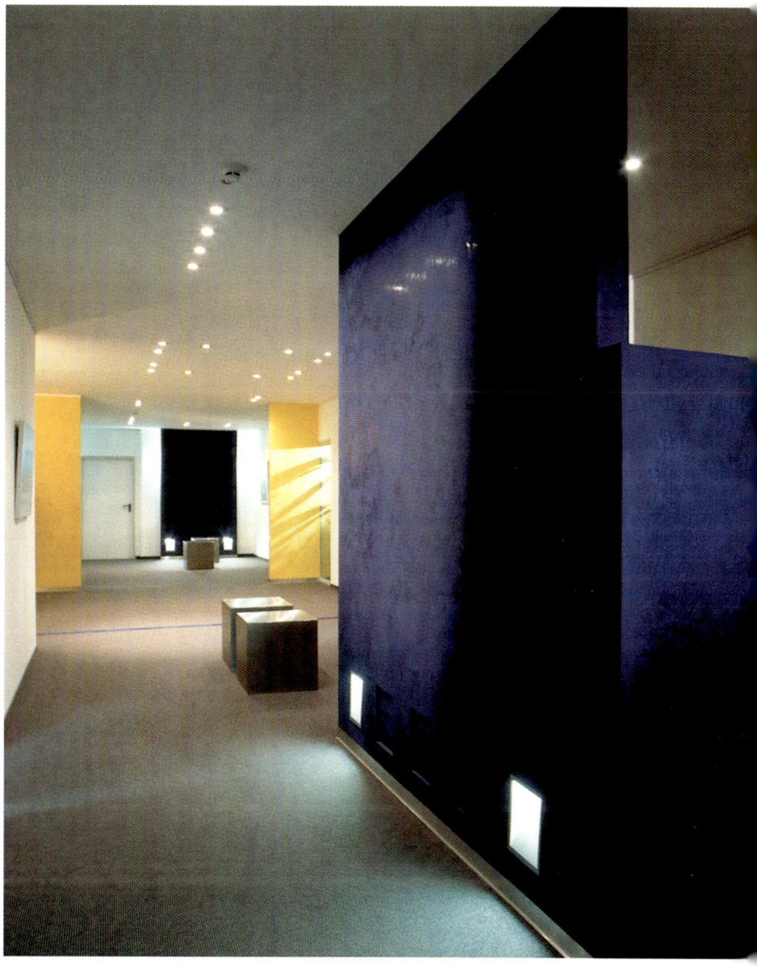

Spannungsvoller Verteiler

Eingestellte Scheiben geben dieser Büroetage eines Dienstleistungsunternehmens räumliche Dynamik. Insbesondere der Flur profitiert von dieser Aufwertung: Statt eines belanglosen Verteilers präsentiert er sich als spannendes Raumgefüge. Die streng geometrischen Wandscheiben betonen Kalkpreßtechniken in den Unternehmensfarben Gelb und Blau; die Lichtführung unterstützt das spannungsvolle Ambiente, und die Kombination der maltechnisch bearbeiteten Oberflächen mit Edelstahl-Elementen schafft prägnante Materialkontraste.

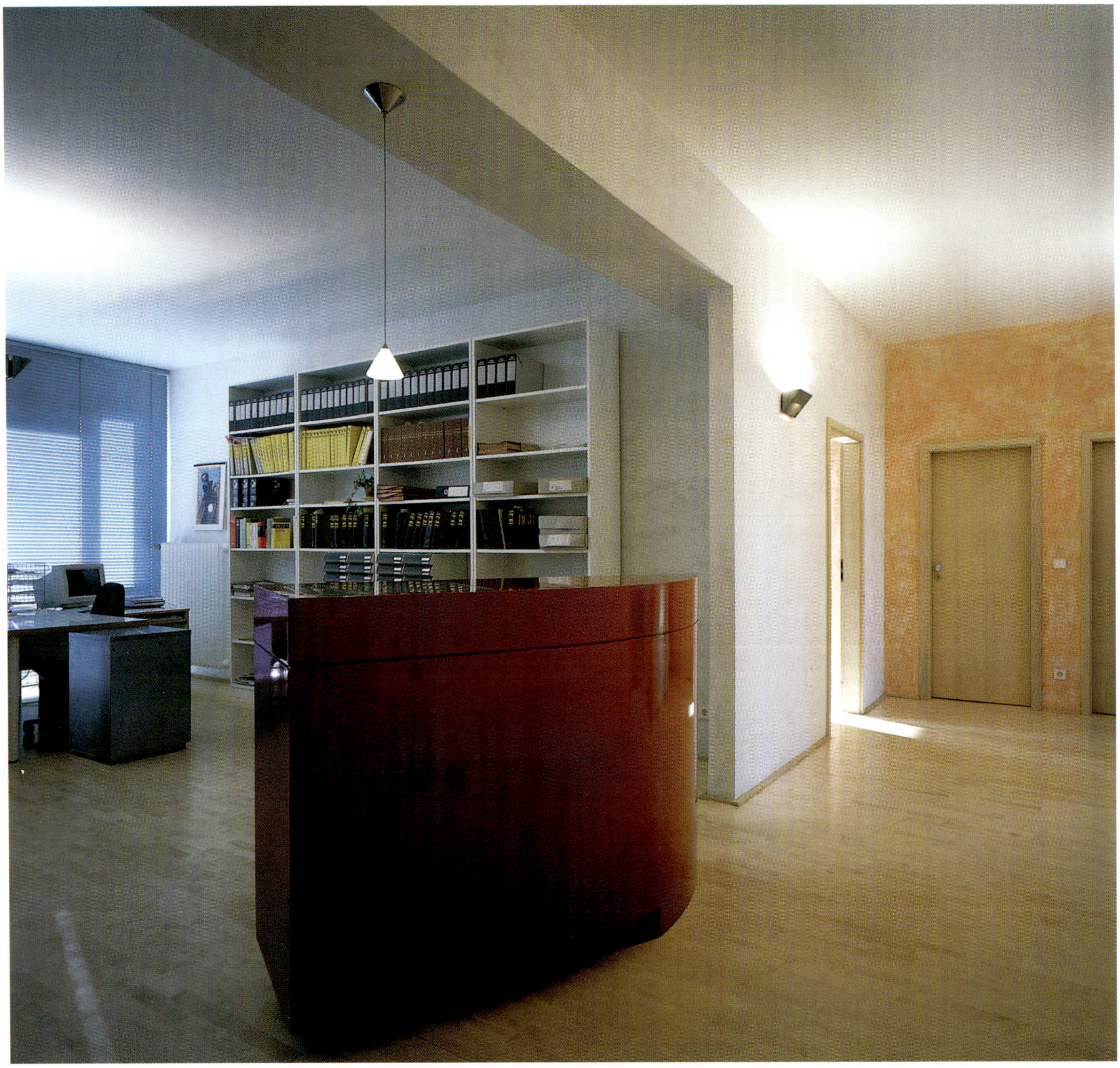

Offenes Entree

Mit relativ einfachen Mitteln baute man diese Anwaltskanzlei um. Durch Abriß einer Flurwand schuf man ein großzügiges, lichtes Entree, Flur und Sekretariat bilden nun eine offene Einheit. Eine schrägstehende, mehrfach rot lasierte Theke bildet den Empfang. Ihre hochglänzende Oberfläche steht in Kontrast zu den matten, weiß deckenden Wandbeschichtungen. Lediglich die Stirnwand des Sanitärbereichs trägt auch eine rötliche Lasurtechnik mit ausgeprägtem Duktus und nimmt farbigen Bezug zur Theke.

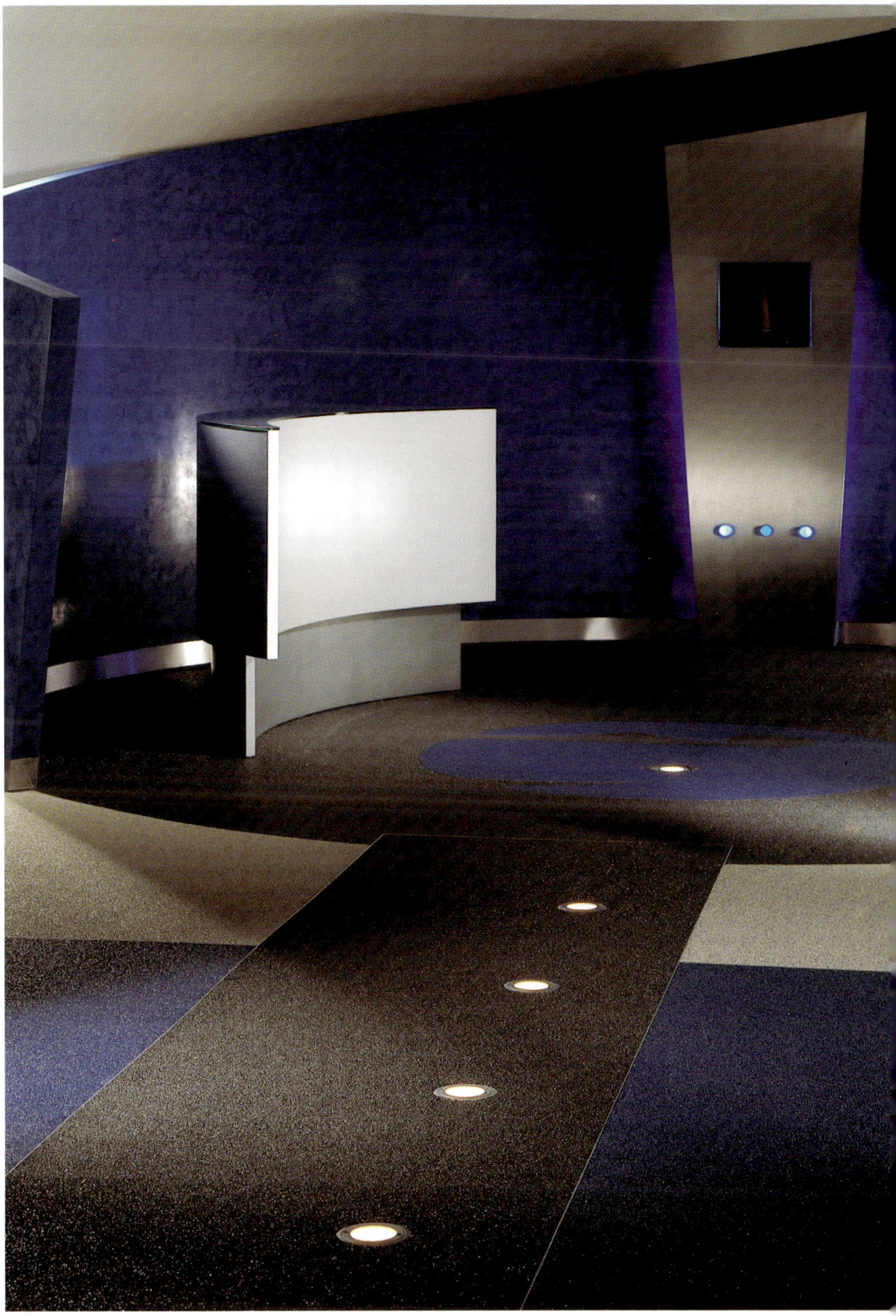

Raum im Raum

Nicht allein der Produktpräsentation sollte der große Ausstellungsraum eines Armaturenherstellers dienen, sondern auch der Beratung wie der Kommunikation. Ein separater Barbereich schafft die Voraussetzungen für Gespräche in gelöster Atmosphäre; die runde, frei in den Raum eingestellte Trennwand wird spiralähnlich höher und bildet einen Raum im Raum. Bodenleuchten im dunklen Kieselboden leiten den Besucher vom Eingang direkt dorthin. Insgesamt basiert die Farbigkeit des Raums auf hellgrauen, anthrazitgrauen und blauen Werten, um die meist verchromten Produkte hervorzuheben. Das Blau leitet sich aus dem Firmenlogo ab und taucht im Barbereich wieder auf: als Bodenintarsie und in Form der Spachteltechnik an der runden Wand. Ausgeführt wurde diese Maltechnik mit ultramarinblau eingefärbtem, lasierendem Acrylspachtelmaterial.

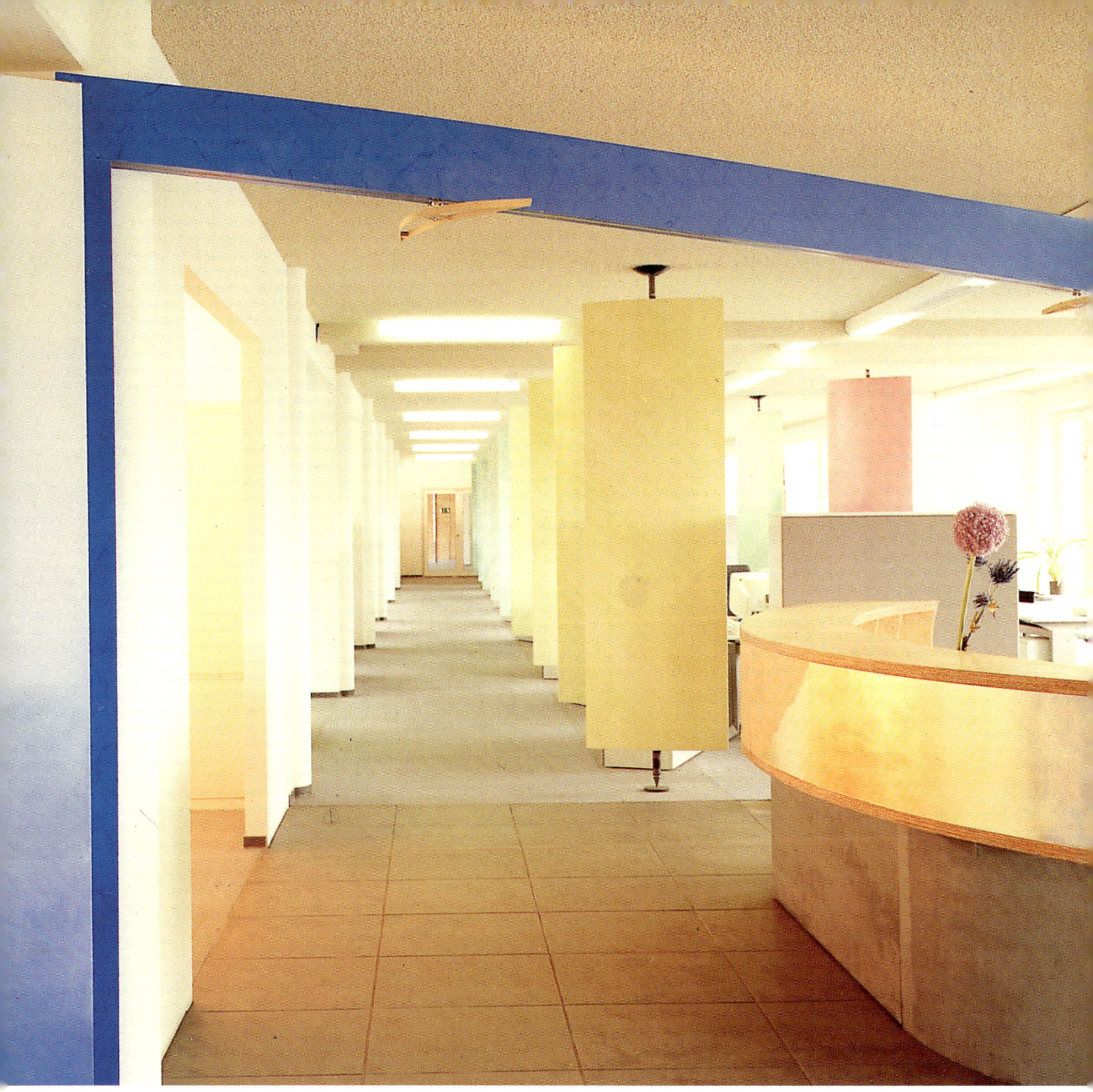

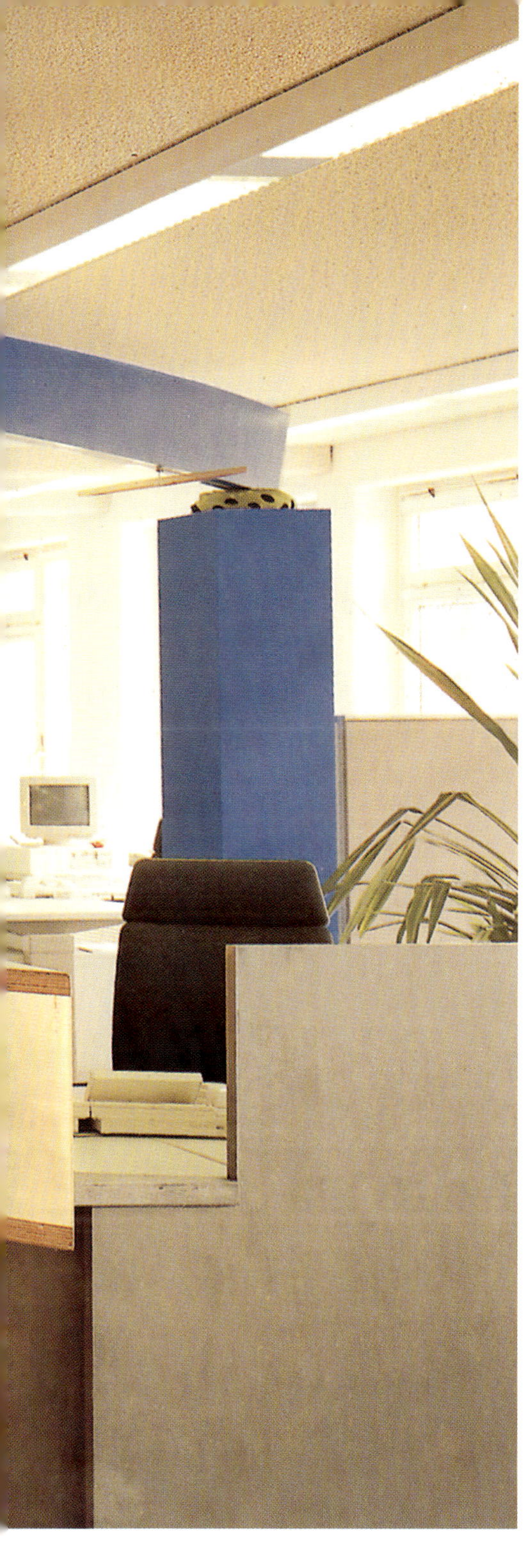

Verlaufvielfalt
Eine Allee schwenkbarer Flügel gliedert den linearen, langgestreckten Büroraum und ermöglicht, private Bereiche abzugrenzen. Diese um die vertikale Achse drehbaren Flächen dienen auch dem Schallschutz und als Lichtreflektoren. In der Reihung beschreiben sie mit ihrer wolkigen Beschichtung einen sanften Farbverlauf. Eine gerundete Wand, die sich zu einem Portal öffnet, trennt den Kundenbereich von den Arbeitsplätzen und trägt einen blauen Farbverlauf, der sich nach oben hin weiß auflöst. Das Blau, Rot und Grau stammen aus der Palette der Unternehmensfarben.

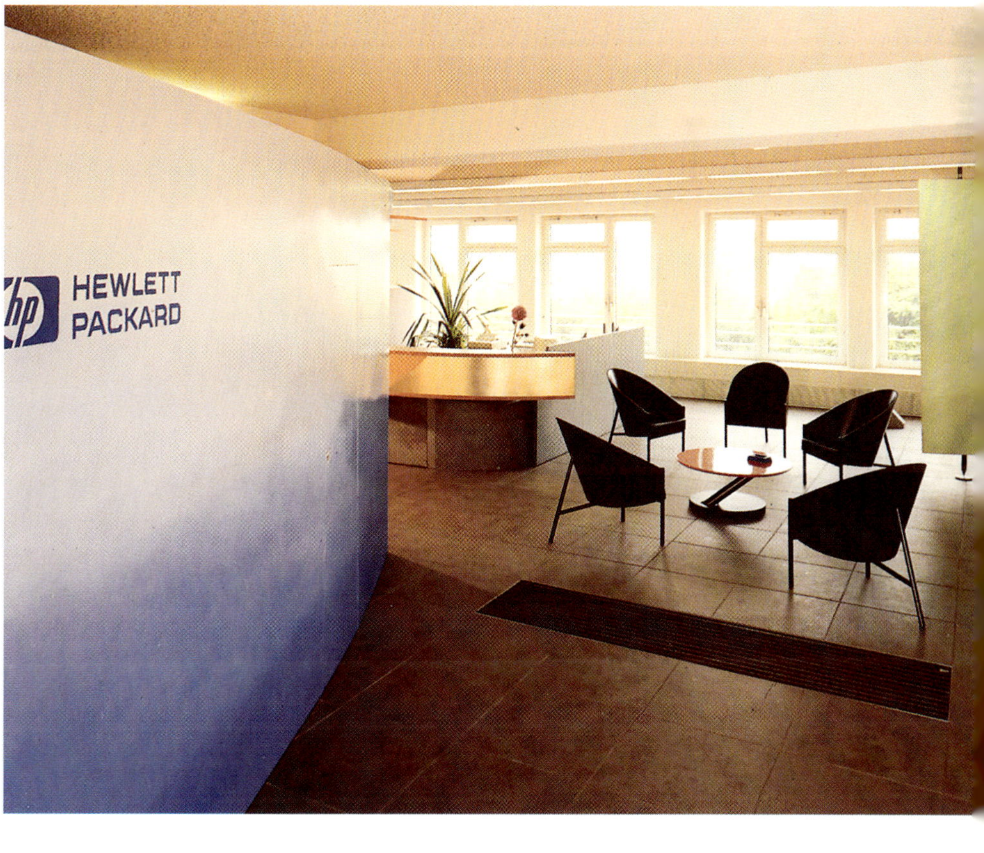

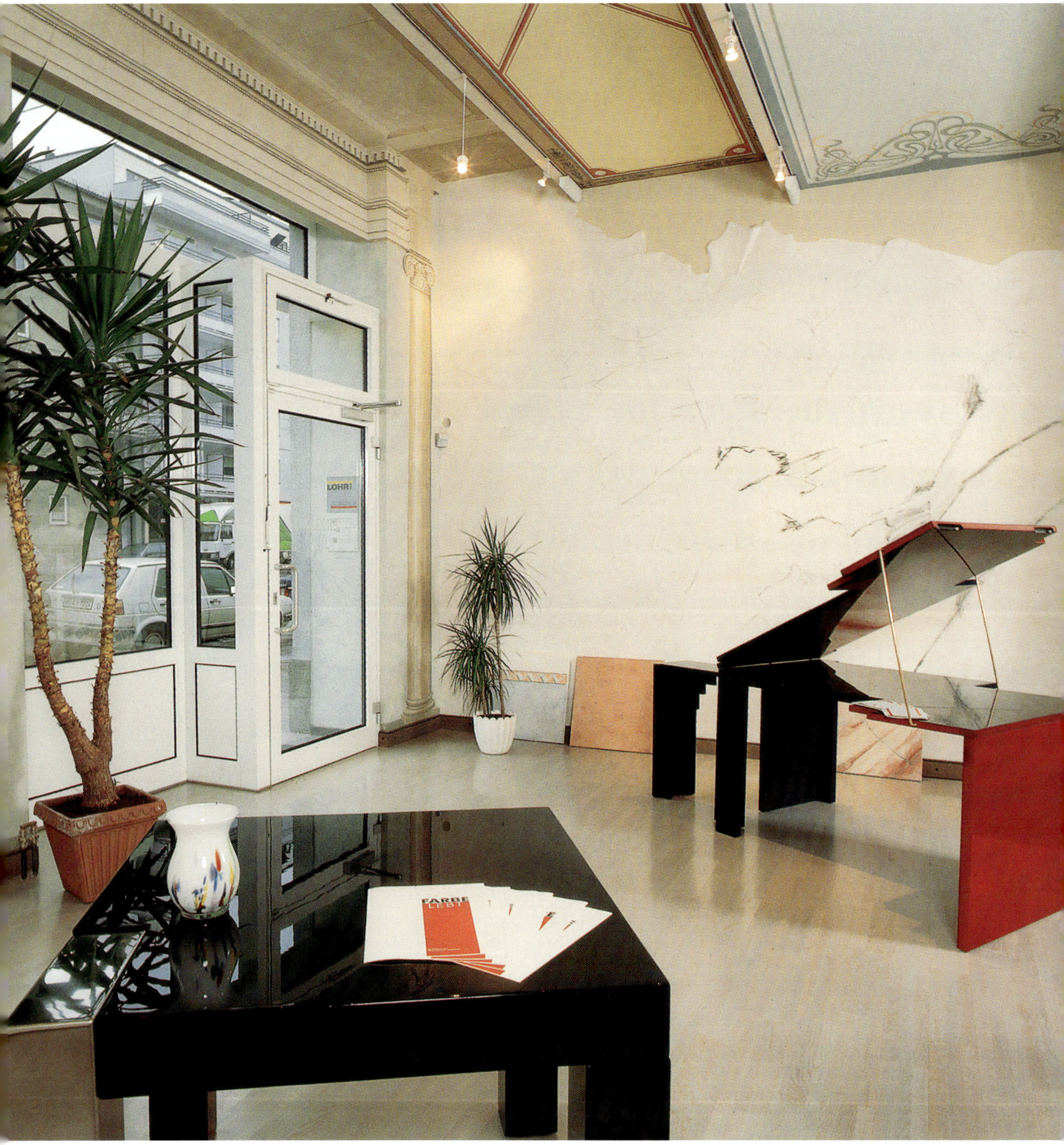
LOHR
FARBE
LEBT

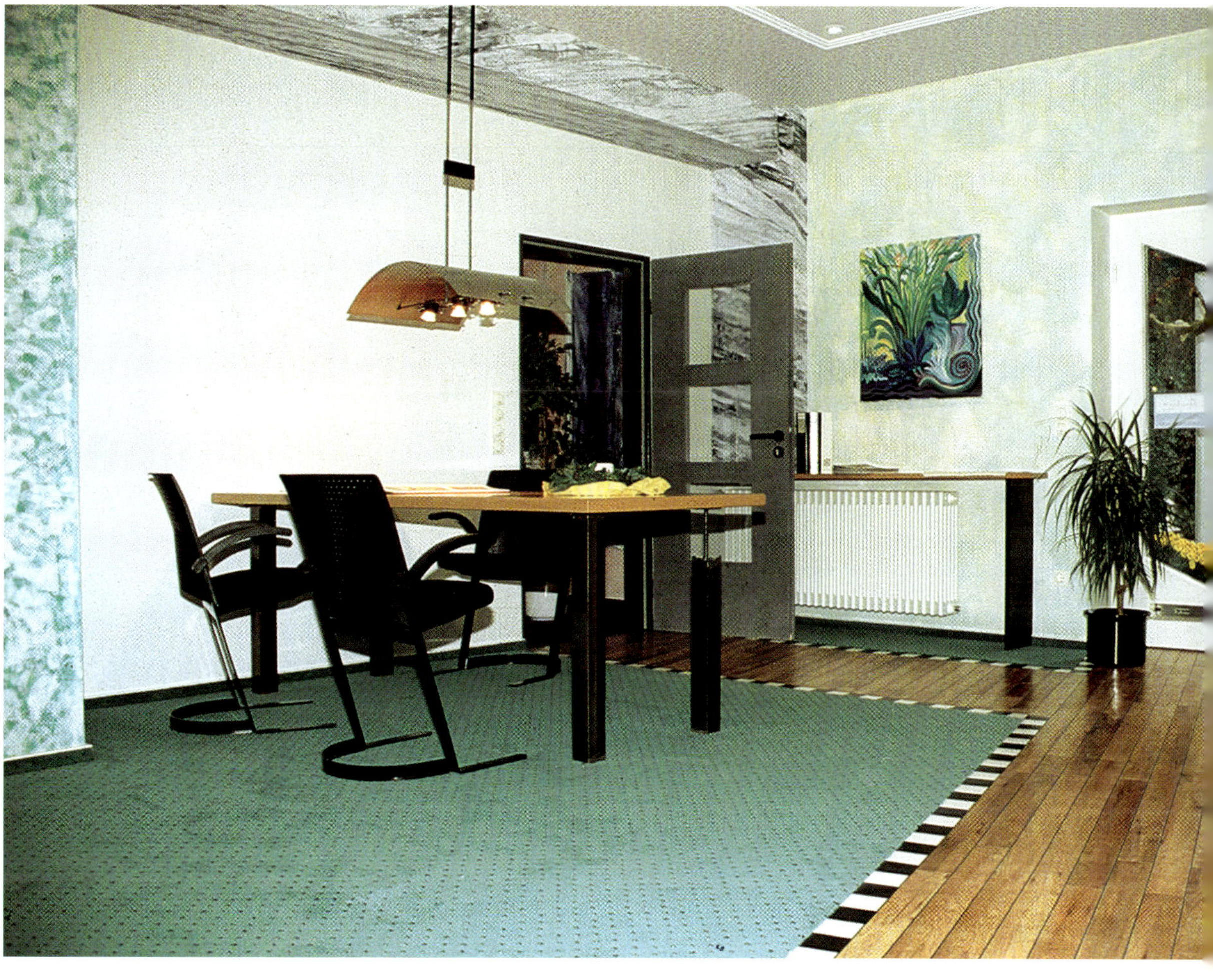

Arbeitsproben
Auch Maltechniken wollen attraktiv und stimmig präsentiert werden. Dieser Münchner Malerbetrieb beschreitet dazu einen ungewöhnlichen Weg und zeigt sein gestalterisches Repertoire in einem galerieähnlichen Ambiente, räumlich losgelöst vom eigentlichen Betrieb. Wobei neben den Exponaten im Raum – hier sind es selbst entworfene und maltechnisch bearbeitete Möbel – natürlich gerade die Wand- und Deckenflächen als großflächige Arbeitsproben zu sehen sind. Daher auch die eher collagenhafte Kombination verschiedener alter und neuer Maltechniken.

Harmonisches Nebeneinander
Bei malereigenen Präsentationen geht es im wesentlichen um eine harmonische Darstellung verschiedener Maltechniken auf relativ kleinem Raum. Gerade dieses Nebeneinander vieler Techniken erfordert besondere Sorgfalt in der Abstimmung und Plazierung der Einzelflächen. Auch die Farbstimmung sollte vielfältig, aber letztlich harmonisch sein.

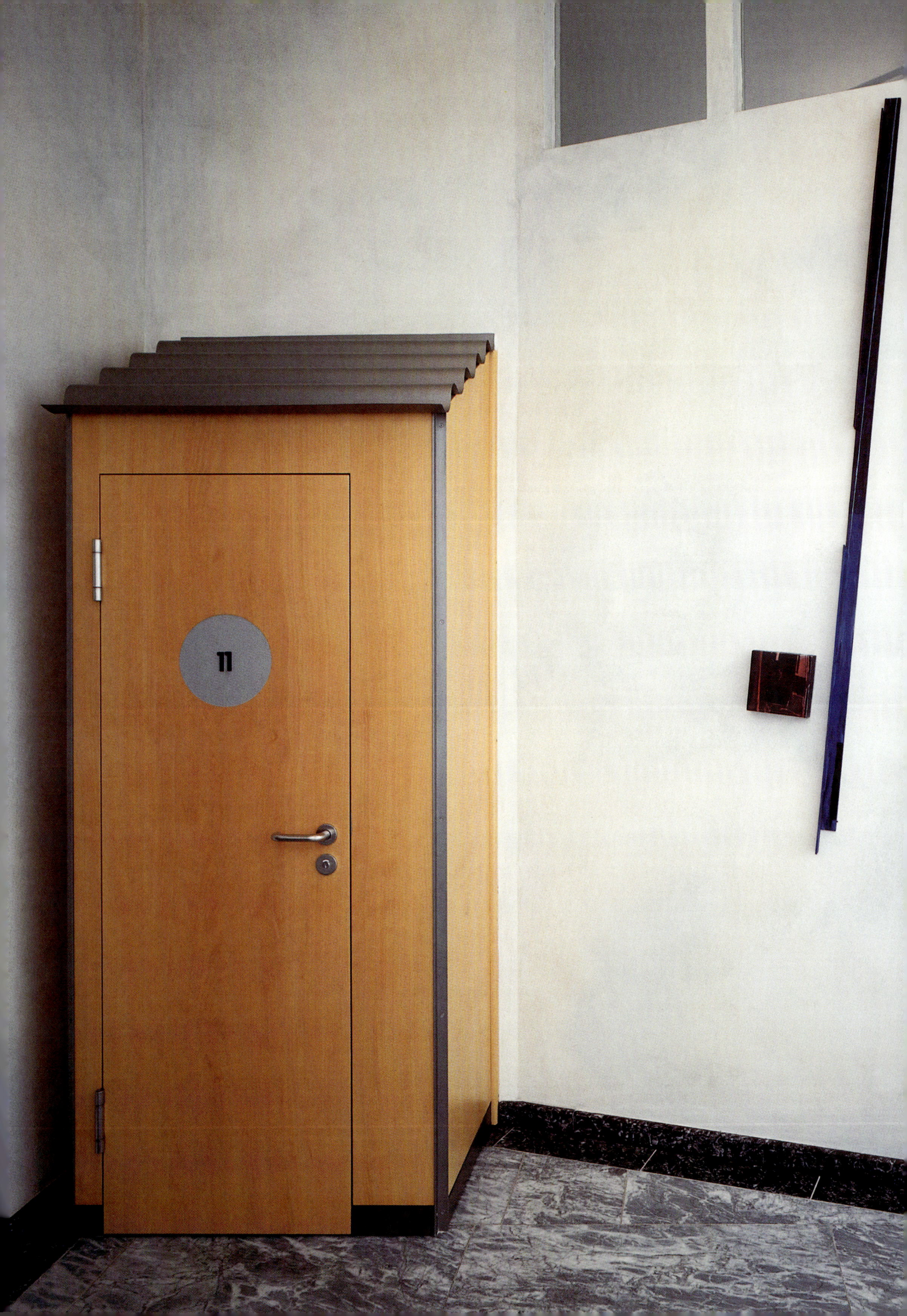
11

Heilen

Zum Arzt begibt man sich in den seltensten Fällen freiwillig – meist legt irgendein Leiden den Besuch nahe. Unsicher ob der Diagnose, der Tragweite der Krankheit und der Therapie, gleicht der Eintritt in die Arztpraxis einem Vorstoß in eine unbekannte Welt. Voller Unwägbarkeiten, dem eilfertigen Personal scheinbar ausgeliefert und darauf harrend, daß sich eine der Türen öffnet, hinter der Apparate, Torturen und schonungslose Diagnosen lauern. Auf jeden Fall ist das Verhältnis zu diesen Orten äußerst ambivalent – einerseits erhoffen wir uns Linderung und Genesung, andererseits ist da jenes Gefühl der tiefen Unsicherheit, das uns schon auf dem Weg zum Mediziner begleitet.

Diesem seltsamen Unbehagen läßt sich durch eine entsprechende Gestaltung der Räumlichkeiten begegnen. Das beginnt beim Grundriß und endet bei der Wahl der Materialien, Farben und Textilien: Statt steril oder gar muffig stellen sich moderne Praxen hell, freundlich und übersichtlich

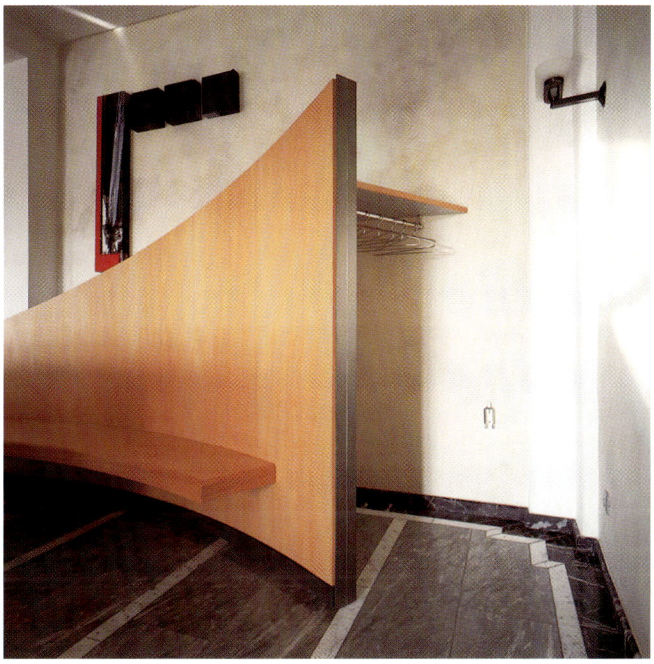

dar. Individualität statt Stereotypie und Phantasie statt erdrückender Strenge verhelfen der Arztpraxis zu einer emotional positiven Atmosphäre, in der die medizinischen Bemühungen sich effektiver auswirken. Und nebenbei trägt ein wohltuendes Ambiente auch zum ökonomischen Erfolg der Praxis bei.

Gerade in der Apparatemedizin ist es enorm wichtig, die menschliche Komponente durch eine entsprechende Gestaltung der Räume einzubringen. Unmittelbar auf die Emotionen wirken sich Farben aus – sie sind folglich prädestinierte Instrumente für die »Humanisierung«; natürlich immer im Einklang mit anderen formalen Mitteln der Raumgestaltung. Deren Zusammenspiel wiederum orientiert sich an der Art der Praxis und an der »Zielgruppe«. So werden Kreissäle anders aussehen als das Behandlungszimmer eines Radiologen. Während man Kinder mit bildhaften Wandmalereien erfreuen kann, sollte man bei Erwachsenen subtiler vorgehen – hier leisten die facettenreichen Maltechniken wertvolle Dienste.

Doch nicht nur der Praxistyp, auch die einzelnen Funktionsbereiche sollten differenziert betrachtet werden. Die Rezeption als erste Anlaufstelle ist besonders wichtig – denn gerade die Empfindungen während der ersten Sekunden nach Betreten der Praxis prägen sich nachhaltig ein. Freundlich, kommunikativ und offen sollte der erste Eindruck sein. Farben und Maltechniken dürfen hier dynamischer, auch repräsentativer sein als in den anderen Bereichen.

Für den Wartebereich etwa, in dem man angespannt auf Abruf sitzt, eignen sich beruhigende, behagliche und natürliche Farben - umgesetzt in Techniken, die ebenfalls Weichheit und Natürlichkeit vermitteln, etwa in Form von Lasurtechniken, Wickel- oder Tupftechniken.

In den Behandlungsräumen schließlich steht die Ablenkung des Patienten an primärer Stelle, hierzu eignen sich insbesondere frühlingshafte, leichte und helle Töne und ebenso leicht wirkende Maltechniken (Lasur-, Tupftechniken). Für Decken – insbesondere in Behandlungsräumen von Zahnärzten oder Apparatemedizinern, in denen der Patient lange Zeit liegend verbringt - helfen luftige Gestaltungen, die sich nach oben zu öffnen scheinen und dem Auge Entspannung bieten.

Der menschliche Maßstab
Umkleidehäuschen, die an Strandbesuche erinnern, empfangen den Patienten, bevor er sich den Apparaten »hingibt«. Eine alte Stadtvilla in Siegen beherbergt diese radiologische Praxis, die sich über drei Stockwerke erstreckt. In die alte Bausubstanz wurden die neue Technik und die neue Nutzung so integriert, daß der ursprüngliche Charakter noch erkennbar ist. Frei eingestellte Elemente und Raumbegrenzungen

erzeugen einen spannungsvollen Kontrast zwischen Alt und Neu – ein wichtiges Merkmal, das der Praxis trotz anonymer Großgeräte Individualität gibt. Säulen mit Marmorimitation erinnern an das historische »Gehäuse«; die Wände erhielten warme, helle Farben – sie bringen, als Wickel- oder Lasurtechnik appliziert, Freundlichkeit und Leben in die große Praxis. In Räumen mit Liegendbehandlung fand die Deckengestaltung besondere Beachtung.

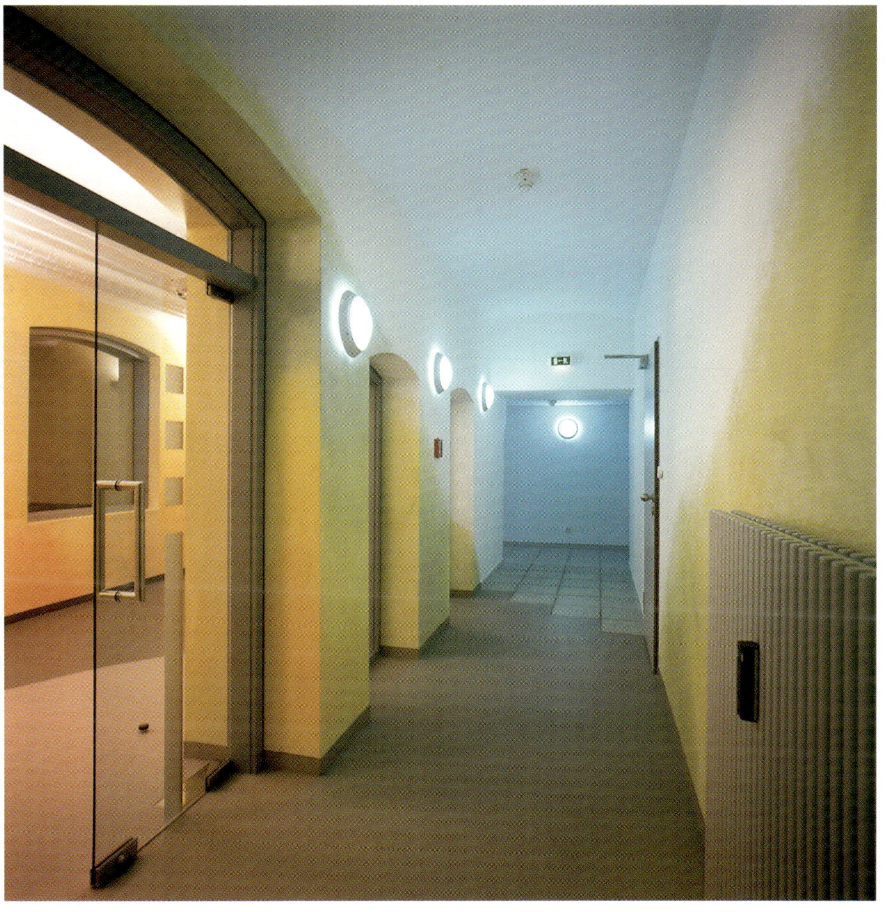

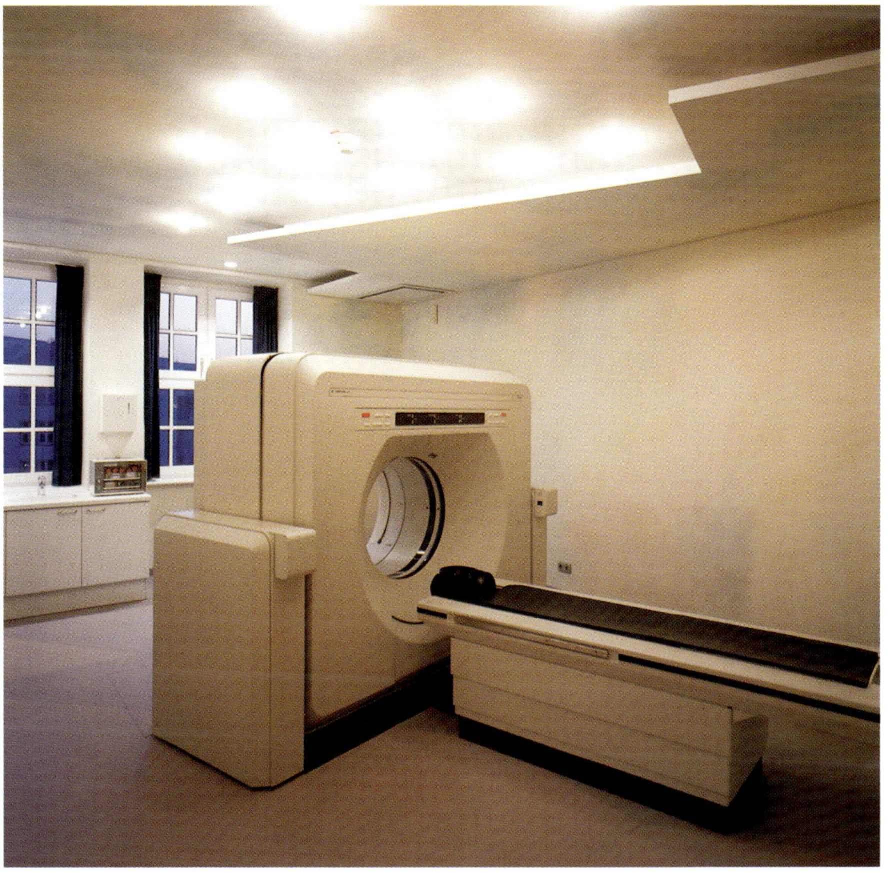

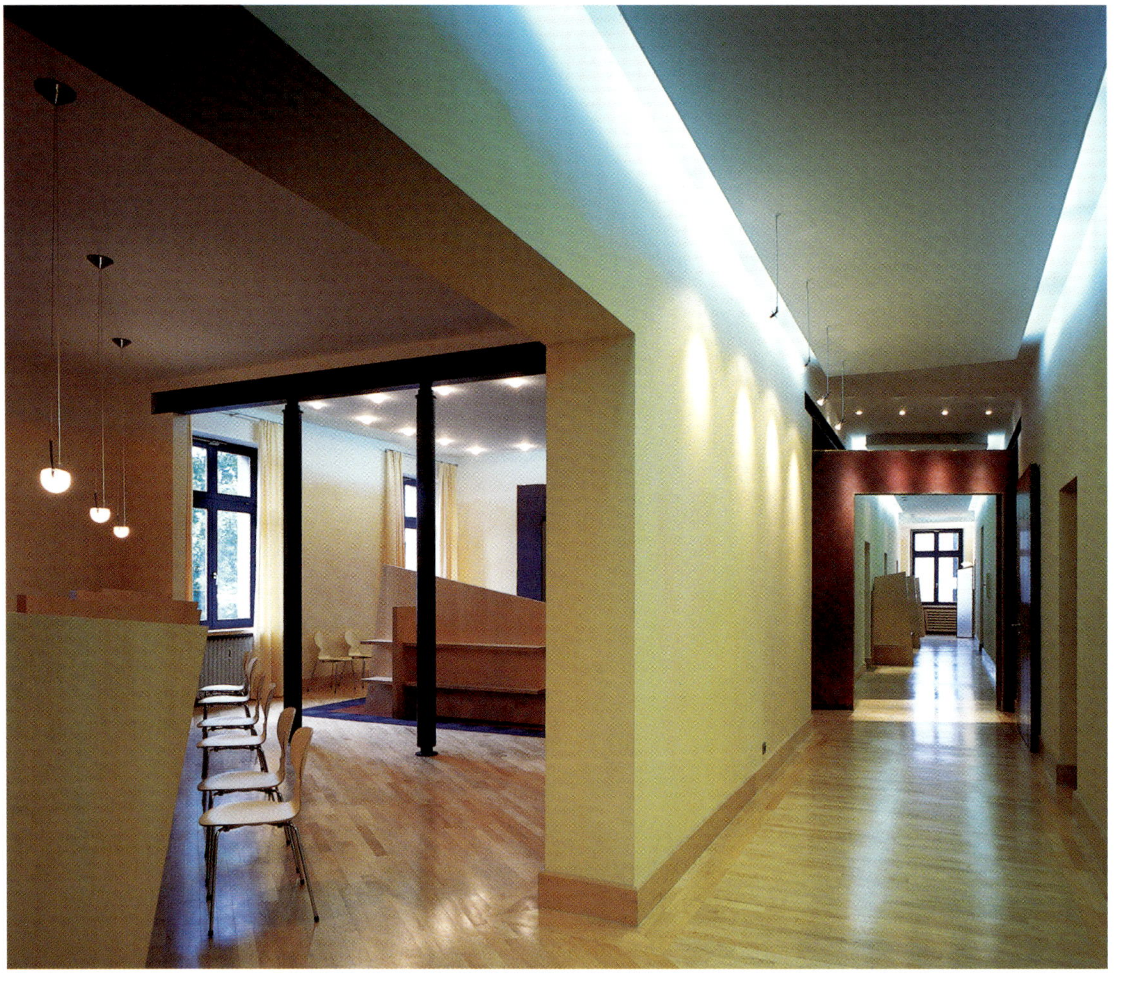

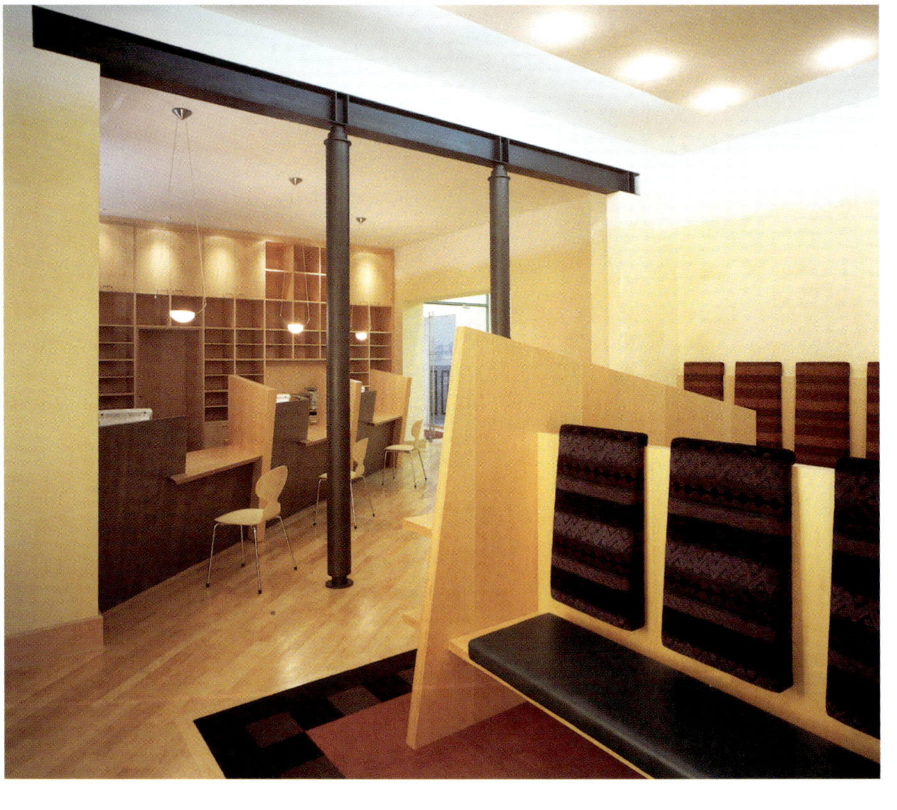

Eingestellte Scheiben
Farbig betonte eingestellte Wandscheiben übernehmen in dieser neugestalteten, radiologischen Praxis die Orientierung und kennzeichnen die einzelnen Funktionsbereiche. Empfang, Wartezonen und die Behandlungsräume wurden durch mehrschichtige Lasurtechnik in warmen Gelbtönen aufgewertet. Als Untergrund für die Lasur diente ein Streichputz – interessant ist hier der lockere Übergang hin zum weißen, friesähnlichen Streifen unmittelbar unter der Decke.

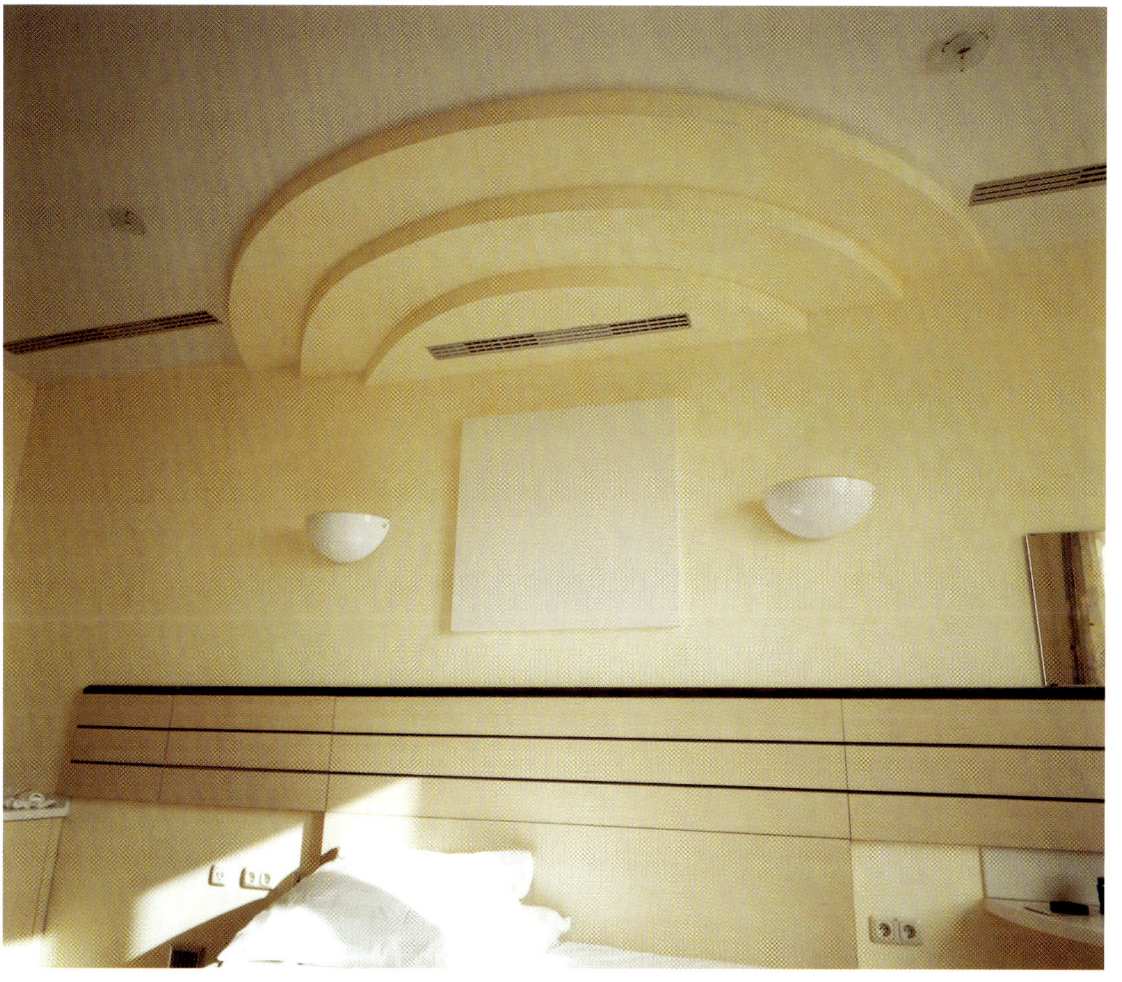

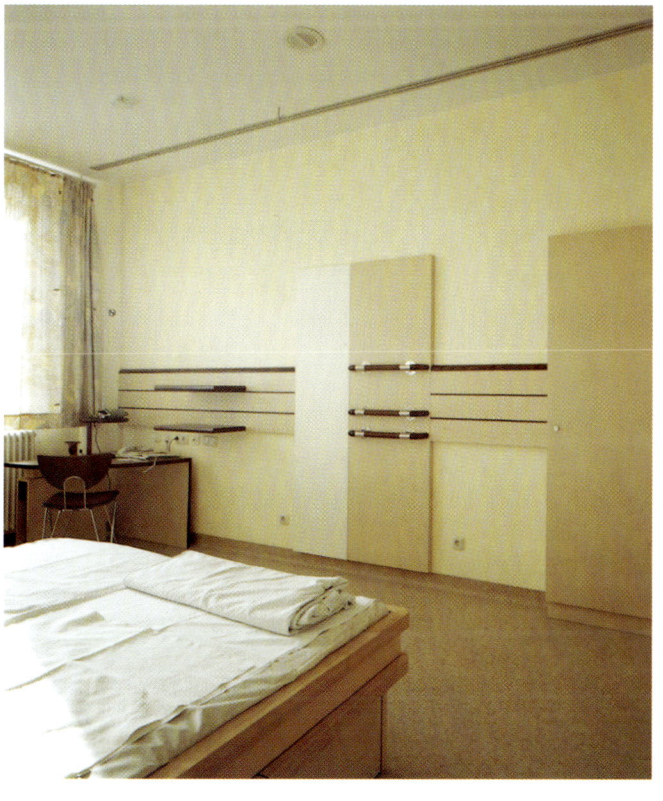

Harmonische Entbindung

Die meisten Geburtsstationen sind in Kliniken integriert, auch wenn die Entbindung nichts mit einer Krankheit zu tun hat. Im Münchner Krankenhaus »Dritter Orden« wurde daher die Station mit den Kreissälen und den Wöchnerinnenzimmern so gestaltet, daß diese sich von der üblichen Krankenhausatmosphäre abheben und Geborgenheit vermitteln. So dominieren warmes Licht, helle Holzverkleidungen und eine harmonische Farbigkeit, die hauptsächlich auf Gelbtönen beruht. Auch in den Entbindungsräumen wurden die Wände in einer sanften Farbigkeit gestaltet. Initiator der Neugestaltung, die gemeinsam mit Ärzten, Schwestern und Hebammen entstand, war der Chefarzt, der sich dadurch einen Vorteil in der Konkurrenzsituation der Geburtskliniken verspricht.

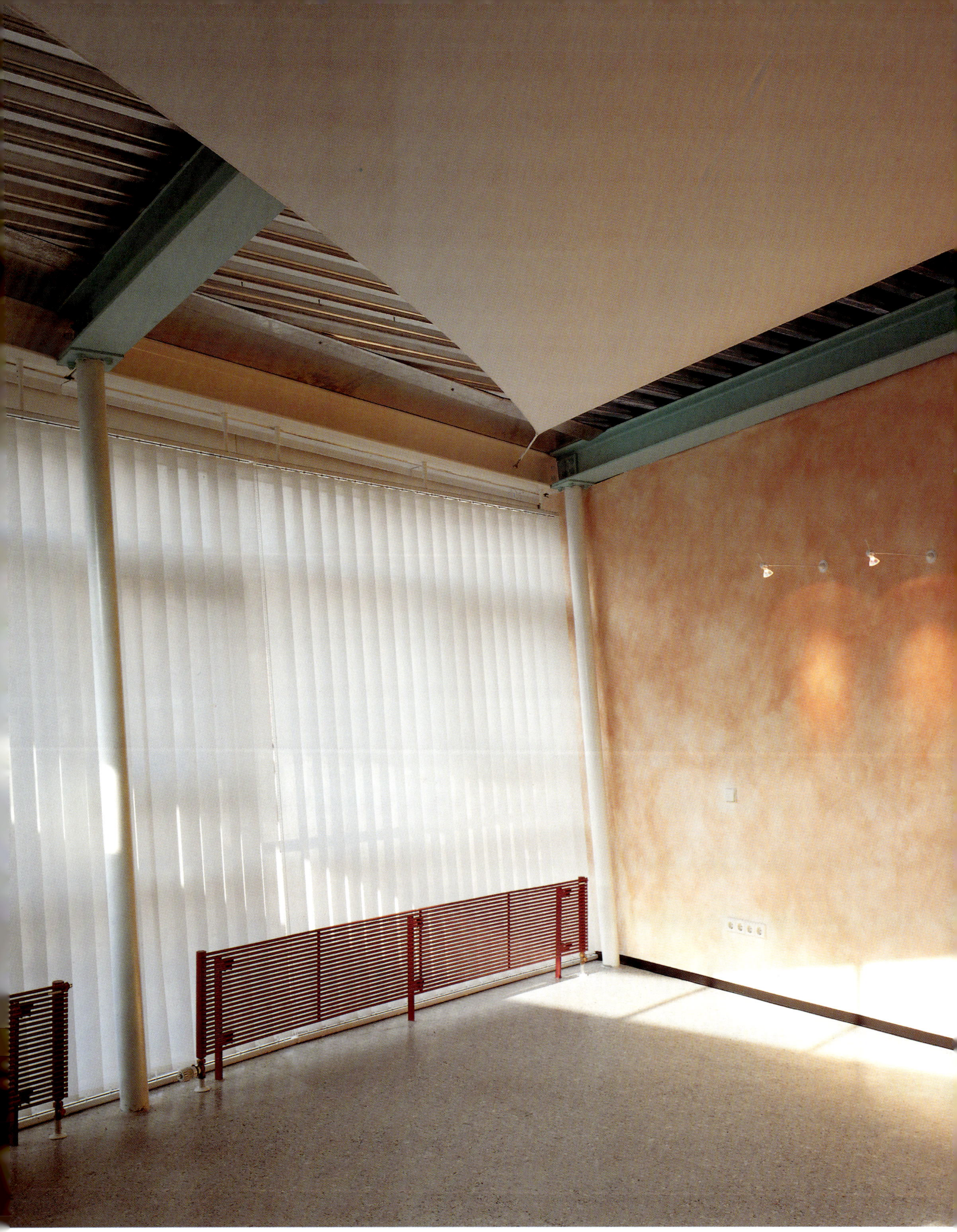

Kühl und warm
Ein gutes Beispiel für einen freundlichen Warteraum: Warmes Terracotta, per Wischtechnik aufgetragen, verleiht dem Raum einen beruhigenden Charakter. Er wirkt behaglich, modern und zeitgemäß. Kontrapunkte setzt die Deckenkonstruktion aus türkisgrünen Stahlträgern und Trapezblechen. Damit die metallischen Trapezbleche den Raum nicht dominieren, sind sie teilweise mit einem Stoffsegel verdeckt – was neben optischen auch akustische Vorteile hat.
Die Gemeinschaftspraxis in Neuhausen ist Teil eines »Gesundheitszentrums«, das auch Apotheke sowie Privatklinik integriert – und bereits nach außen hin Modernität signalisiert.

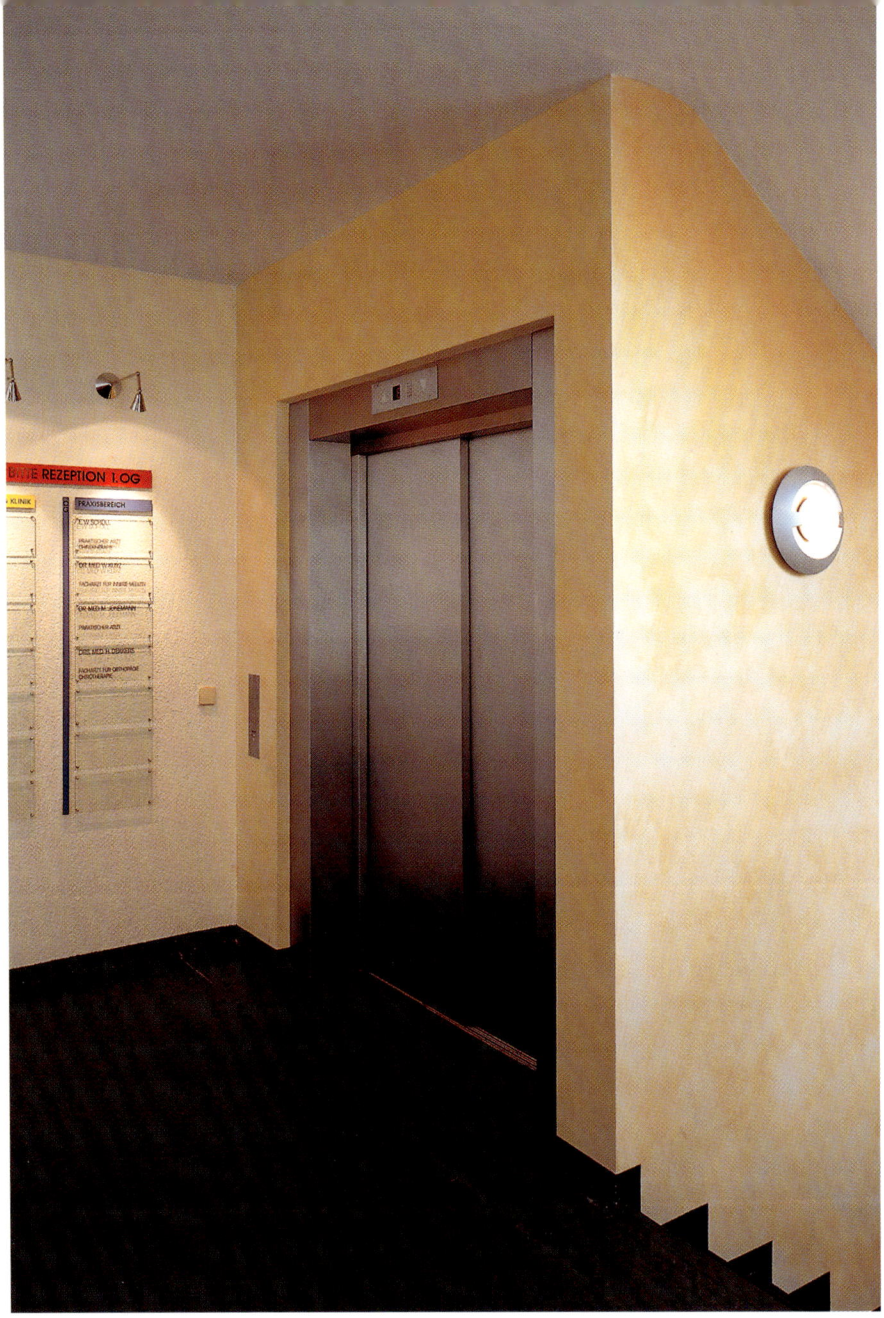

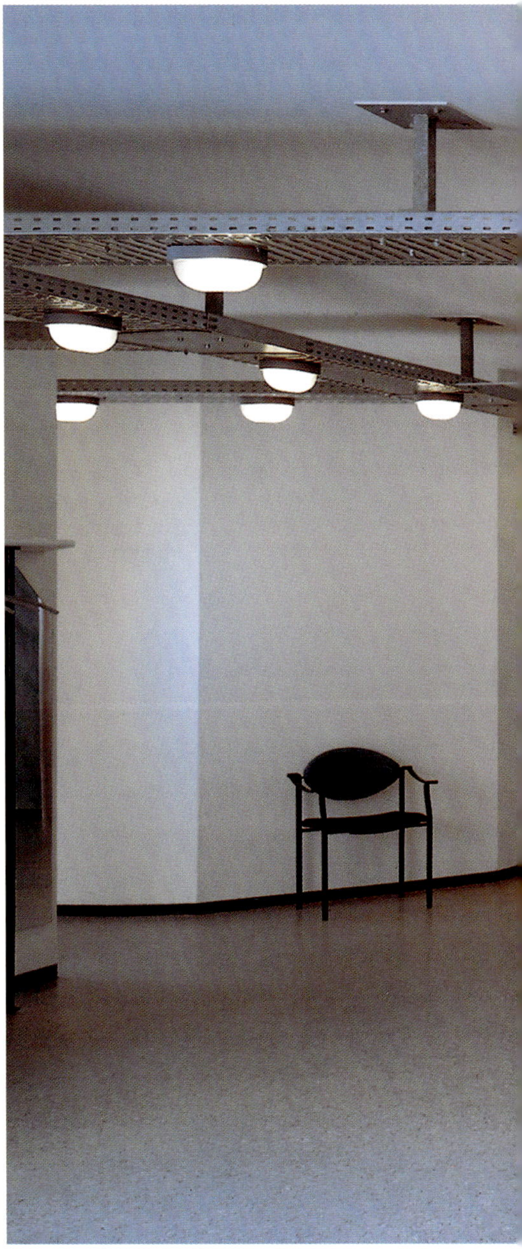

Die Farbbegleitung im »Gesundheitszentrum« beginnt bereits im Treppenhaus mit dem in gelber Lasurtechnik bearbeiteten Aufzugsschacht; der Patient wird beim Betreten des Hauses freundlich empfangen. Den Kontrast dazu bilden die Edelstahltüren des Aufzugs und der schwarze Bodenbelag.
Sehr viel unterkühlter gibt sich dagegen die Rezeption der Gemeinschaftspraxis. Sie liegt im Zentrum, von hier aus gelangt man ins Wartezimmer oder in die Behandlungsräume. Die Rundtheke besteht aus Sichtbeton, die Elektroinstallation liegt in offen sichtbaren Kabelbrücken, die gleichzeitig auch die internen Wege begleiten. Diesen rohen Elementen stehen die versilberte, schlanke Säule und die runde Rückwand entgegen. Während die Säule teilweise oxidiert und dann überlasiert wurde, erhielt die Rückwand eine blauviolette Bemalung mit dynamisch-diagonalen Verläufen. Die wiederum überlagern kalligraphische Zeichen – so bietet die Kunst am Bau zwei Wahrnehmungsebenen.

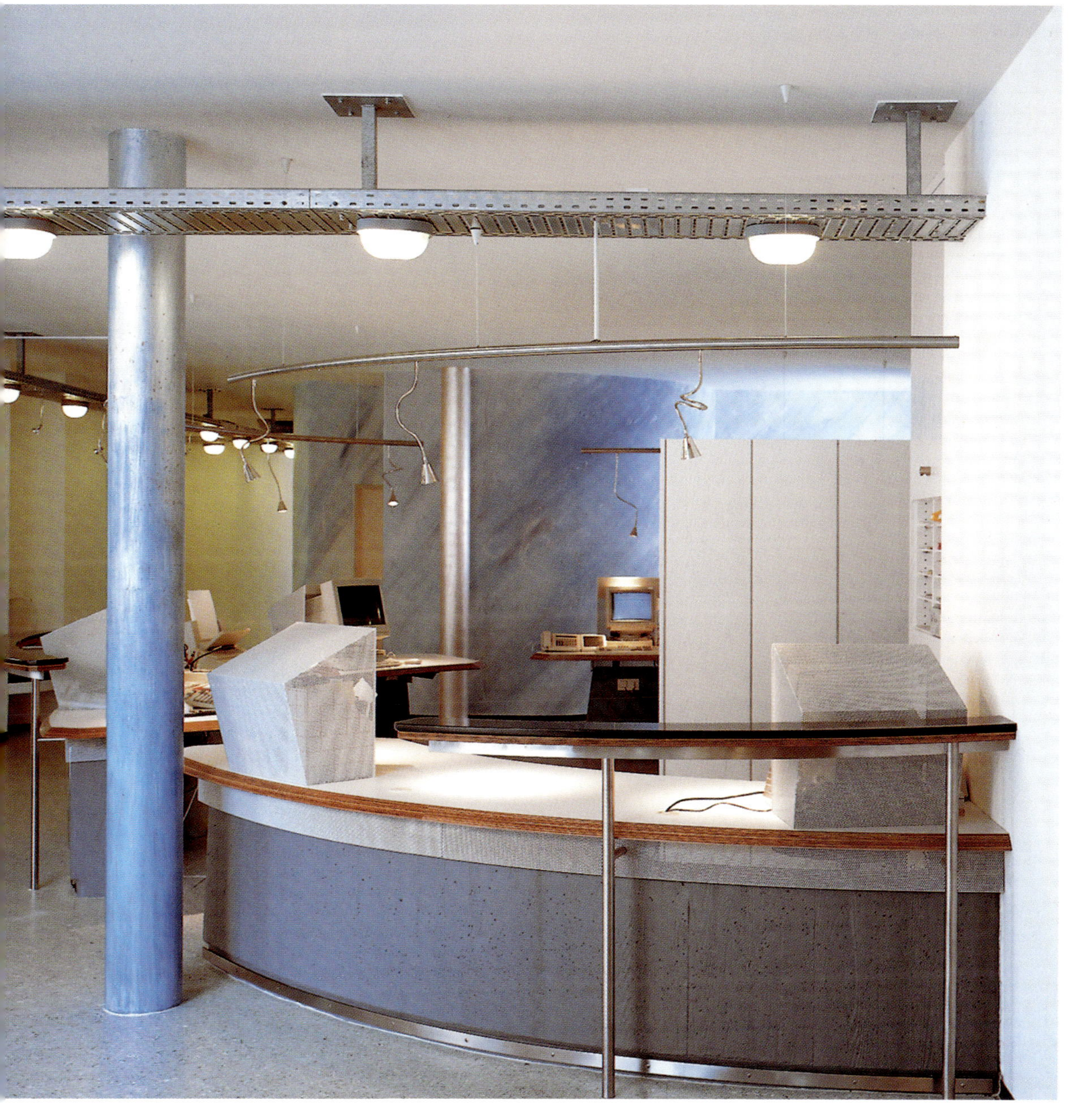

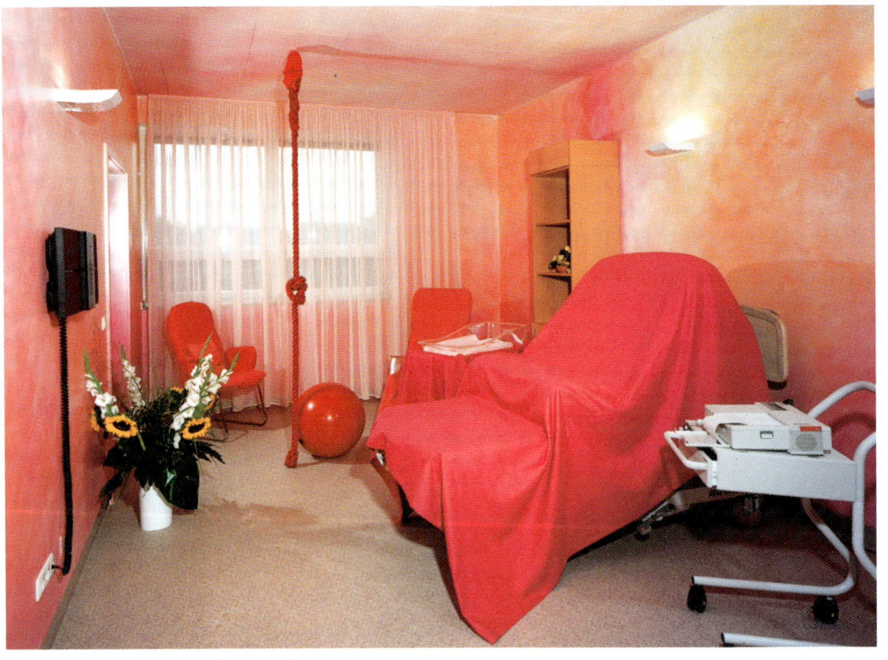

Wider den Geburtsschock

Ist das Neugeborene dem Mutterleib entschlüpft, begegnet es plötzlich grellem Licht, lauten Geräuschen und ungewohntem Treiben – ein Schock, nachdem es neun Monate lang die gedämpfte Umgebung gewohnt war. Diesen Geburtsschock zu reduzieren, ist das Anliegen der Entbindungsstation in der Mönchengladbacher Bethesda-Klinik. Weil Rot die vorherrschende Farbe im Mutterleib ist, tauchte man die Kreissäle in ein intensives Rot und verspricht sich davon eine säuglingsgerechte Geburtsumgebung.

Freilich stellen diese Säle nur den Höhepunkt der Farbgestaltung dar, denn schon am Eingang zur Geburts-

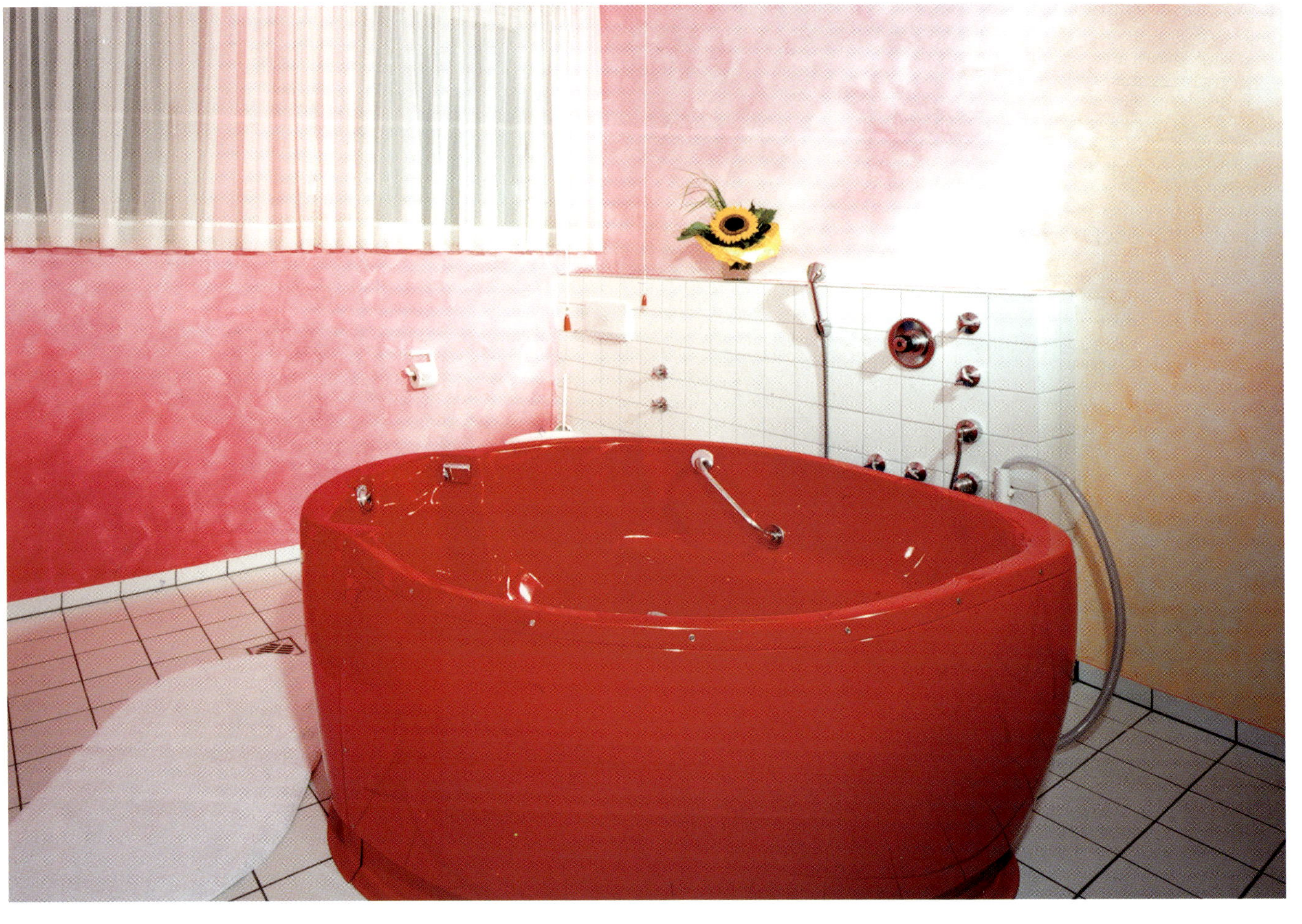

station wird die Farbe aufgenommen. Während die Gänge gelbe und grüne Verläufe zieren, sind die Zimmer der Wöchnerinnen und Schwestern ausschließlich in Gelb gehalten. Auch die Räume für die Erstuntersuchung zwischen den Kreissälen erhielten gelbe Wände – die handwerkliche Umsetzung erfolgte in Wischtechnik. Wobei der Duktus der Bürste nach Art der Pinsellasur mitunter recht deutlich in Erscheinung tritt.
Die Akzeptanz der vom Stationsleiter initiierten Farbgebung ist bei Müttern und Schwestern groß – auch wenn das leuchtende Rot zunächst unseren Seh- und Farbgewohnheiten widerspricht.

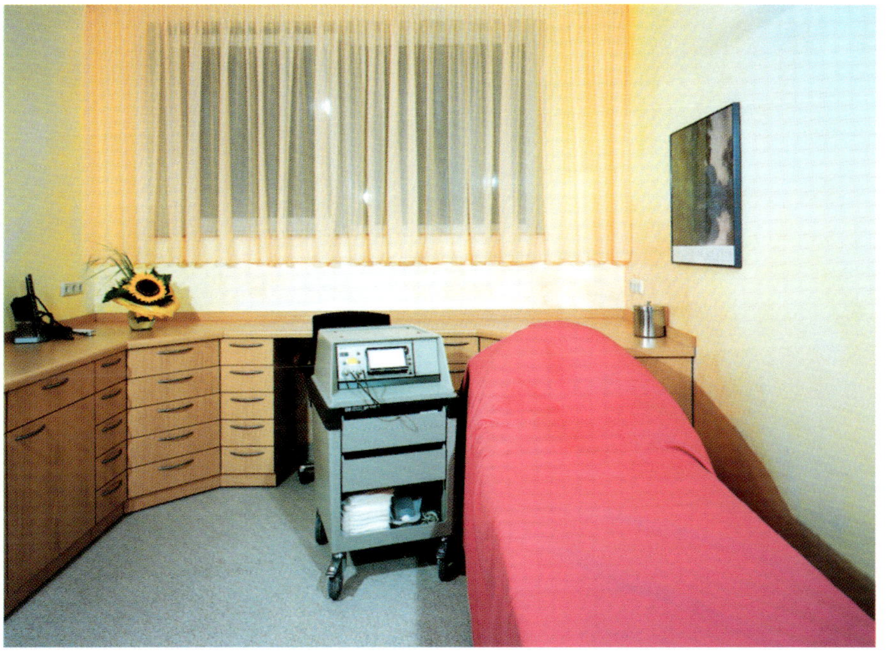

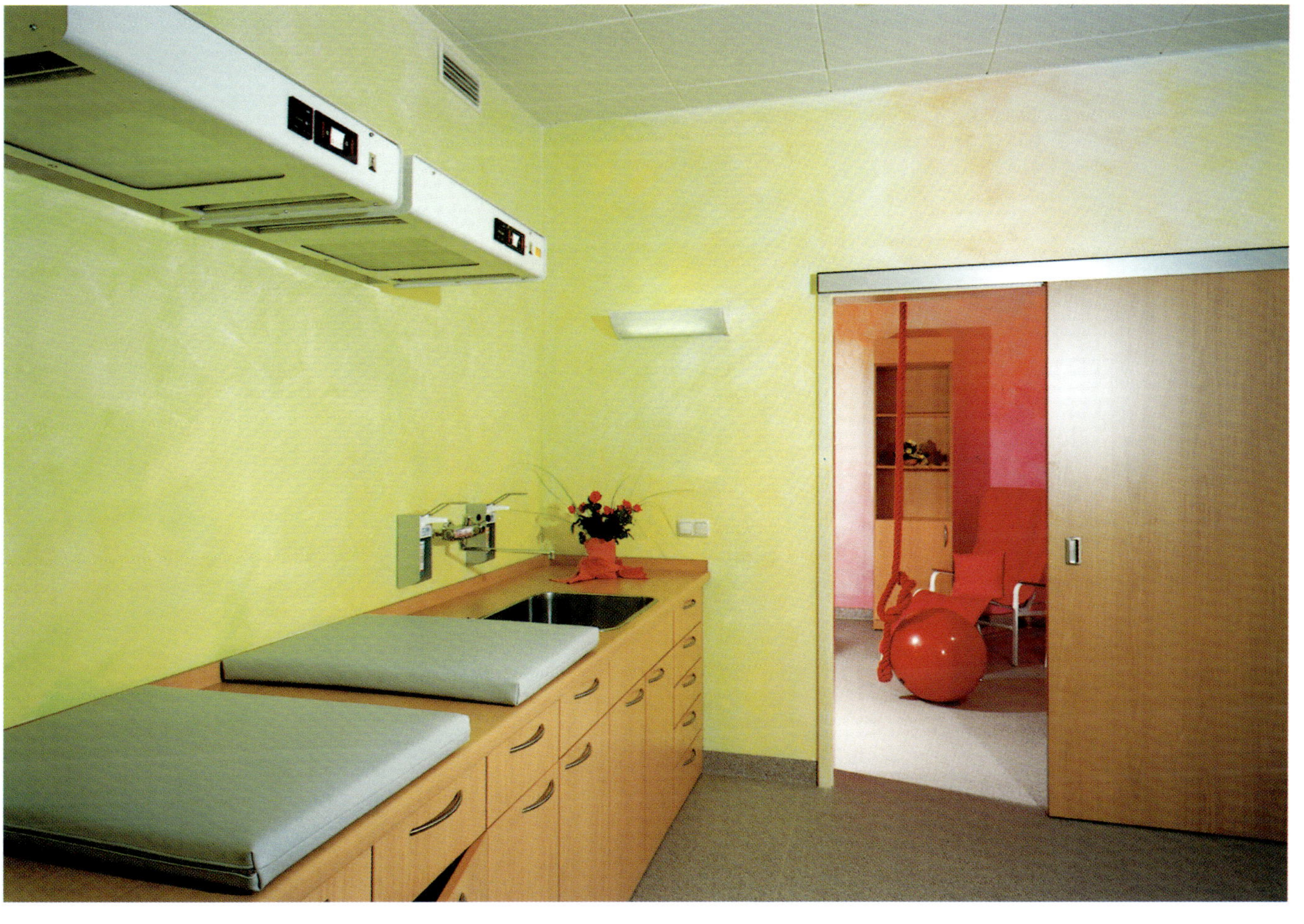

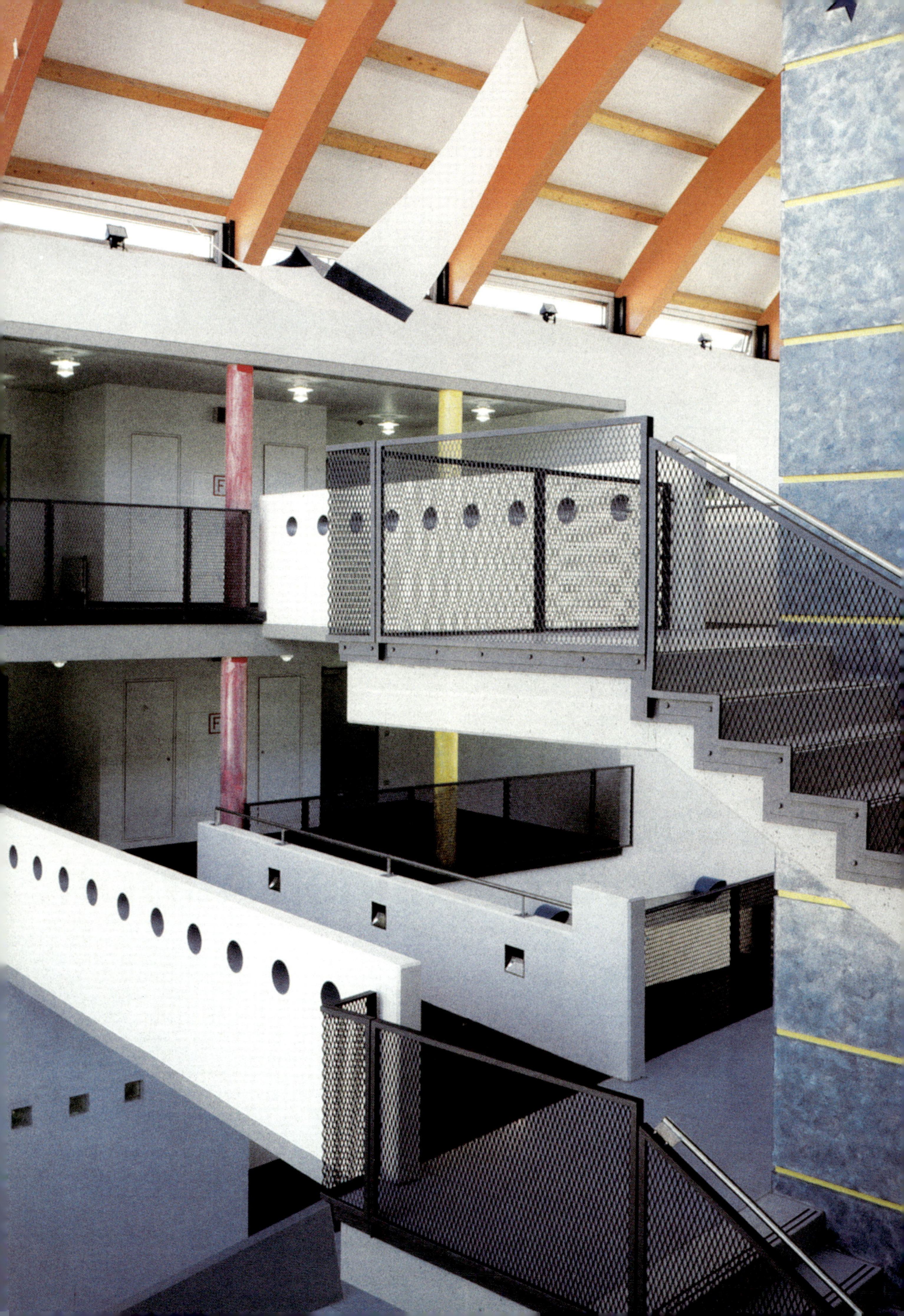

LERNEN

Zwar lernt der Mensch ein Leben lang, doch die Ausbildungsspanne von der Grundschule bis zur Universität bestimmt wesentlich seinen Werdegang. Die Aneignung von Wissen und Fertigkeiten ist mitunter mühsam, kann aber durch eine stimulierende Umgebung erleichtert werden. Ähnlich wie in der Arbeitswelt führt eine offene, kreativitätsfördernde Umgebung zu schnelleren und besseren Ergebnissen.

Abwechslungsreiche Raumeindrücke, gezielte Materialauswahl, Maßstäblichkeit und die Farbgebung können einen solchermaßen förderlichen Rahmen bilden, der sich nach außen hin öffnet, hell und transparent den Lernenden empfängt. Selbstverständlich sollten sich Umfang und Ausprägung dieser Vielfalt nach dem Schultyp und der jeweiligen Altersgruppe richten. Grund-

Luftiges Grau und goldene Sterne

Gehör- und sprachbehinderte Menschen verfügen über ein ausgeprägteres Farbempfinden als hörende und sprechende Personen. Diesen Umstand machte sich die Staatliche Schule für Gehörlose, Schwerhörige und Sprachbehinderte in Neckargemünd zu eigen, indem sie über die Farbe zusätzliche Orientierungs- und Identifikationshilfen einbringt. In der zentralen Halle des Internats, die zur Erschließung und als Treffpunkt dient, dominiert der skulpturale Treppenturm. Dessen Kern beherbergt den Aufzug, seine Hülle trägt eine per Bürste und Schwamm aufgebrachte Wischtechnik in blauen und grauen Lasurtönen auf weißem Grund. Zusammen mit den gelben, horizontalen Nuten, dem gelben Abschluß und den vereinzelten Sternen wirkt das massive Bauelement heiter und leicht. Teilweise sind die Sterne noch mit Blattgold ausgelegt.

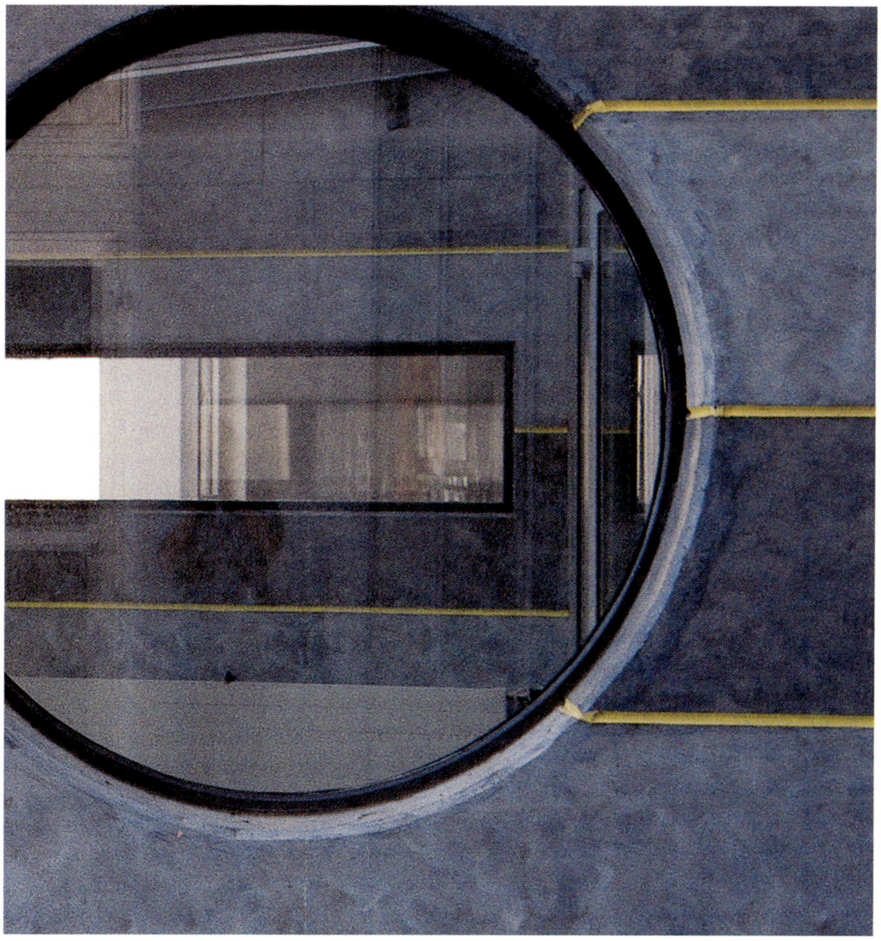

schulen verlangen mehr spielerische, phantasievolle Elemente als beispielsweise Stätten für die Erwachsenenbildung.

Gleiches gilt für die Ausarbeitung der einzelnen Bereiche – Aulen sollten repräsentativ sein, Flure die Kommunikation und Unterrichtsräume die Konzentration fördern. Sehr stark wird hier die Farbpsychologie Einfluß haben – oder aber die Farbphilosophie einzelner Schulträger. Immer aber wird man Räume, in denen man ausgesprochen konzentriert lehrt und lernt, eher bläulich halten, während musische Fächer besser in einer wärmerfarbigen, anregenderen Umgebung aufgehoben sind. Die Stirnseiten der Klassenräume stellen zwar beliebte Gestaltungsflächen dar, doch gerade hier läuft man Gefahr, vom Geschehen abzulenken. Eine introvertierte Flächenbehandlung, beispielsweise in blauen Farbtönen per Wisch- oder Tupftechnik aufgebracht, kann hingegen Entspannung und Konzentration fördern.

In allen Fällen sollte die Beschichtung den Beanspruchungen des Schulbetriebs gewachsen sein – eine robustere Mehrfarbengestaltung eignet sich besser als eine polierte Glättetechnik. Spachtel- und Glättetechniken schließen sich schon wegen ihres eher distanzierten Charakters und der hohen Realisierungskosten aus. Hingegen egalisieren Wisch- oder Tupftechniken Verschmutzungen eher als unifarbene Flächen. Mit diesen Techniken lassen sich auch bei kleinem Budgetrahmen emotionale Qualitäten schaffen, welche die Schule phantasievoller und freundlicher machen.

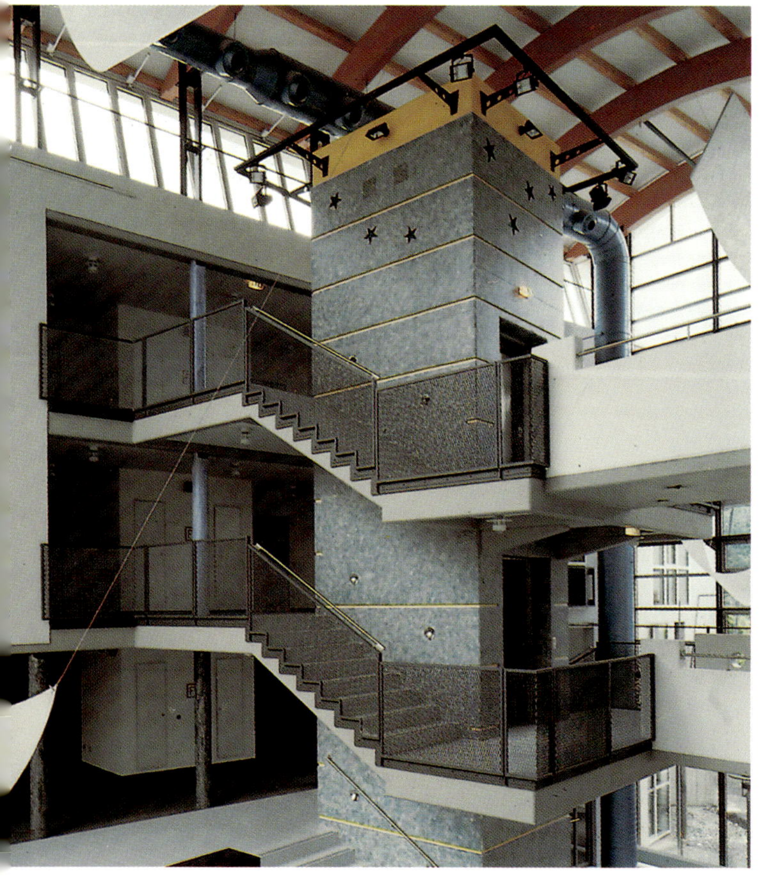

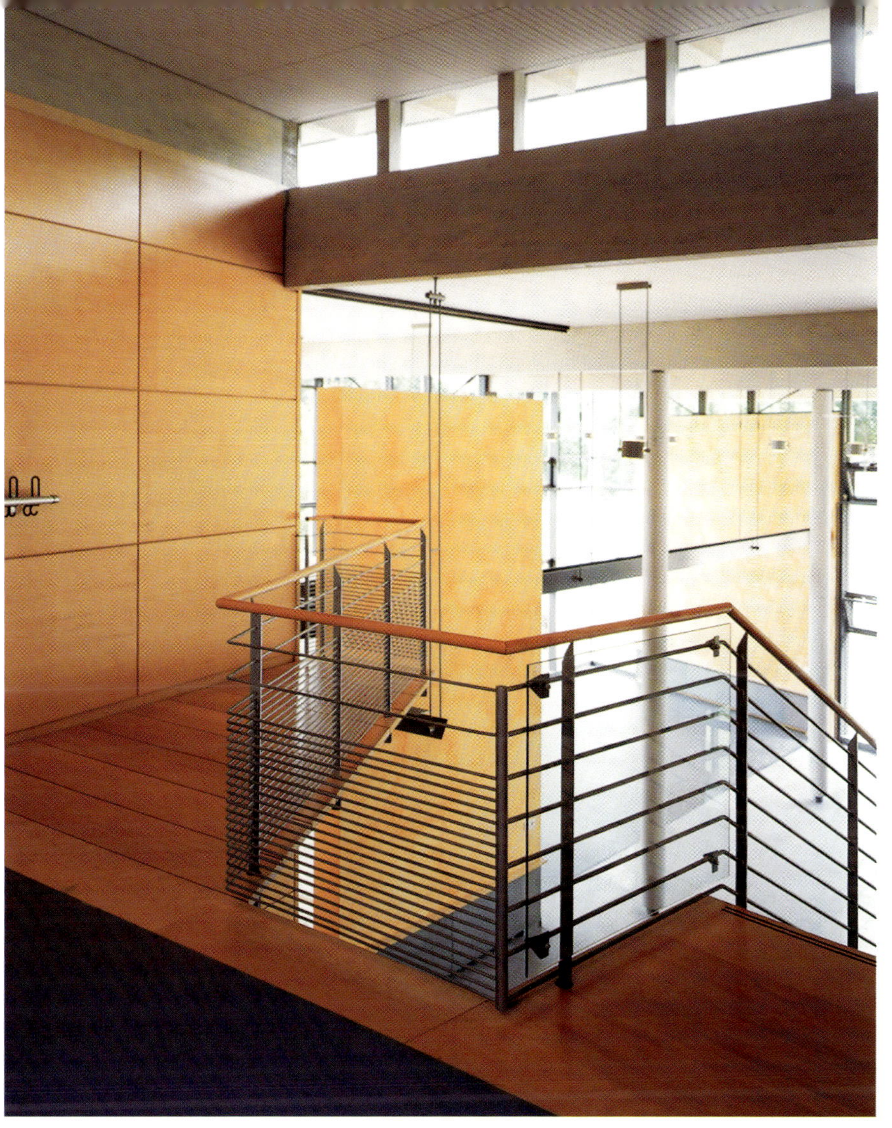

Harmonisch und kommunikativ
Eine Grundschule in Holzskelettbauweise sorgt im südbadischen Lörrach für den nötigen Bildungsraum. Mittelpunkt der zweiflügeligen Eichendorffschule ist die zweigeschossige Halle, die zu drei Seiten Blicke in die Umgebung erlaubt. Durch eine Schiebetür läßt sich die Halle auch als Veranstaltungsraum nutzen, im abtrennbaren Teil sorgt eine terracottafarbene Wandscheibe für angenehme Wärme. Die zweischichtige Wischtechnik auf mineralischer Basis wurde auch auf die Außenseite der Wand übertragen und stellt so eine Verbindung zwischen Pausenhof und dem Inneren her.

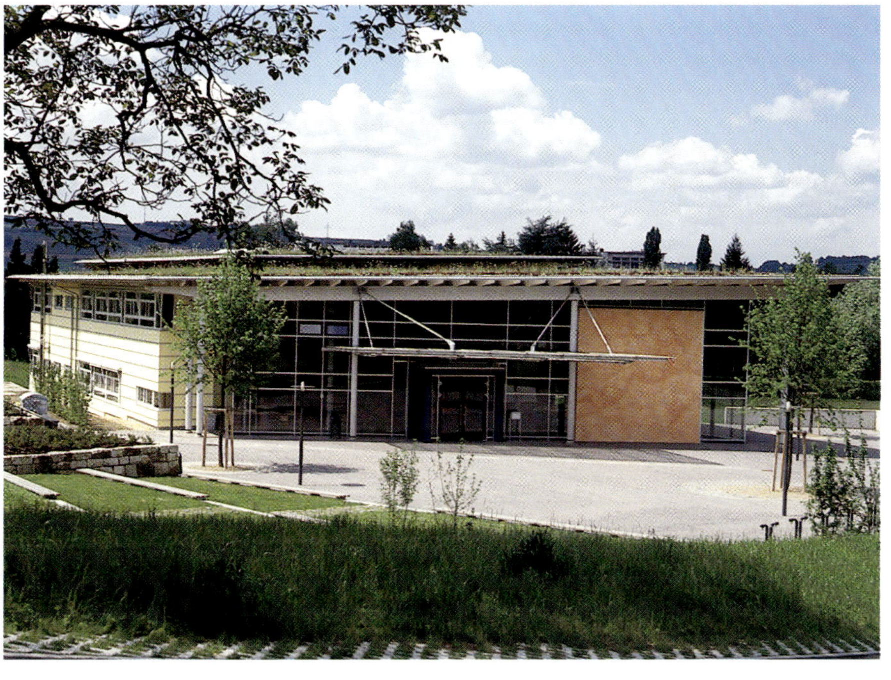

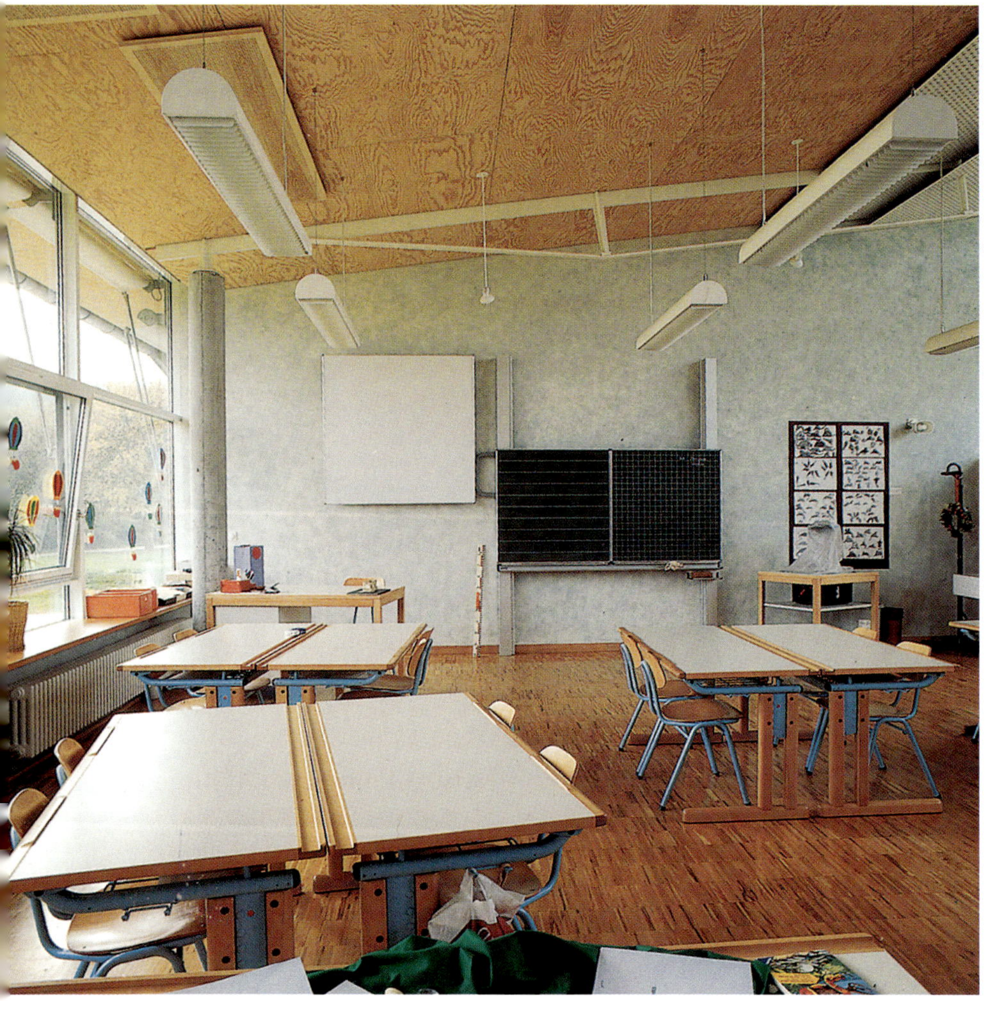

Farbige Stirnwände

Eine leichte, sichtbare Konstruktion und einfache Materialien kennzeichnen die Hölderlin-Grundschule in Cleebronn. Farbe dient dazu, die Materialien in ihrem Ausdruck zu steigern und zu überhöhen. Farbige Beizen entfalten auf den leichten Trennwänden einen Verlauf von Rot nach Gelborange. In den Klassenzimmern finden sich Lasuren auf den Wänden, auch auf den Stirnwänden sind sie in zurückhaltenden Tönen aufgebracht.

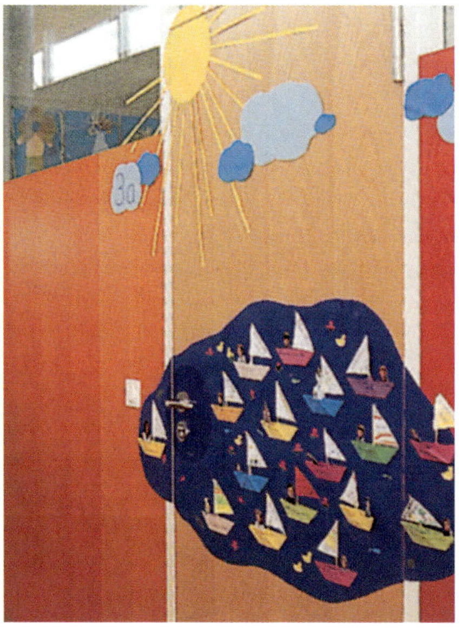

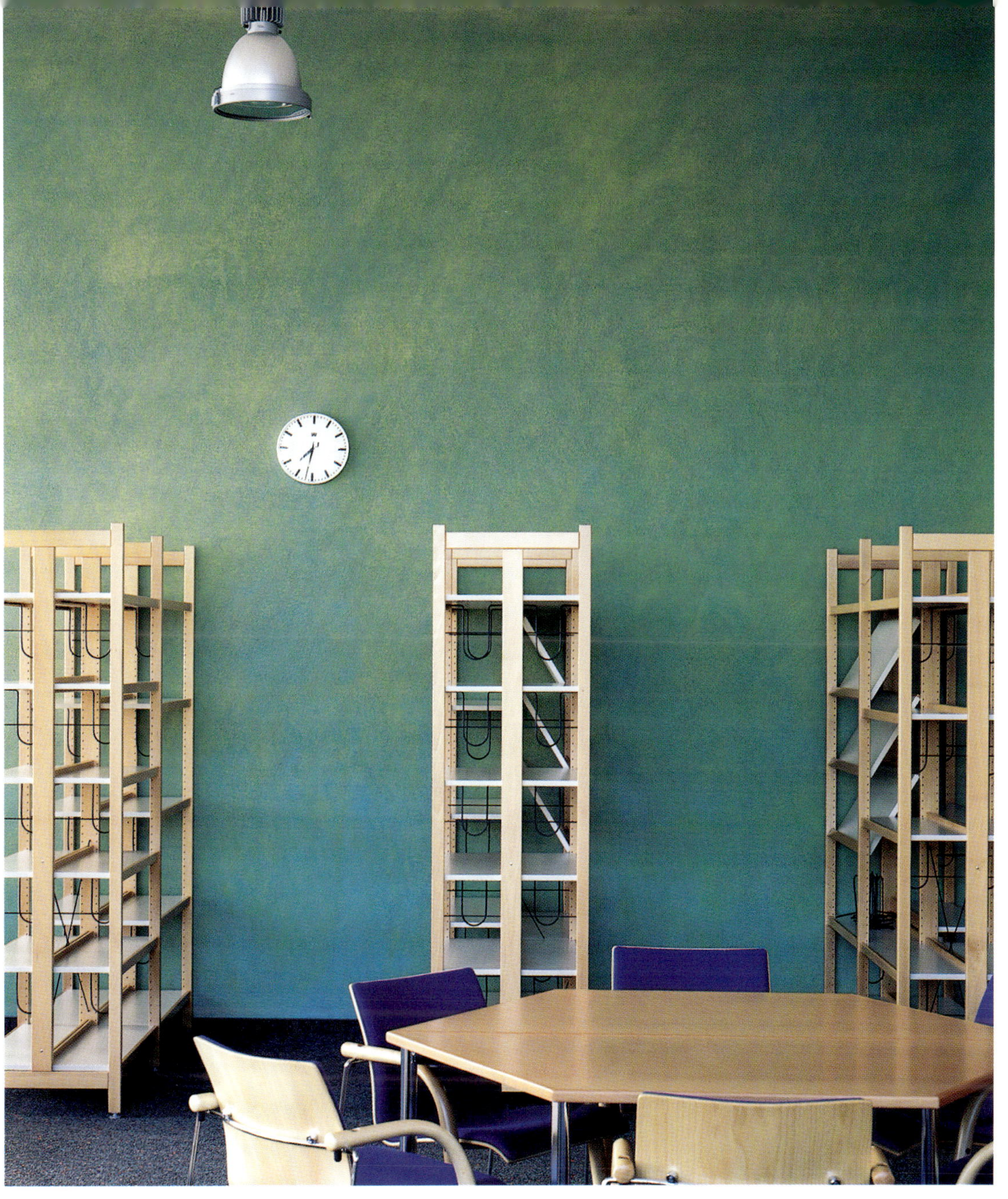

Außen und innen

In zwei längsgerichtete Baukörper teilt sich die Grund- und Hauptschule Rastatt Rheinau-Nord; Verbindung schaffen die zentrale, transparente Erschließungshalle und die durchgehende Wandscheibe. Letztere akzentuiert die Längsachse, dient der Orientierung und hebt sich von den anderen, weitgehend naturbelassenen Elementen durch ihre Farbigkeit ab. Diese basiert auf einer mineralischen, in der Farbfolge Gelb, Blau, Gelb ausgeführten Lasurtechnik.

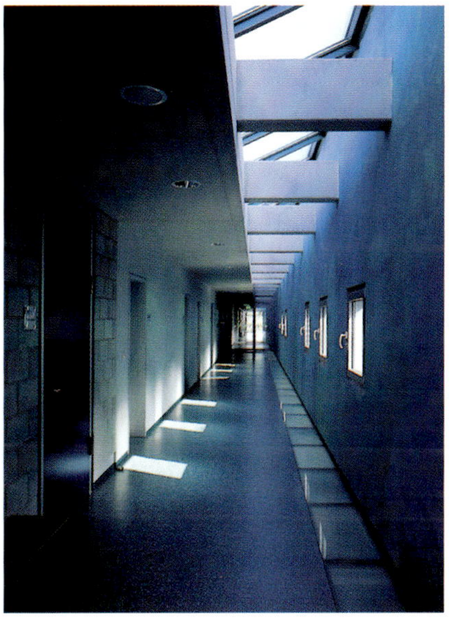

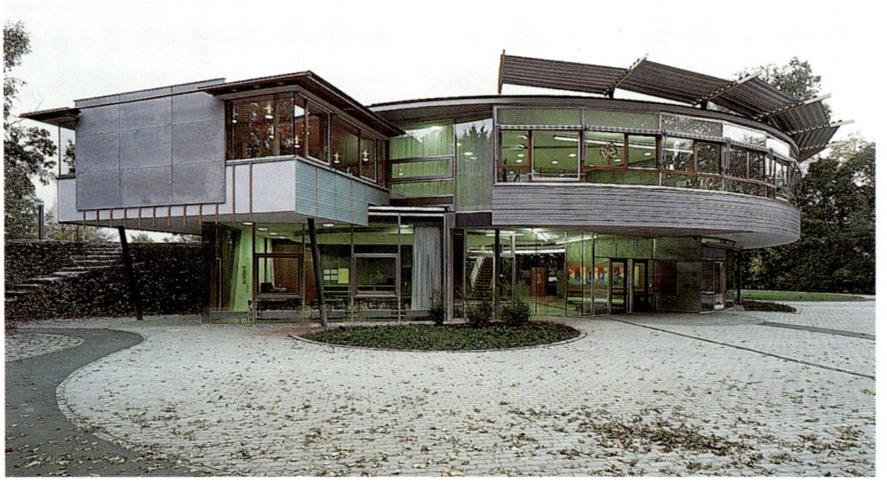

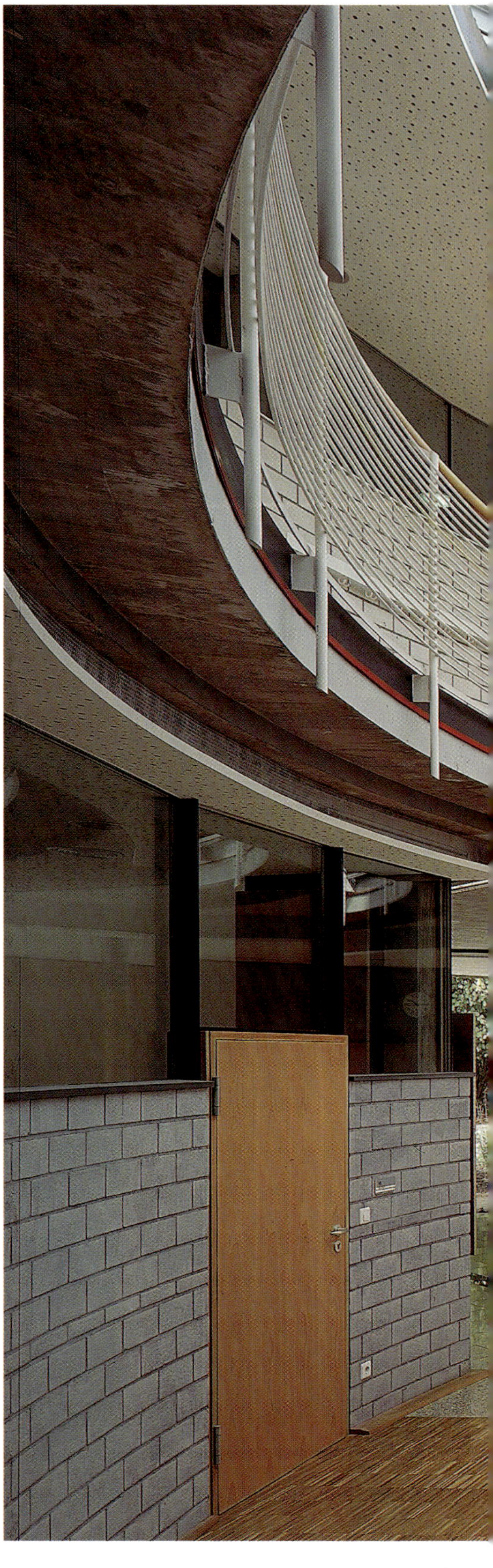

Runde Sache
Auch ein kleines Budget kann zu sehr überzeugenden Bauergebnissen führen. Detailliebe, Improvisationslust, Farb- und Oberflächenästhetik geben der Grundschule Klosterfeld in Ellwangen ihre Eigenständigkeit. Rot übernimmt die Rolle der Leitfarbe und taucht bereits am Eingang des runden Baus auf, um sich durch alle Bereiche zu ziehen. Innen entfaltet sich ein facettenreiches Spiel aus groben und verfeinerten Materialien, Strukturen und Farben.
Um das lichte Zentrum gruppieren sich die zurückhaltend gestalteten Klassenräume, im Gartengeschoß der Halle nimmt die Kalksteinwand mit einem lasierten Verlauf von Blau nach Grün die Außenwelt auf. Weiß lasierte Sichtbetondecken kontrastieren mit warmem Buchenholz.

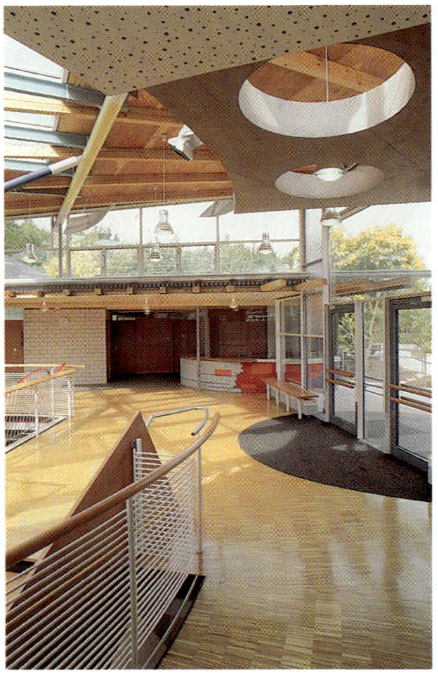

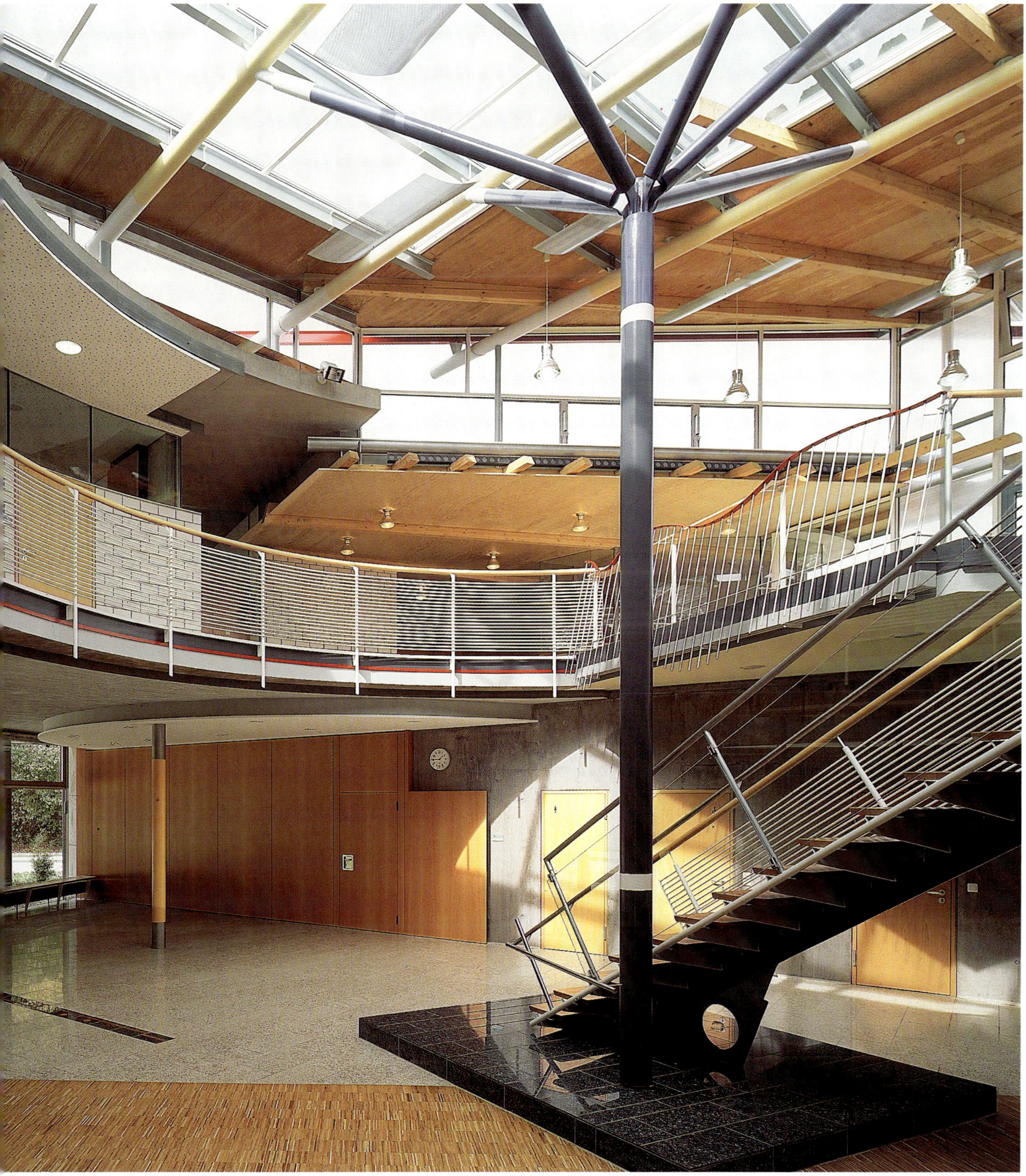

Dynamisch und harmonisch

Bei ihrer Fertigstellung im Jahre 1996 war der Neubau der Musikhochschule in Stuttgart ein spätgeborenes Kind der Postmoderne. In direkter Nachbarschaft zur Neuen Staatsgalerie ergibt sich nun ein postmodernes Ensemble des verstorbenen britischen Architekten James Stirling.

Das Herz des Bauwerks ist zweifellos der runde Konzertsaal, untergebracht in der Basis des weithin sichtbaren massiven Turms. Dorthin legte Architekt Michael Wilford, der ehemalige Partner und nun Fortführer des Stirlingschen Büros, auch den Farbhöhepunkt des Bauwerks. Die luftige Decke erhält ihren Charakter durch mehrere blaue Pinsellasuren, die von dunkel nach hell mit der Bürste kreuzförmig aufgetragen wurden.

Die Wandflächen im Zuhörerbereich scheinen aus sich selbst herauszuleuchten – ihre Tiefenwirkung erreichte man mittels einer gewagten Überlagerung von Farben und Texturen. Die gelben Wandbereiche basieren auf einem gelb gestrichenen Glasvlies, auf das pompejanischrot eingefärbter Lasurspachtel senkrecht aufgezogen und in der gleichen Richtung geglättet wurde. Als letzte Schicht folgte eine gelbe, matte Acryllasur.

Viel wolkiger hingegen zeigen sich die anderen, grauen Wandflächen. Auch sie bauen auf dem Glasvlies auf, das allerdings gleichmäßig grau beschichtet wurde. Dem folgten ein weiß-lasierender Spachtelauftrag und schließlich drei Lasurgänge in Grau, Anthrazit, Blau – sie wurden mit einer kleinen Bürste und dem Schwamm aufgetragen oder aufgetupft. Die graue Schlußlasur wurde dünn aufgebürstet, so daß sich ein gleichmäßig gewolktes und ruhiges Flächenbild ergibt.

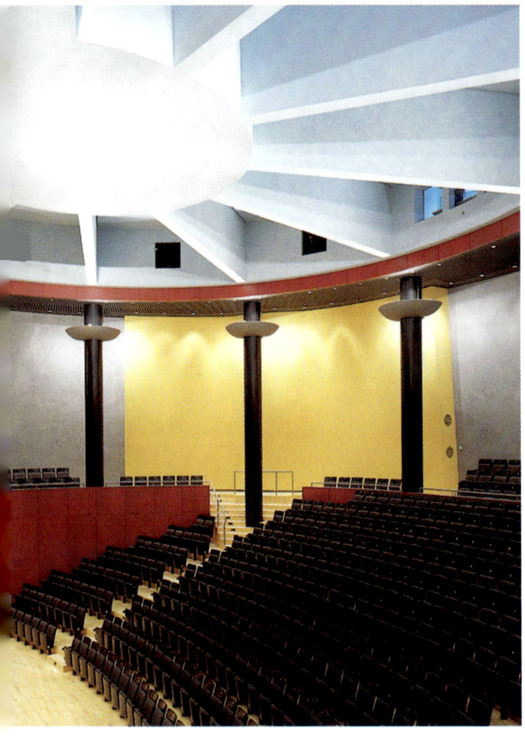

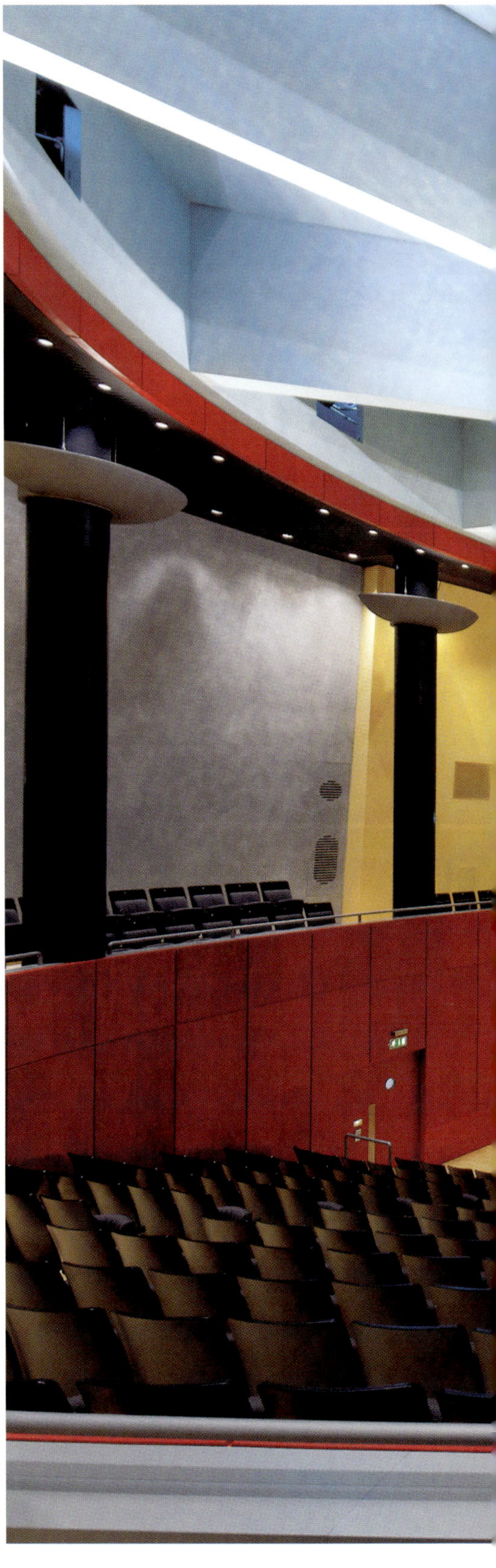

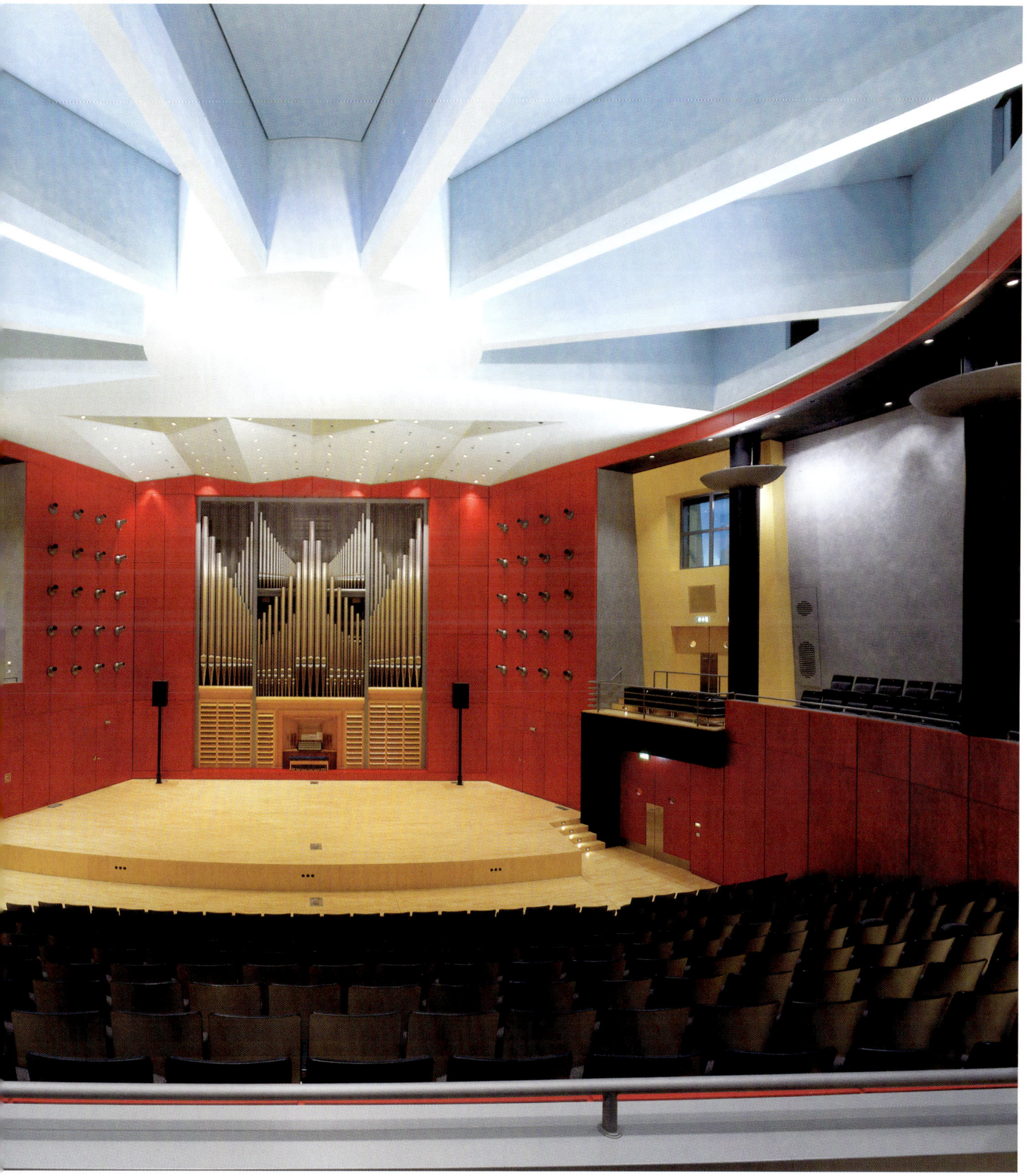

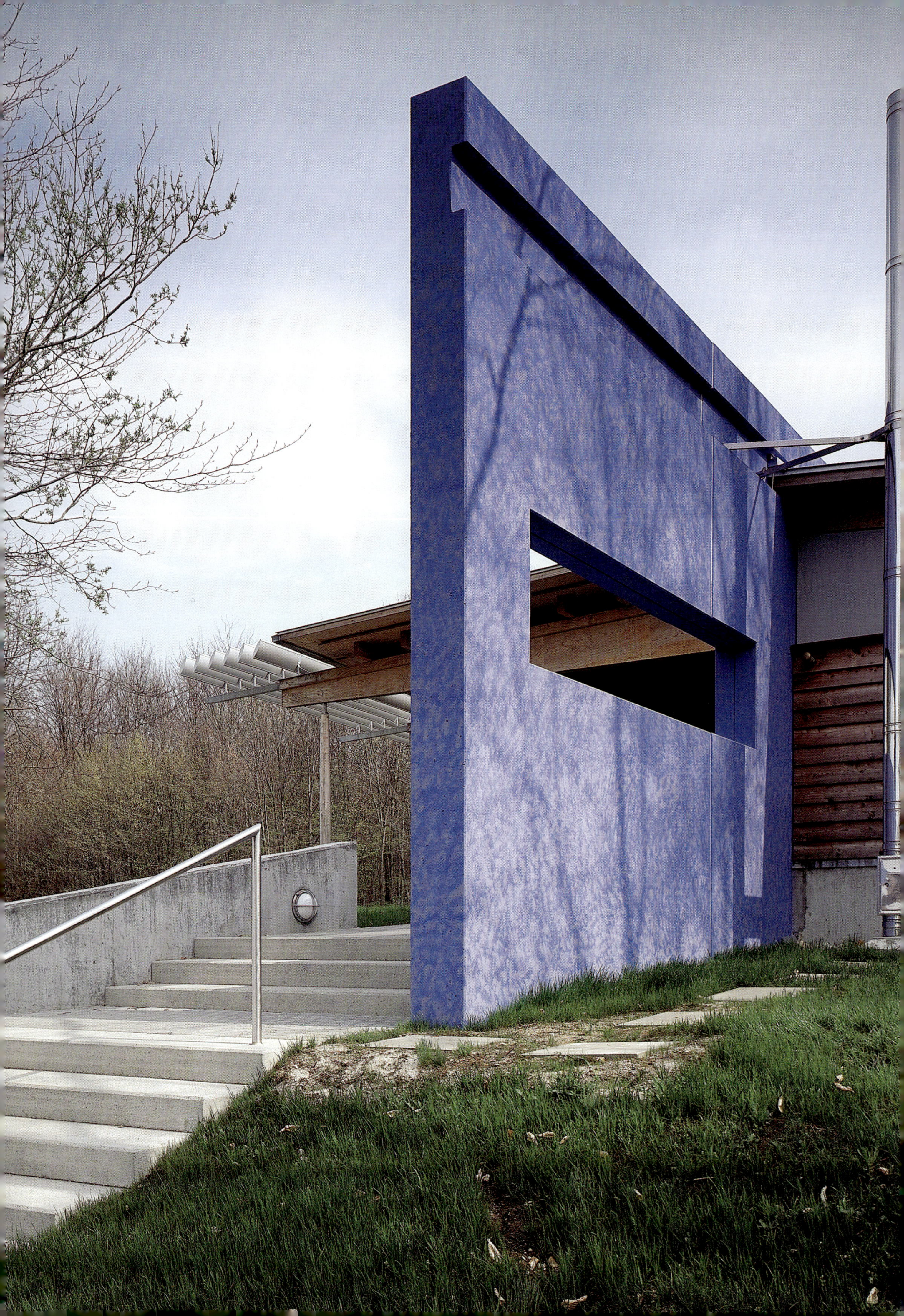

FASSADEN

Die abgewitterten, mit Brüchen, Farb- und Strukturwechseln durchzogenen Fassaden mediterraner Dörfer, Stadtviertel und Villen üben auf den aus dem Norden angereisten Betrachter einen besonderen Reiz aus. Die Fassaden zeigen ihr Alter, scheinen Geschichten zu erzählen und verleihen dem Ort Authentizität.

In deutschen Landen hingegen herrschen grundlegend andere ästhetische Vorstellungen über das Aussehen einer Fassade: je makelloser, desto besser. Patina hat kaum eine Chance – auch, weil die gängigen Beschichtungsmaterialien kaum »patinafähig« sind und statt charmant unansehnlich werden. Die Fassaden in nördlicheren Breiten müssen die Bausubstanz viel stärker gegen die Unbilden der Witterung schützen als in südlichen Gefilden.

Nachdem Maltechniken aber im Innenbereich weite Verbreitung gefunden haben, sind sie auch an die Fassade vorgedrungen. Lebendige Fassaden, die statt monochromen Anstrichen mehrfarbige Überlagerungen zeigen, wolkige Lasurschleier oder geheimnisvoller Glanz werden immer mehr eingesetzt. Die handwerkliche Umsetzung ähnelt der in Innenräumen, die Beschichtungsmaterialien hingegen unterscheiden sich beträchtlich. Denn neben der rein optischen Ebene müssen natürlich die bautenschützenden Forderungen erfüllt werden. Auch der Duktus ist großzügiger als im Innenbereich, weil die Maßstäblichkeit der Flächen eine andere ist. Heute gehören insbesondere Betonlasuren, Wischtechniken oder Kalkglättetechniken zum malerischen Repertoire für Außenflächen.

Akzentuiertes Rückgrat
Eine blaue, getupfte Wandscheibe zieht sich längs durch das Gemeindezentrum im schwäbischen Hochwang – sie separiert die Funktionsräume von den Veranstaltungssälen. Als »Rückgrat« des Gebäudes und primär architektonisches Element wird sie durch Farbe sowie Maltechnik zusätzlich akzentuiert und hebt sich deutlich von der sonst herrschenden Materialsprache ab. Das leuchtende Blau und die formauflösende Stupftechnik stehen der statischen Schwere des Betons entgegen – und bringen zusätzliche Spannung in die Konzeption.

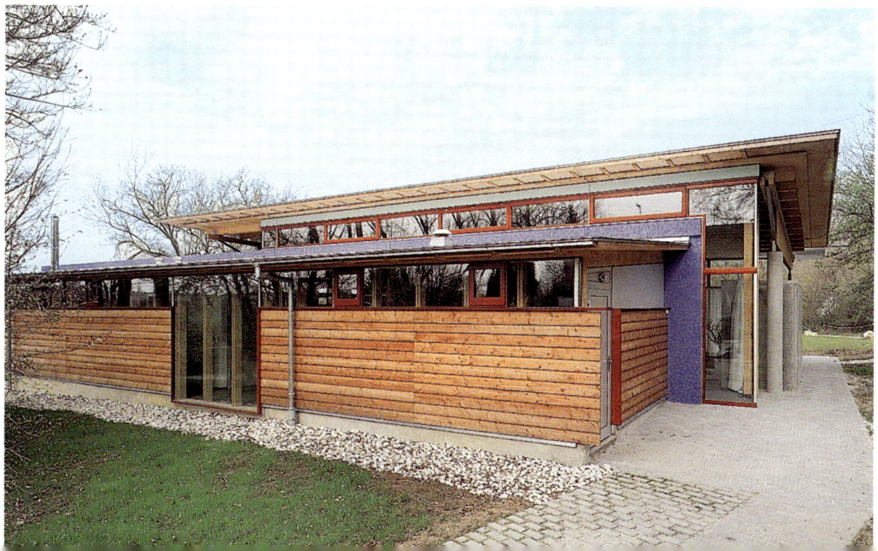

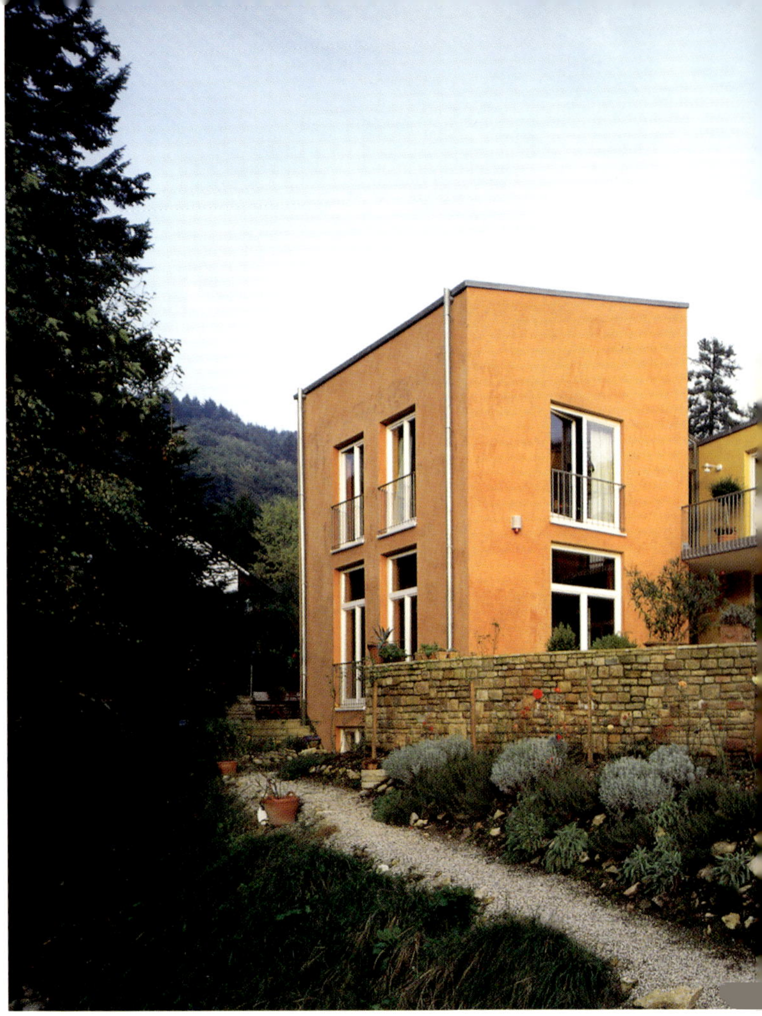

Mit derlei Maltechniken lassen sich undifferenzierte Flächen positiv verändern, einzelne Gebäudeteile und Funktionsbereiche akzentuieren oder aber Gebäude charakterlich völlig verändern. Gerade bei Wischtechniken mit Lasuren ist zu beachten, daß die Weichheit der Farbaufträge auch das Gebäude selbst »weicher« macht: Ecken werden runder, architektonische Gliederung und statische Präsenz schwinden. Besonders freistehende Bauten können sich dank der organisch-weichen Flächenbemalung leicht in der Umgebung »verlieren«. Werden statische Teile wolkig lasiert, so wirken sie optisch kaum mehr tragfähig – insbesondere bei Säulen ist dieser Umstand zu beachten.

Gewolkte Oberflächen lassen sich mit verschiedenen Beschichtungsmaterialien umsetzen, die sich allerdings in ihrer ästhetischen Anmutung unterscheiden. Weit verbreitet und am schönsten ist die mineralische Lasur auf mineralischem Putz: Sie ist matt, nicht filmbildend und somit sehr natürlich in ihrem Ausdruck. Leuchtkraft, Tiefe und Transparenz müssen aber mit einer etwas aufwendigeren Verarbeitung »erkauft« werden.

Anspruchsvoll ist auch die Lasurtechnik mit Kalklasuren im Stil des »Fresco Secco« auf trockenem Kalkputz. Sie ist äußerst lebendig und facettenreich. Die Haltbarkeit solcher Oberflächen steigt durch die reine Fresco-Verarbeitung auf frischem Kalkputz.

Einen Kompromiß bei der Verarbeitung und Ästhetik stellen die Dispersionssilikatfarben dar. Sie sind unproblematischer in der Anwendung und ergeben dennoch eine stark der mineralischen Version ähnelnde Anmutung. Unter Umständen kann auch auf die abschließende Hydrophobierung verzichtet werden – bei Kalk- und Silikatlasuren ist diese obligatorisch.

Mediterrane Fassade
Im Grunde besteht dieses Einfamilienhaus aus zwei separaten Gebäudeteilen, die ein wintergartenähnlicher Glaszwischenbau verbindet. Beide Bauten unterscheiden sich durch die formale Dachausbildung sowie durch ihre Farbigkeit, nur die Oberflächengestaltung ist identisch. Eine Kalkglättetechnik verleiht den heiteren, sonnigen und mediterranen Tönen den adäquaten Oberflächencharakter: edel, aber in sich differenziert, lebendig und patinafähig – so, wie man es aus südlichen Gegenden kennt.
Dank des Glashauses wirken diese Fassaden auch nach innen hinein, wird der Außen- zum Innenraum.

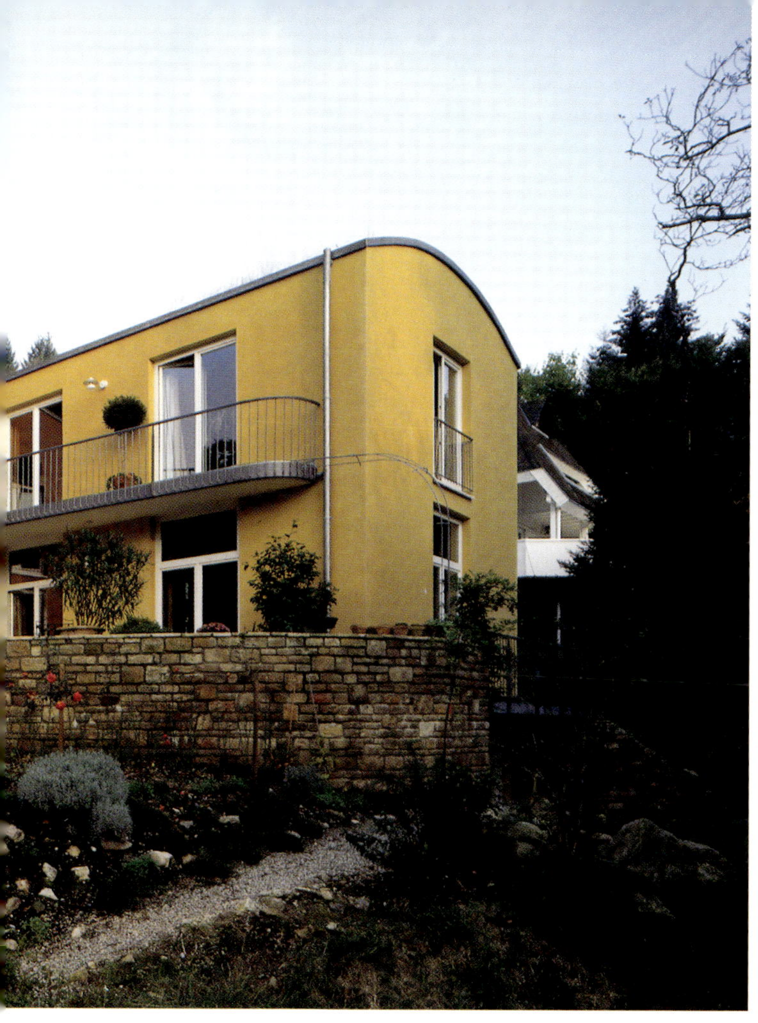

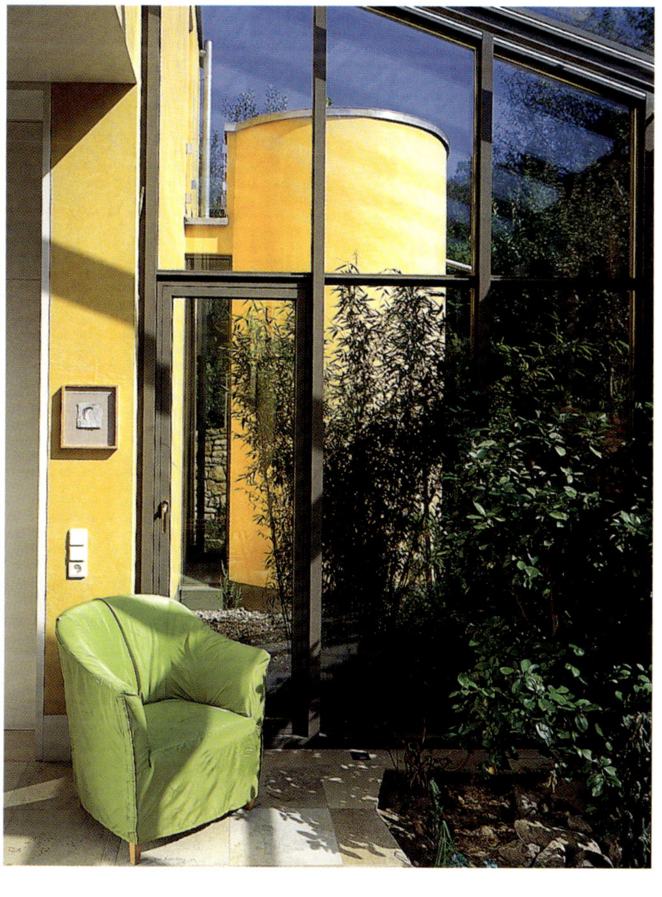

Unabhängig von den Lasurmaterialien arbeitet man an der Fläche von unten nach oben. Besonderes Augenmerk gilt möglichen Überlappungen, beispielsweise im Bereich der einzelnen Gerüstlagen. Genaugenommen muß auch der Untergrund überlappungsfrei hergestellt sein, da er sonst zu unterschiedlich saugt und die Fläche Ansätze bekommt.

Eine relativ junge Möglichkeit, Fassaden in steinig-glatte, ja sogar polierte Flächen zu verwandeln, bieten Kalkglätteputze. Sie werden im Stil der venezianischen Glättetechnik mehrlagig mit der Glättkelle kreuz und quer auf den kalk- oder zementgebundenen Untergrund aufgezogen, die noch feuchten Schichten verpreßt und schließlich mit einer Stahltraufel poliert. Es entstehen glatte Fassaden, die mal wolkig, mal körnig, mal duftig, mal steinig wirken können. Zwischen den einzelnen Arbeitsgängen sollte der Untergrund angefeuchtet werden, um eine optimale Zwischenhaftung zu garantieren. Da die Kalkschicht ausgesprochen hart wird, muß auch der Untergrund ebenfalls hart sein – ansonsten stellen sich unweigerlich Risse in der Oberfläche ein. Auch die Kalkglättetechnik bedarf der abschließenden Hydrophobierung. Um die Oberfläche bis zur Aushärtung vor Witterungseinflüssen zu bewahren, empfiehlt sich die Abhängung der Fassade mit Planen.

Grundlage jeder maltechnischen Aktivität auf der Fassade ist die gewissenhafte Arbeit – nur so ist die dauerhafte Haltbarkeit gewährleistet. Im Gegensatz zu konventionellen Fassadenbeschichtungen sind partielle Ausbesserungen fast unmöglich durchzuführen, ohne das Gesamtbild zu zerstören. Zur Ausführungsqualität gehört neben der rein handwerklichen natürlich auch der visuelle Gesichtspunkt: Größere Flächen machen einen großzügigeren Duktus notwendig sowie die regelmäßige Kontrolle der optischen Wirkung aus einigen Metern Abstand. Nur wer die Angst vor der Fläche überwindet, wird letztendlich zu überzeugenden Ergebnissen kommen.

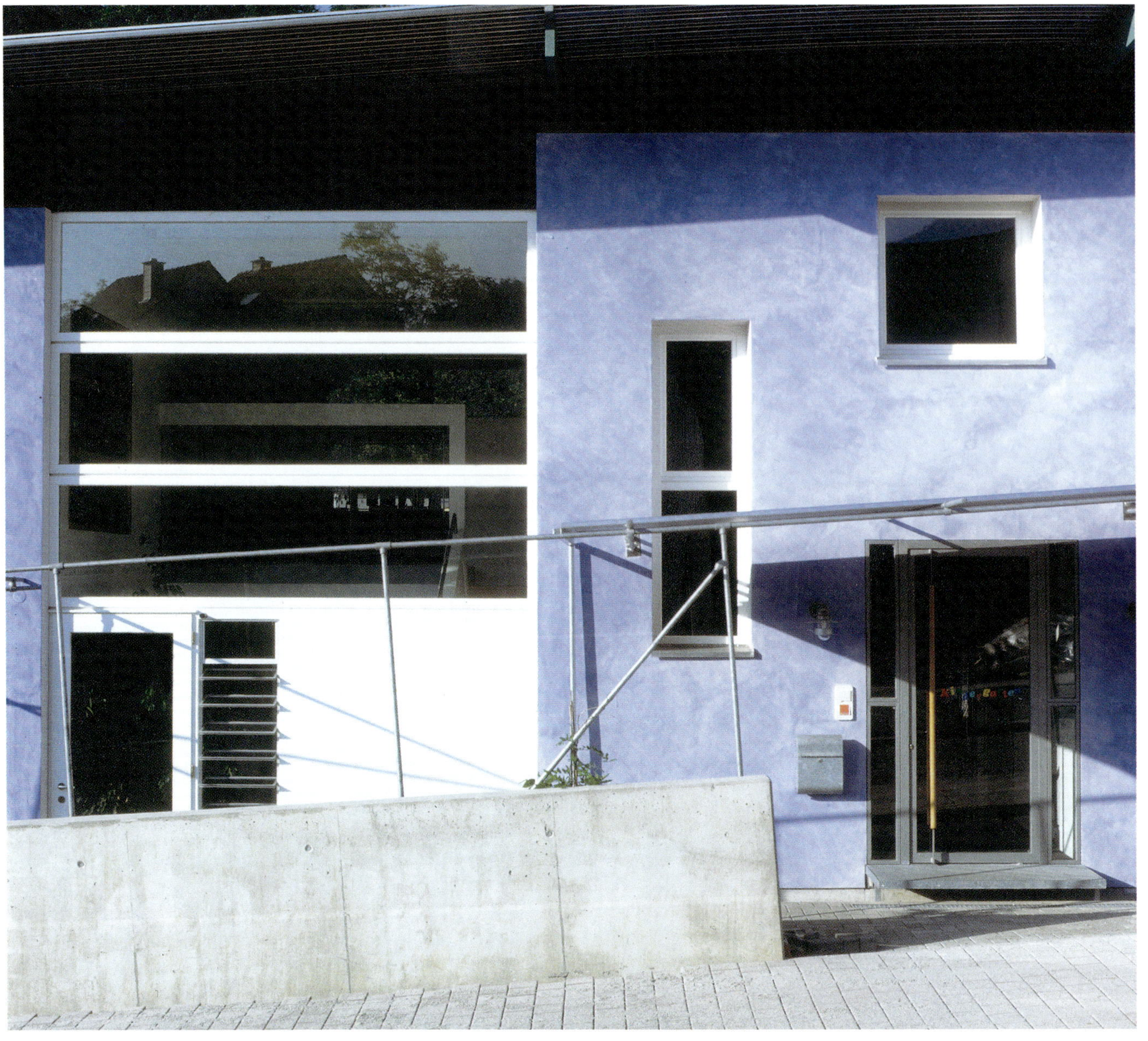

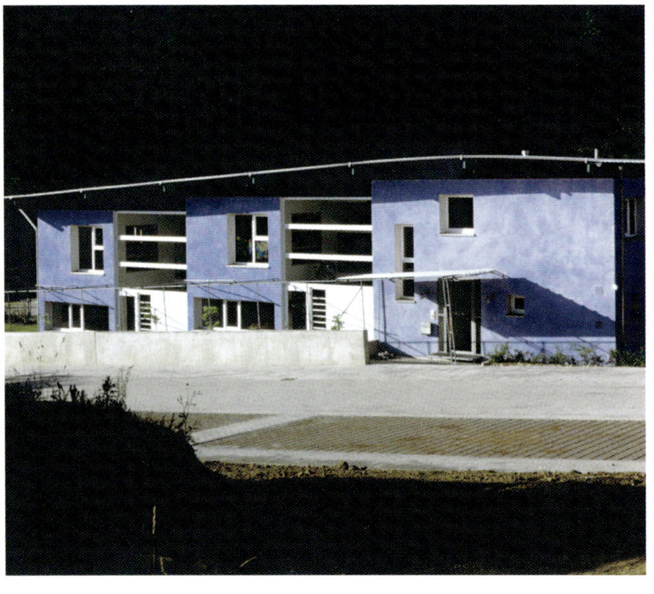

Leuchtendes Blau
Mit einem relativ kleinen Budget mußten die Architekten beim Kindergarten in Pfinztal-Wöschbach auskommen. Der Baukörper ist bewußt einfach gehalten, auch das Dach liegt eher beiläufig auf dem Gebäude. Schon früh war klar, daß die Farbe den Kindergarten aus seiner Umgebung, einem belanglosen Neubaugebiet, hervorheben soll. So ziert ihn heute eine blaue Pinsellasur auf mineralischer Basis – bewußt aber bezeichnet das Blau nur die äußerste Schicht des Gebäudes, Leibungen und rückspringende Bauteile tragen einen hellgrauen Anstrich.

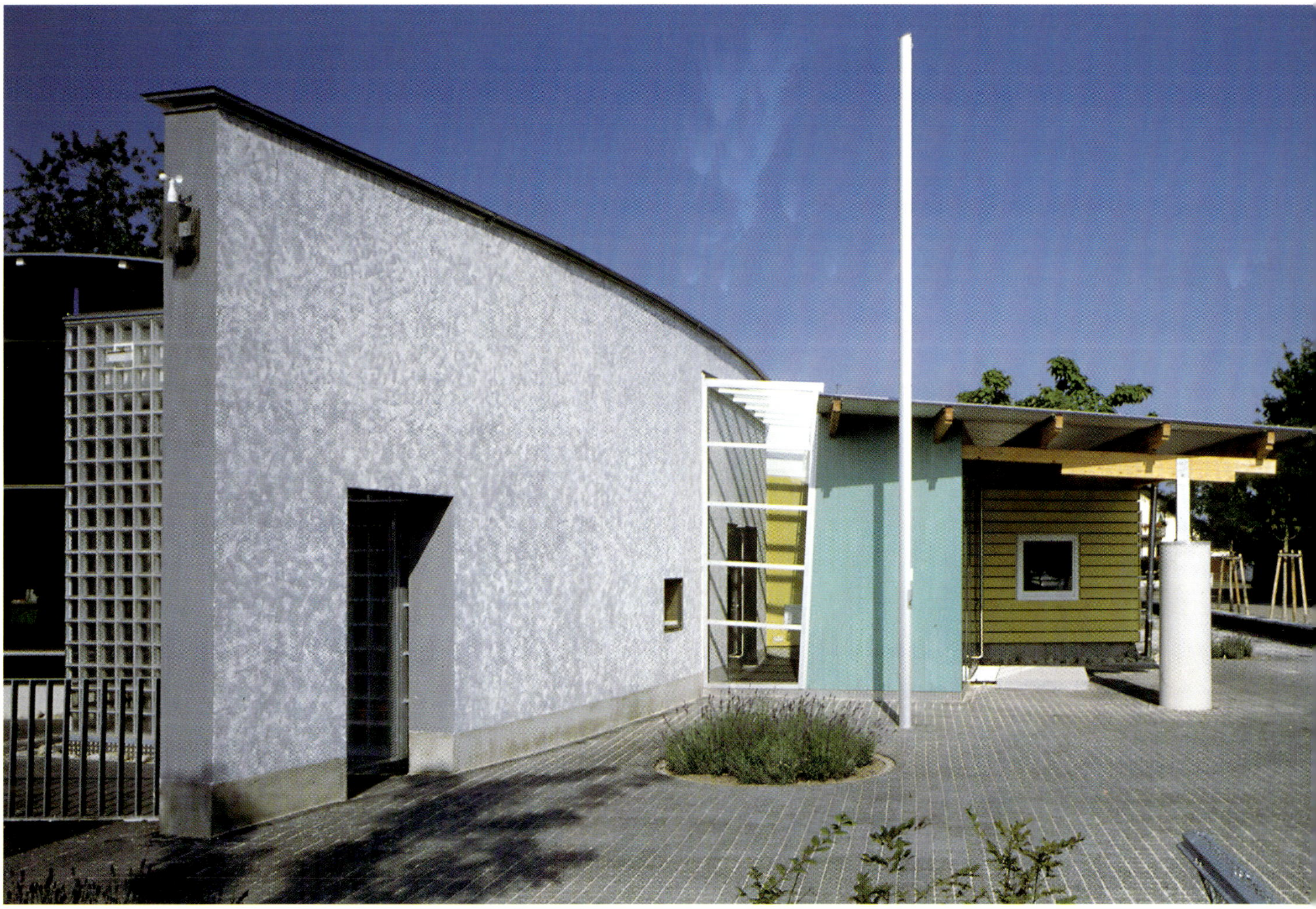

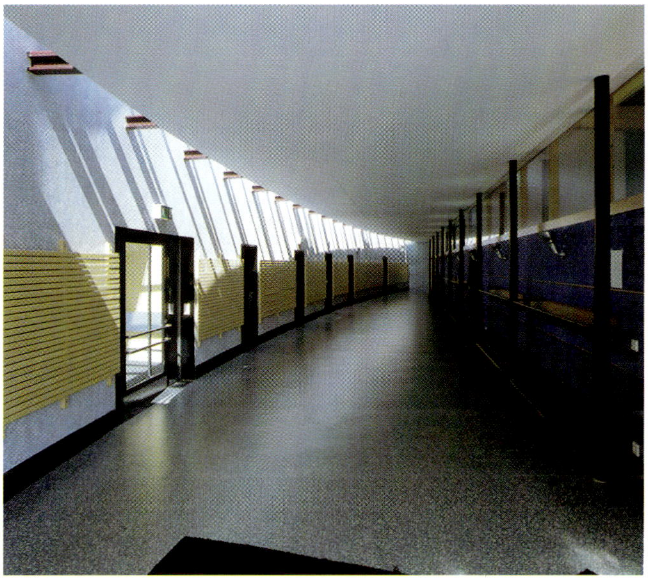

Unbunte Schwammtupfen
Ein architektonisch zentrales Element dieses Kindergartens stellt die gekrümmte Wandscheibe dar. Entsprechend wurde sie maltechnisch betont: Auf den grauen Grund folgte eine hellgraue, mineralische Schwammtupftechnik – innen wie außen. Weil der Rest des Kindergartens in Stutensee-Staffort farbige Holzlasuren trägt, verzichtete man bewußt auf die farbige Hervorhebung der Wand.

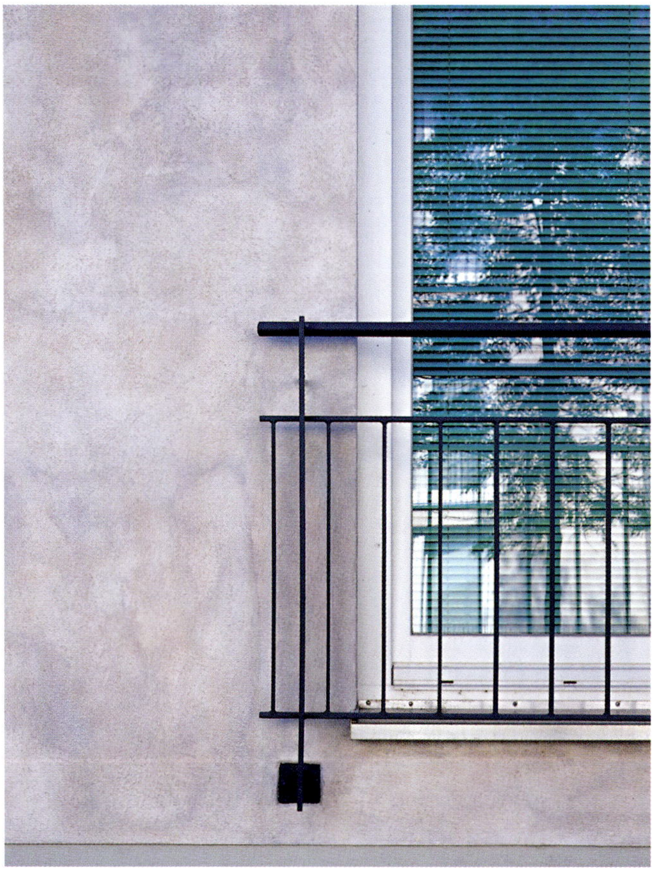

Farbdifferenzierung
135 Wohneinheiten versammelt die Siedlung Hochdorf-Riedmatten bei Freiburg auf komprimiertem Raum. Farbige Fassaden differenzieren die einzelnen Bauten, geben ihnen ein Stück Individualität – die hellen Töne begegnen der relativen Bebauungsdichte und kontrastieren zum Grün der Bepflanzung. Insgesamt ergibt sich ein lebendiges Farbensemble, umgesetzt mit mineralischen Lasuren.

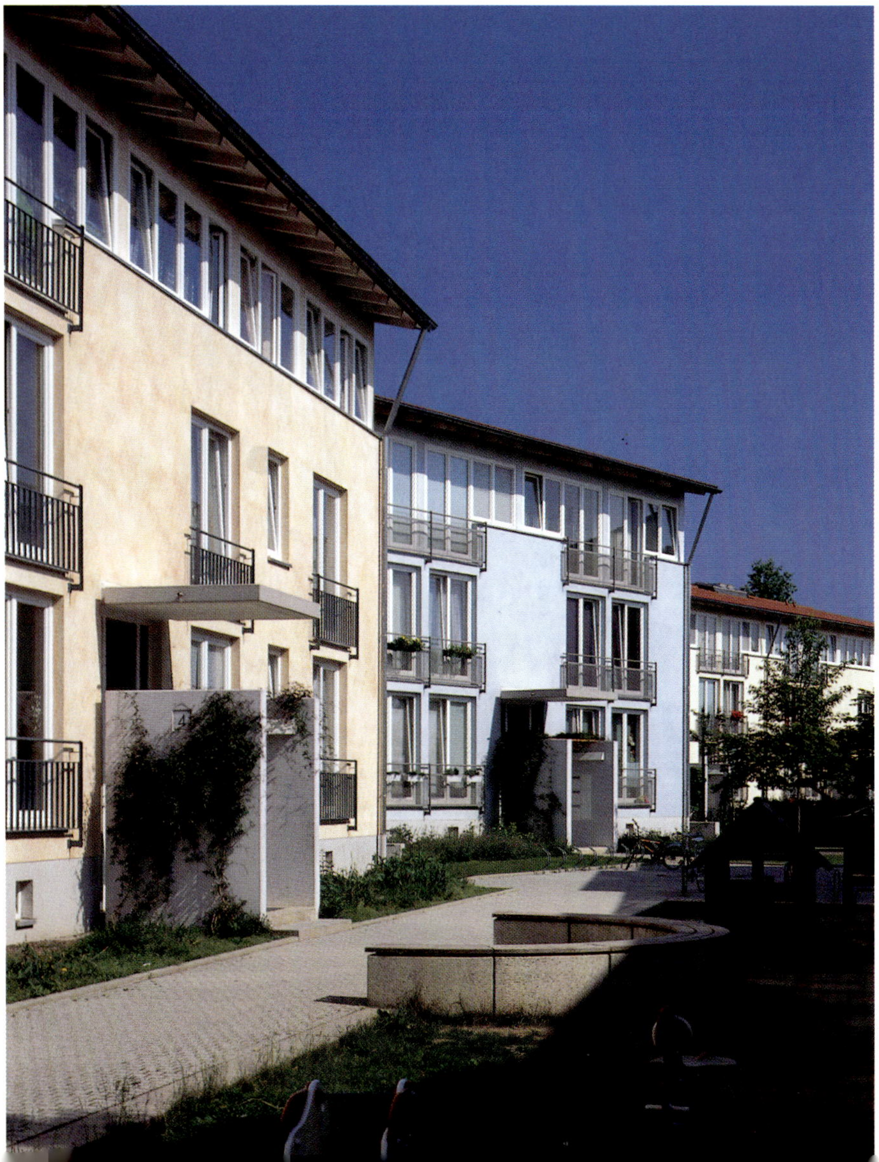

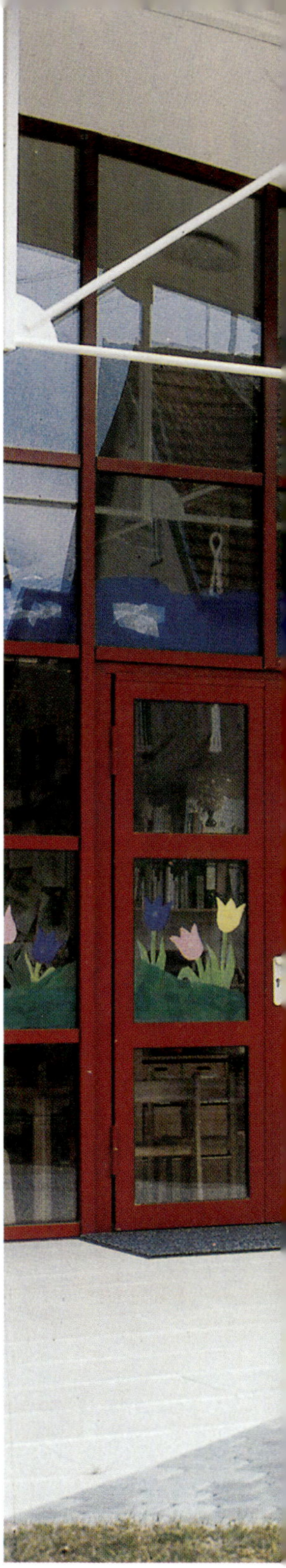

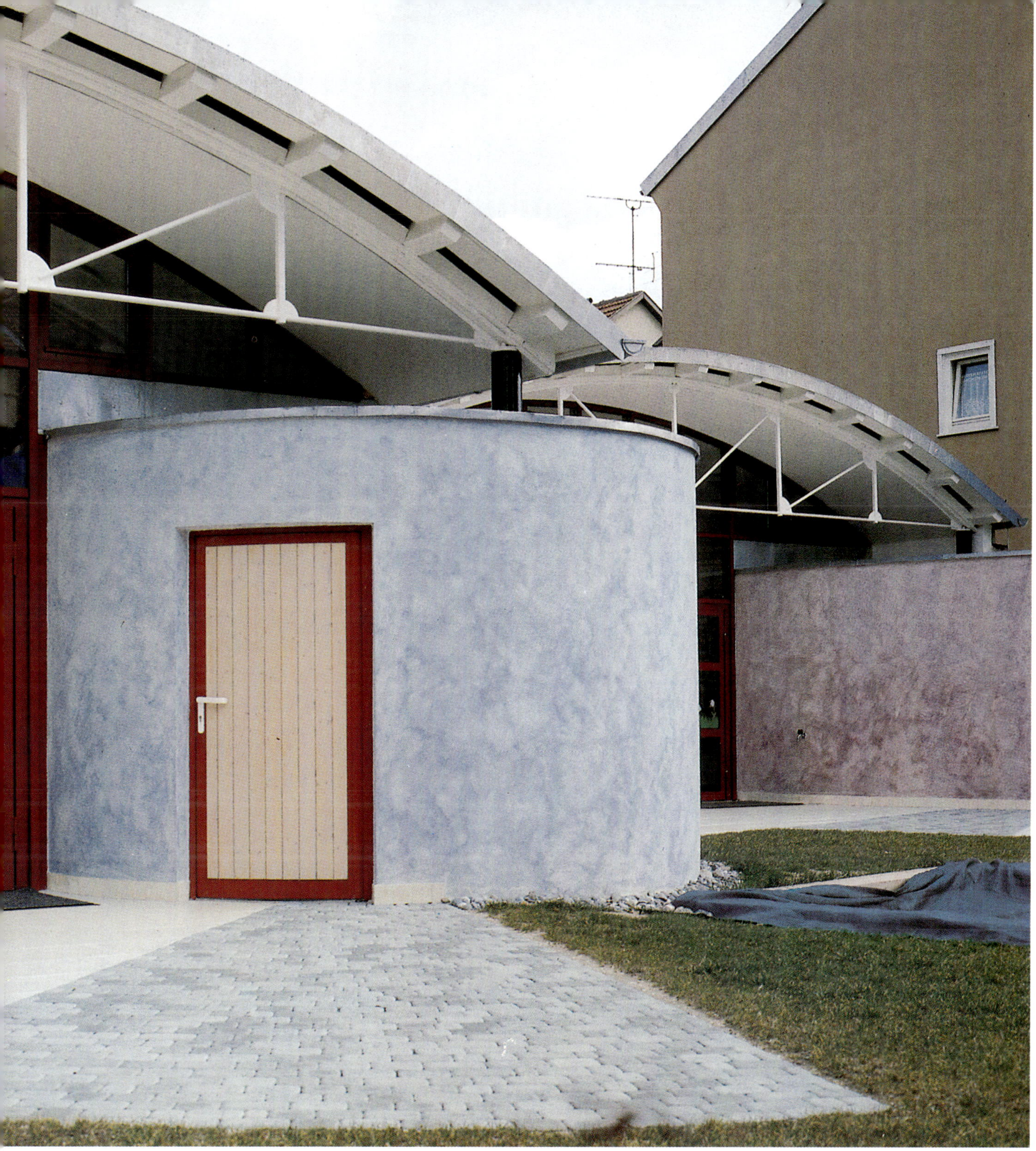

Rosa und Hellblau
Runde Formen charakterisieren den Pfullinger »Kindergarten im Schloßpark«, sowohl im Grundriß wie in den Dachformen. Die Farbigkeit in Form gewischter Lasuren unterstützt die Gliederung des Gebäudes in einzelne Gruppenräume.

Der rosa Farbton betont die runde Form des Gruppenraums. Der lockere Duktus verleiht dem Bau am Fuße der Schwäbischen Alb eine kindgerechte Fröhlichkeit.

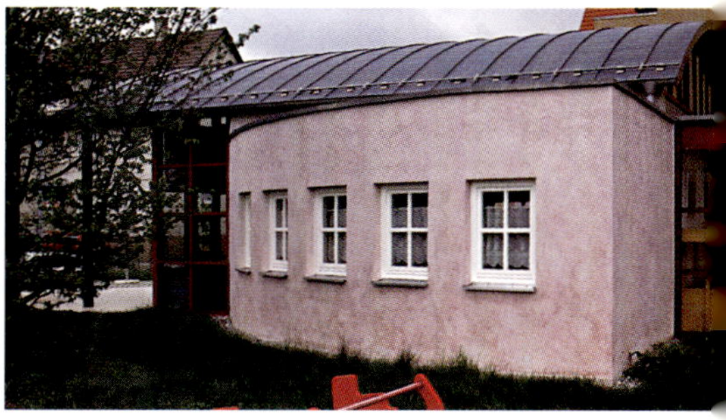

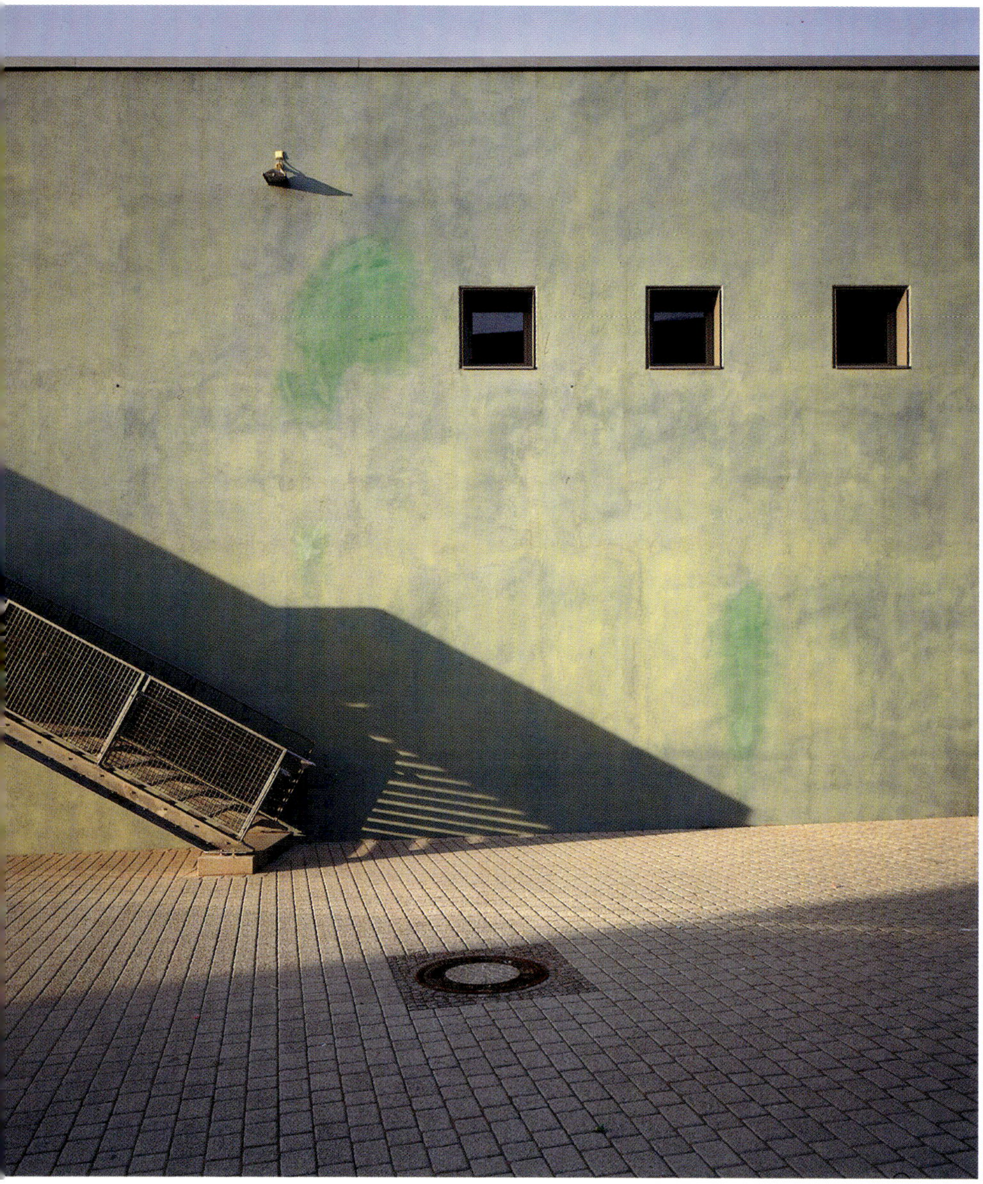

Orientierung und Verbindung

Changierend gibt sich die Wandscheibe der Grund- und Hauptschule im Rastatter Stadtteil Rheinau-Nord. Verantwortlich dafür ist der dreifache mineralische Lasurauftrag: zunächst Gelb, dann Blau, dann erneut Gelb. Die Wandscheibe erstreckt sich über die gesamte Länge eines der beiden parallelen Baukörper, trennt und verbindet diese in der zentralen, transparenten Halle. Weil sie das einzige farbtragende Bauelement zwischen sonst weitgehend naturbelassenen Materialien ist, wird die Wand in ihrer Rolle als gliederndes und orientierunggebendes Element hervorgehoben.

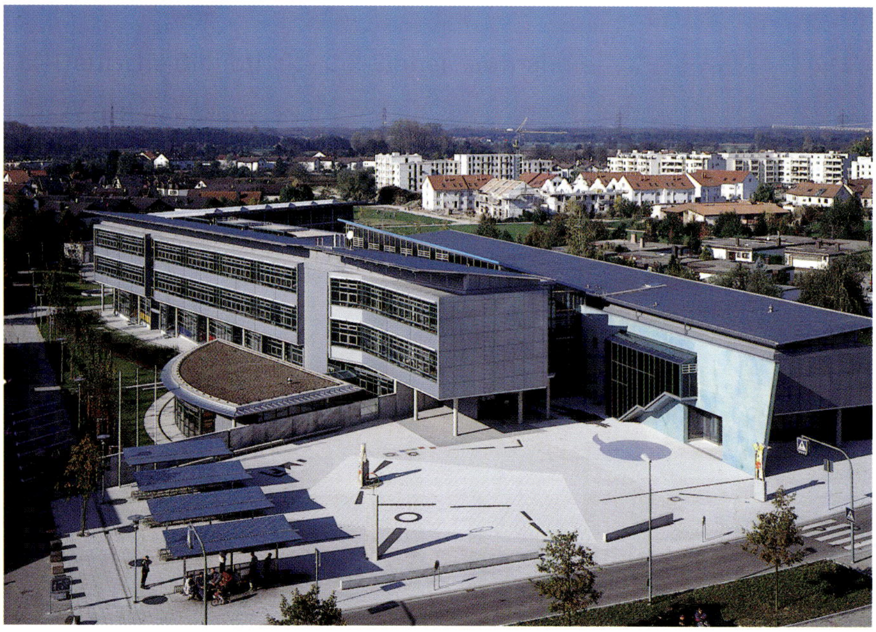

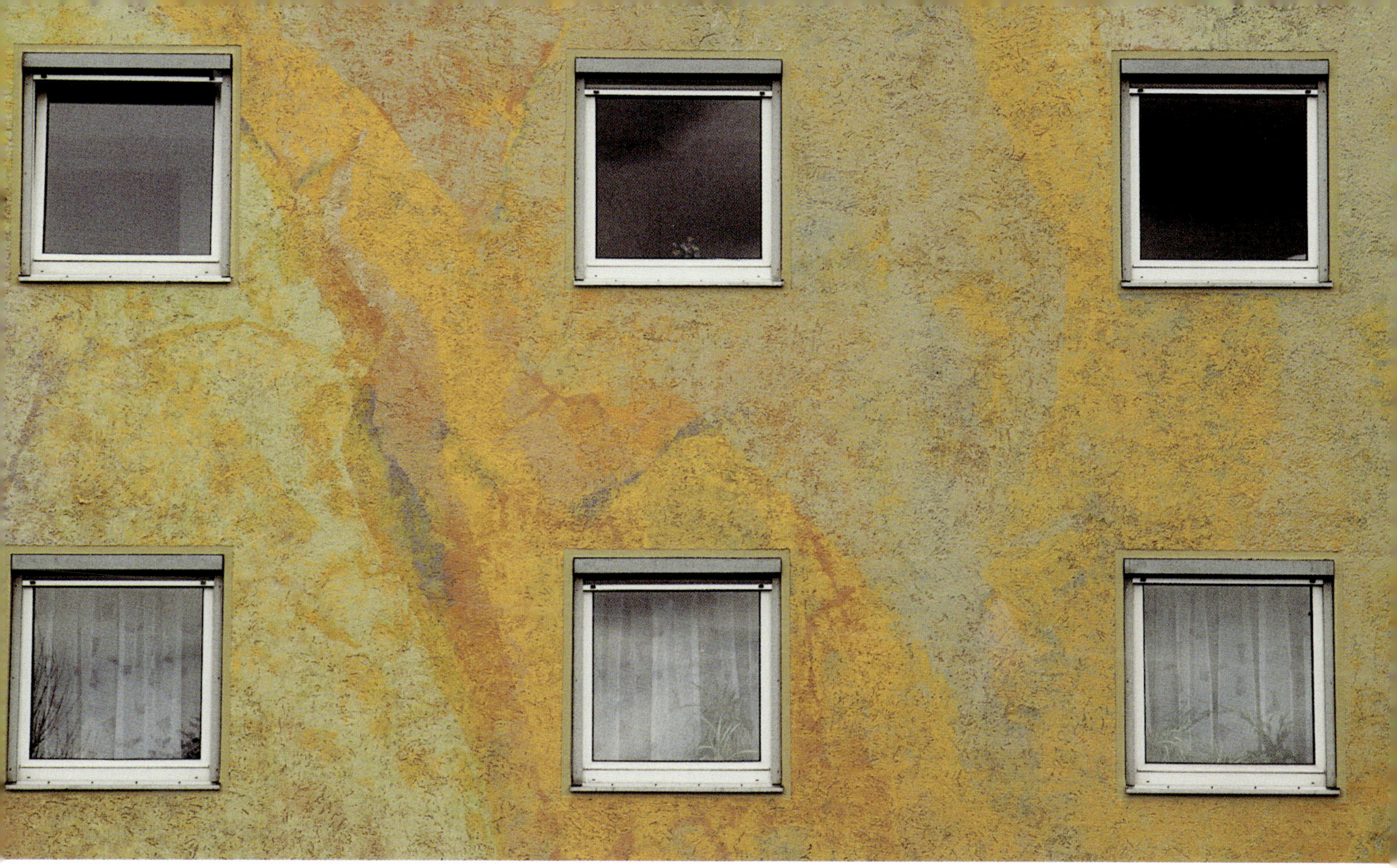

Lebendige Überlagerungen
Auch Altersheime kommen in die Jahre. 1966 erbaut und in den Folgejahren immer wieder erweitert, stand das Memminger Altenheim St. Ulrich wieder zur Sanierung an – auch wegen der Anpassung an heutige Nutzungsmodelle und moderne Wohnstandards. Nicht Pflege- oder Krankenhausatmosphäre sollte den Bewohnern und Besuchern geboten werden, sondern Frische, Lebensqualität und Lebendigkeit. Die Fassadenerneuerung ist ein Teil dieser Anstrengungen – wobei die Farbe eine wichtige Funktion übernimmt. So wurde ein 1972 erbauter Trakt mit wenigen Fensteröffnungen, Teil einer bisher unschönen, hinterhofähnlichen Situation, farblich und malerisch aufgewertet. Kleinflächige und größere Lasurbereiche überlagern sich, wodurch eine äußerst subtile Fassadengestaltung entstanden ist.

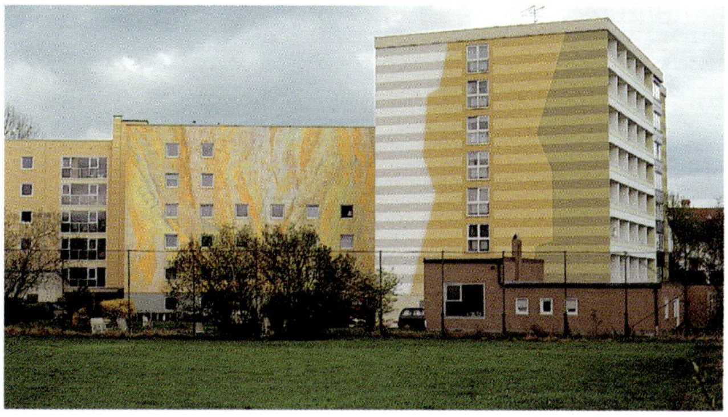

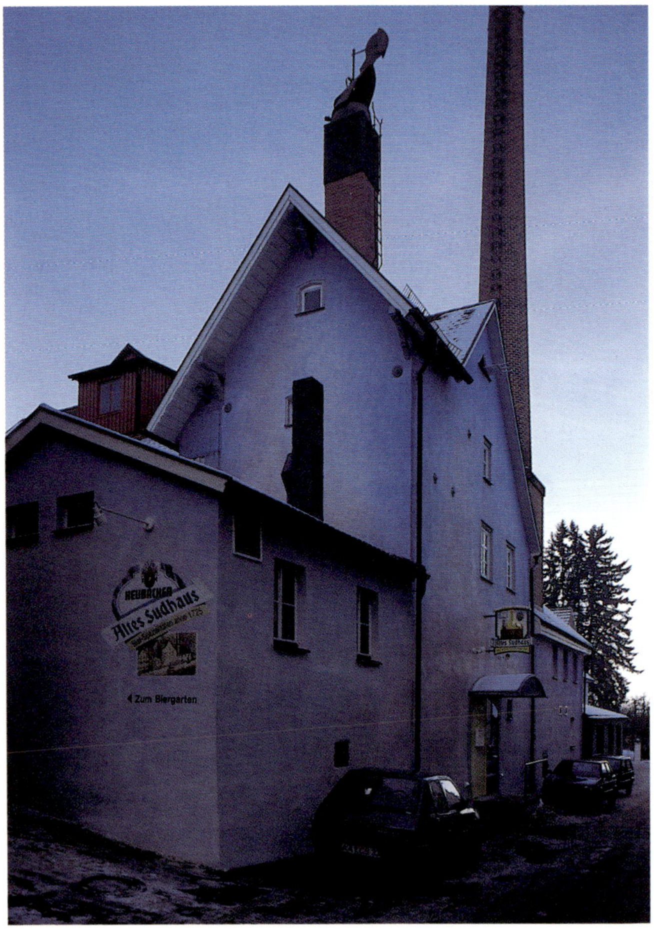

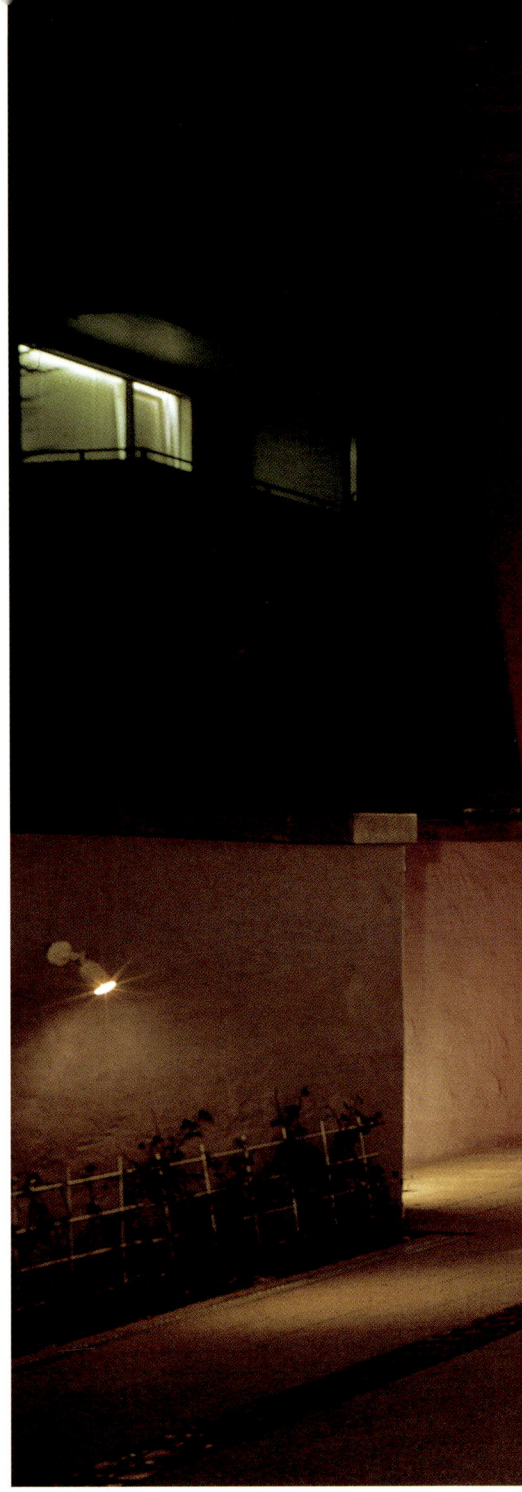

Akzentuierende Verläufe

Bis vor kurzem war das alte Brauhaus im schwäbischen Heubach eine Rumpelkammer – schon lange produzierte man im benachbarten Neubau mit moderner Technik. Dann jedoch besann man sich, das alte Gemäuer umzunutzen und es in eine Gaststätte zu verwandeln. Das äußerst polychrome Farbkonzept zeigt seine erlebnisreiche Vielfalt besonders im Innenbereich. Natürlich sollten die neue Nutzung und der Charakter der Gaststätte bereits von außen deutlich werden. So wurden auf kleine Bereiche der Fassade mineralische, ineinander verlaufende Lasuren in Blau und Rot appliziert.

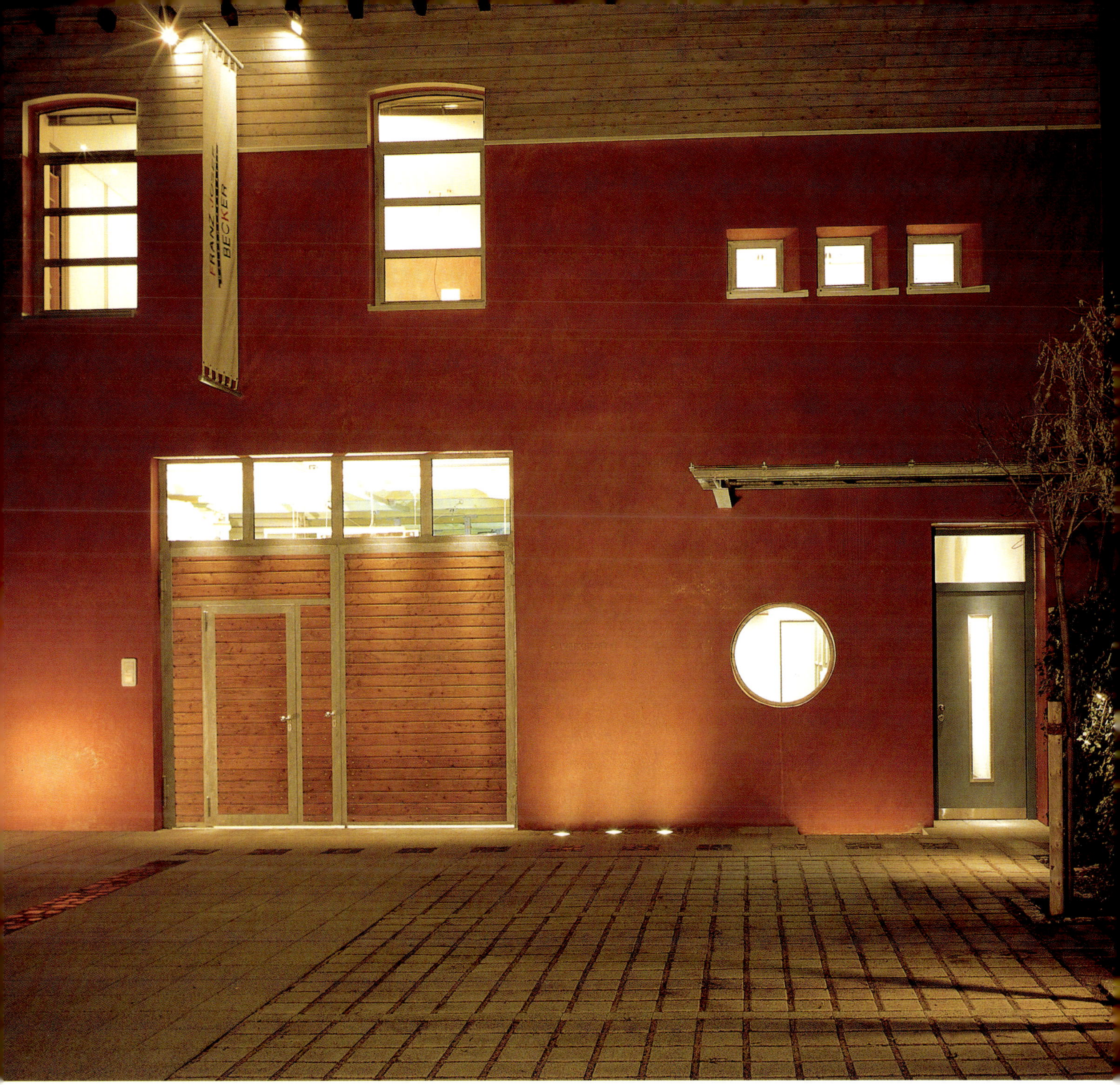

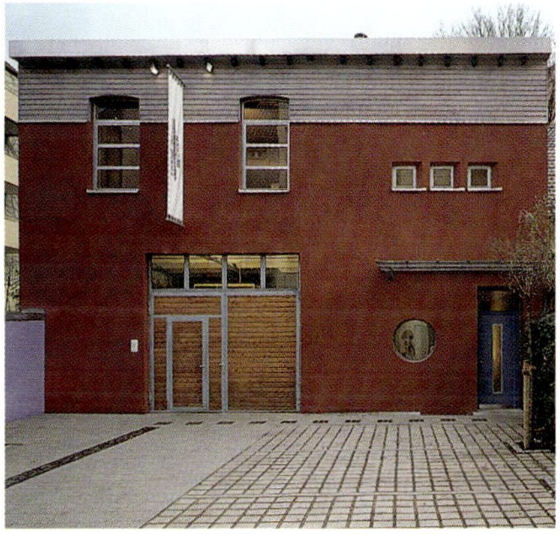

Kleinod im Hinterhof
Eine enge Hinterhofsituation und ein gestaltetes Kleinod mitten in Düsseldorf: die Malerwerkstätten Becker bauten ihr Betriebsgebäude völlig um und versahen die Fassade mit einer pompejanischroten, exklusiven Kalkglättetechnik. Im Gebäude selbst befinden sich Lager sowie Büros. Hinter den kleinen Fenstern des Obergeschosses liegt der Präsentations- und Besprechungsraum.

Objektdaten

Farbdynamik
Innenarchitektur: Anne Batisweiler, München
Ausführung: Firma Strezlmeier, München

Mediterrane Patina
Ausführung: Rüttgens Decor-Design, Krefeld

Weich und klar
Innenarchitektur: Anne Batisweiler, München
Ausführung: Kaftan + Hautau, München

Südliche Grundstimmung
Innenarchitektur: Jürgen Matt, Stuttgart
Ausführung: Rolf-Dieter Kellner, Stuttgart

Potpourri
Ausführung: Otto Deimel, Medebach-Referinghausen

Komplexe Blickbeziehungen
Innenarchitektur: Andreas Wannenmacher, Bielefeld
Ausführung: Dieter Marschall, Bielefeld

Zentrales Blau
Architekten: Wichmann und Wellner, Essen

Wolkenwelle
Architekten: Konzept PUR, Reutlingen
Ausführung: Farbgestaltung Beck, Dettingen/Erms

Fließender Dachraum
Architekt: Egon Comtesse, Leipzig
Ausführung: Firma Allenforth, Saarbrücken

Klare Formen
Innenarchitektur: Numero Design, Stuttgart
Ausführung: Maler Borsos, Stuttgart

Offenes Haus
Architekten: Vierkötter, Lenz, Kamper, Langenfeld
Ausführung: Malerwerkstätten Franz Josef Becker, Düsseldorf

Geometrische Spannung
Innenarchitektur: Ute Becker, Neuss
Ausführung: Malerwerkstätten Franz Josef Becker, Düsseldorf

Erotisch
Innenarchitektur: Markus Geiger, Stuttgart

Goldener Schimmer
Ausführung: Rolf-Dieter Kellner, Stuttgart

Angenehme Wärme
Ausführung: Farbgestaltung Beck, Dettingen/Erms

Hell und frisch
Ausführung: Rolf-Dieter Kellner, Stuttgart

ESSEN UND TRINKEN

Villa Marie
Standort: Dresden
Architekt: K.B. Vogel, Dresden

Café Casino
Konzeption: Pentagon

Café Cult
Standort: Rahmhofstraße 2-4, Frankfurt/Main
Innenarchitektur: Klaus Bürger, Krefeld

Café Leopold
Standort: Münchner Rückversicherung, Leopoldstraße 36, München
Architekten: Denk, Mauder, Wisid & Partner, München
Innenarchitektur: Schmidhuber + Partner, München
Ausführung: Stuccolustro & Arti Dekorative, Bozen

Tezett
Standort: Birlenbachstraße 18, Siegen-Geiswald
Innenarchitektur: Werner Seelbach, Siegen
Ausführung: Bernd Schragen, Siegen-Kreuztal

Piano Bar
Standort: Renitenz-Passage, Stuttgart
Ausführung: Rolf-Dieter Kellner, Stuttgart

Stars
Standort: Messeturm Frankfurt/Main
Innenarchitektur: Jordan Mozer, Chicago
Ausführung: Ludwig Edel GmbH, Frankfurt

Ned Kelly-Bistro
Standort: Brisbane, Australien
Ausführung: Spencer Studios, Brisbane

EINKAUFEN

Monti-Krawatten
Standort: Nolte GmbH, Dießenmer Bruch 170, Krefeld
Innenarchitektur: Klaus Bürger, Krefeld
Ausführung: Firma Proform, Bergisch-Gladbach; Modellbau-Abteilung Bürger, Krefeld

Buchladen Melcher
Standort: Neubrandenburg
Ausführung: Farbgestaltung Beck, Dettingen/Erms

Optik Scheurenbrand
Standort: Sielminger Hauptstraße 19, Filderstadt-Sielmingen
Innenarchitektur: 6H, Stuttgart
Ausführung: Maler Hoffmann, Stuttgart; Peter Stellwag, Stuttgart (Decke)

Friseur Capelli
Standort: Ziegeleistraße 24, Mühlacker
Architekt: Jochen Abraham, Pforzheim
Ausführung: Maler Scherberger, Pforzheim

Boutique Schmalor
Standort: Paulinenstraße, Stuttgart
Innenarchitektur: Numero Design, Stuttgart
Ausführung: Malerbetrieb Hausser, Stuttgart

Jeans-Halle
Standort: Tübinger Straße 15, Stuttgart
Ausführung: Maler Ginader, Calw

Löwenapotheke
Standort: Hauptstraße 105, Lemförde
Innenarchitektur: Klaus Bürger, Krefeld
Ausführung: Modellbau-Abteilung Bürger, Krefeld

AUSSTELLEN

Venturo
Konzeption: Arno Design, München
Ausführung: Atelier Froidl, München

Duravit
Konzeption: Arno Design, München
Ausführung: Fa. Zinkel, München; Lohr GmbH, München

Alex Linder
Konzeption: Planungsgruppe Steinwachs, Stuttgart
Ausführung: Kay Oberger, Stuttgart

Bäumler
Konzeption: Arno Design, München
Ausführung: Lohr GmbH/Roger Röhrl, München

Positiv
Konzeption: Arno Design, München

New Eyewear
Konzeption: Arno Design, München

Kodak
Ausführung: Meistermaler Böck, Stuttgart

Bette
Konzeption: Walter Druschke, Havixbeck
Ausführung: TerVehn Design, Ditzingen

ARBEITEN

Bürohaus Faecke
Standort: Kohlhammerstraße 6, Leinfelden
Architekt: Büro Faecke, Leinfelden
Farbgestaltung: Manfred Hülsewig, Hechingen
Ausführung: Maler Weber, Stuttgart

Architekturbüro Vierkötter, Lenz & Kamper
Standort: Langenfeld
Architekten: Vierkötter, Lenz, Kamper, Langenfeld
Ausführung: Malerwerkstätten Franz Josef Becker, Düsseldorf

Rathaus Denzlingen
Standort: Hauptstraße, Denzlingen
Architekten: Böwer-Eith-Murken-Spiecker, Freiburg
Ausführung: Philipp Holzmann, AG, Freiburg

Verwaltung Braun
Standort: Melsungen
Architekten: Stirling, Wilford and Associates; London

Levis Hauptverwaltung
Standort: Heusenstamm
Architekten: Vierkötter, Lenz, Kamper, Langenfeld
Ausführung: Malerwerkstätten Franz Josef Becker, Düsseldorf

Büro LSG
Standort: Frankfurt
Architekten: Vierkötter, Lenz, Kamper, Langenfeld
Ausführung: Malerwerkstätten Franz Josef Becker, Düsseldorf

Kanzlei
Standort: Köln
Architekt: Elkin+Hövels, Köln
Ausführung: Maler Hemmersbach, Köln

Büro Hewlett-Packard
Standort: Berlin
Konzeption: Artwork, Berlin
Ausführung: Artwork und Möbelle, Berlin

Showroom Lohr
Standort: München
Konzeption und Ausführung: Maler Lohr, München

Showroom Wilhelm
Standort: Lahr
Konzeption und Ausführung: Maler Wilhelm, Lahr

HEILEN

Radiologische Praxis Siegen
Standort: Siegen
Architekten: OSP Planungsbüro, Frechen
Ausführung: Malermeister Hubert Peters, Aachen

Radiologische Praxis Kaiserslautern
Standort: Kaiserslautern
Architekten: OSP Planungsbüro, Frechen
Ausführung: Malermeister Hubert Peters, Aachen

Geburtsstation Dritter Orden
Standort: Krankenhaus Dritter Orden, München-Nymphenburg
Innenarchitekten: Schmidhuber&Partner, München

Gemeinschaftspraxis Neuhausen
Standort: Neuhausen
Architekt: Andreas M. Edelmann, Neuhausen
Ausführung: Rolf-Dieter Kellner, Stuttgart
Kunst am Bau: O. Baisch, Neuhausen

Geburtsstation Bethesda
Standort: Krankenhaus Bethesda, Mönchengladbach
Ausführung: Gebrüder Hörner, Schwäbisch Gmünd

LERNEN

Staatliche Schule für Gehörlose, Schwerhörige und Sprachbehinderte
Standort: Neckargemünd
Architekt: Prof. Gerd Gassmann, Karlsruhe
Ausführung: Maler Eitzenberger, Busenbach

Eichendorffschule
Standort: Hauptstraße, Lörrach
Architekten: Böwer-Eith-Murken-Spiecker, Freiburg
Ausführung: Fa. Wolff + Müller, Denkendorf

Hölderlin-Grundschule
Standort: Botenheimerweg, Cleebronn
Architekten: Tusker, Ströhle, Stuttgart

Schule Rheinau-Nord
Standort: Stadtteil Rheinau-Nord, Rheinauer Ring 150, Rastatt
Architekt: Architektengruppe Gaiser & Feigenbutz, Karlsruhe und Rastatt
Ausführung: Firma Peter, Bühl-Vimbach

Grundschule Klosterfeld
Standort: Berliner Straße, Ellwangen
Architekten: Schmid • Schneider-Neudeck, Stuttgart
Ausführung: Maler Ludwig, Crailsheim

Staatliche Hochschule für Musik und Darstellende Kunst
Standort: Urbanstraße, Stuttgart
Architekten: Stirling, Wilford and Associates, London
Ausführung: Maler Fritz, Bretten

FASSADEN

Gemeindezentrum Hochwang
Standort: Hochwang
Architekten: Aldinger & Aldinger, Stuttgart
Ausführung: Maler Bechtle, Oberlenningen

Kindergarten Pfullingen
Standort: Pfullingen
Farbgestaltung: Otmar Guckenberger, Stuttgart
Ausführung: Maler Keppler, Pfullingen

Kindergarten Pfinztal-Wöschbach
Standort: Am Hohberg, Pfinztal
Architekt: Prof. Gerd Gassmann, Karlsruhe
Ausführung: Firma Wagner, Pfinztal

Kindergarten Stutensee-Staffort
Standort: Stutensee, Stadtteil Staffort
Architekt: Prof. Gerd Gassmann, Karlsruhe
Ausführung: Firma Meyer, Stutensee

EFH Freiburg
Standort: Rehhagweg, Freiburg-Günterstal
Architekt: Manfred Morlock, Schallstadt
Ausführung: Krause GmbH, Efringen-Istein

Siedlung Riedmatten
Standort: Ziegelhofweg, Freiburg-Hochdorf
Architekt: Manfred Morlock, Schallstadt
Ausführung: Firma Ginter, Freiburg und Firma Lauer, Friesenheim

Schule Rheinau-Nord
Standort: Rheinauer Ring 150, Stadtteil Rheinau-Nord, Rastatt
Architekt: Architektengruppe Gaiser & Feigenbutz, Karlsruhe und Rastatt
Ausführung: Firma Peter, Bühl-Vimbach

Altenheim St. Ulrich
Standort: Memmingen, St.-Hildegard-Weg 2
Architekt: Architekten Schwarz-Grözinger-Wagner, Memmingen
Farbkonzept: Farbwerk Design, Wiesbaden
Ausführung: Fackler KG, Memmingen, und Malerbetrieb Sachs, Tannheim

Brauhaus Heubach
Standort: Heubach
Farbkonzept: Heinz Hörner, Schwäbisch Gmünd
Ausführung: Gebrüder Hörner, Schwäbisch Gmünd

Werkstatt Becker
Standort: Fürstenwall 70, Düsseldorf
Ausführung: Malerwerkstätten Franz Josef Becker, Düsseldorf

Fotonachweis

Altenkirch, Dirk; Karlsruhe: S. 130, 131, 132, 145
Arnold, Fred; Stuttgart: S. 82, 83
Bette GmbH, Delbrück: S. 99
Böwer, Eith, Murken, Spiecker; Freiburg: S. 133 u.
Caparol Farben; Ober-Ramstadt: S. 74, 75
Contur Architekturbilder; Hamburg: S. 69, 70, 107
Dechau, Wilfried; Stuttgart: S. 25 o., 56, 57
Deimel, Ulrich; Essen: S. 50, 51
Farbgestaltung Beck; Dettingen: S. 81
Farbwerk Design; Wiesbaden: S. 159
Gassmann, Gerd; Karlsruhe: S. 27, 144
Geiger, Markus: S. 63
Geldhauser, Markus; Pforzheim: S. 84, 85
Halbe, Roland; Stuttgart: S. 66, 67, 68, 106, 133 o., 135, 138, 139, 140, 141, 142, 143, 146, 148
Hölzel, Ulrich; Wuppertal: S. 113
Jaeger Lackfabrik; Möglingen: S. 25 u.
Janzer, Wolfram; Stuttgart: S. 124, 126, 127
Kandzia, Christian; Stuttgart: S. 134
Kodak AG; Stuttgart: S. 98 u.
Kotzerke, Frank; München: S. 90, 91, 92, 93, 96, 97, 98 o.
Alex Linder GmbH; Frickenhausen/ Engelhardt+Sellni: S. 94, 95
Malerwerkstätte Becker, Düsseldorf: S. 8 u.r., 11, 62, 151
Meckel, Bettina; Bielefeld: S. 88, 89
Monet, Claude, Felder im Frühling, S. 30 o.l.
Müller, Jochen; Frankfurt: S. 13, 60, 61, 104, 105, 108, 109, 110, 111
Müller-Naumann, Stefan; München: S. 71
Nuding, Andrea; Stuttgart: S. 49 o., 55, 58, 59, 64, 65, 73, 76, 77, 87, 116
Numero Design; Stuttgart/Bernd Eidenmüller; Stuttgart: S. 86
Pulfer, Wolfgang; München: S. 40, 44, 45, 48, 49 u.
Raith, H. u. W.; Ditzingen: S. 8 o.l., o.r., 16 l.o., u.r., u.l., 22 l.o., r.o. r.u., 30 o.r., u.l., 36, 37, 38 l.o., o.r., u.r.
Rehm, Michael; Stuttgart: S. 117
Rüttgens Decor-Design, Krefeld: S. 18, 47
Sauerland, Georg; Kempen: S. 128, 129
Scharf, Armin; Stuttgart: S. 28 m., 33, 147, 150
Schmidhuber & Partner; München: S. 123
Sto AG; Stühlingen: S. 41
TerVehn Design; Ditzingen-Stuttgart: S. 14, 15, 20, 21, 28, 29, 34, 36, 37, 42, 43
Tezett GmbH, Siegen: S. 10, 72
Thomas, Friedhelm: S. 52, 53
Wetzel, Daniel; Berlin: S. 114, 115
Widmann, Bernhard; Stuttgart: S. 100, 101, 102, 103
Willebrand, Jens; Köln: S. 54, 112, 118, 119, 121, 122
Wittke, Jürgen; Köln: S. 78, 79, 80
Wormbs, Valentin; Stuttgart: S. 136, 137

Stichwortverzeichnis

Acrylfarbe 42
Acryllasur 138
Acrylspachtel 113
Alla prima 40
Altersheim 149
Anorganische Pigmente 28
Antiktechnik 17-20, 67
Anwaltskanzlei 112
Apotheke 89
Aquarellpapier 24
Archaik 17, 19
Architekturbüro 104
Arztpraxis 119
Ausstellung 91, 113
Badezimmer 46, 52, 59, 63, 65
Bankenausstatter 95
Bar 73
Behandlungsraum 122
Betonlasur 28, 141
Bindemittel 28
Bistro 77
Blattgold 26, 131
Blattvergoldet 52
Boutique 87
Brillenpräsentation 98
Buchhandlung 80 f.
Büro 101, 103, 111, 115
Bürstenlasur 40, 42, 51
Café 69, 71
Chromoxidgrün 28
Corporate Identity 102
Dachraum 56
Dekorationsmaler 34
Dienstleistungsunternehmen 111
Dispersionssilikatfarbe 142
Divisionismus 32
Divisionistische Malweise 32, 34
Duktus 12, 24, 39, 42, 45 f., 51, 99, 112, 129, 141
Duschbereich 59
Entbindungsstation 128
Erlebnisgastronomie 76
Färbevermögen 12
Farbkonzentrate 42
Farblasur 23
Farbphilosophie 132
Farbpsychologie 132
Farbverlauf 115
Fassade 141
Fassadenbeschichtung 143
Federstahlkelle 20
Feinputz 20
Flimmerkontrast 34 f.
Fresco Secco 142
Galerie 54
Gäste-WC 65
Gaststätte 150
Geburtsstation 123
Gemeindezentrum 141
Gerüstlage 143
Gesundheitszentrum 125 f.
Getupft 141
Gewischt 147
Gewolkte Oberfläche 24, 80, 102, 142
Glasvlies 138
Glättetechnik 9-12, 14, 19 f., 42, 65, 102, 104, 132
Glättkelle 143
Glimmersplitt 20
Globalisierung 18
Goldgrund 26
Goldpulver 65
Grundschule 133 f., 136
Haptik 45
Hauptschule 135, 148
Hochglanz 20
Holzlasur 145
Hydrophobierung 142 f.
Ikonographische Bilder 26
Imitationstechnik 36
Impressionistischer Stil 31, 34
Impressionisten 32, 35
Intonaco 20
Kalkglätteputz 20, 143
Kalkglättetechnik 11, 14, 46, 65, 68, 71, 141-143, 151
Kalklasur 77, 142
Kalkpreßtechnik(-methode) 18 f., 59, 111
Kalkputz 65, 77, 83, 142
Kalkputzfläche 61
Kalkspachtelmasse 20
Kammzugtechnik 65
Kantine 72
Kindergarten 144 f., 147

Klassenraum 132
Komplementärfarben 34
Kratztechnik 80
Kreidegrund 26
Küche 62
Kunst am Bau 126
Lasieren 40, 56
Lasur 19, 24-26, 28, 54, 62, 81, 87, 103, 150
Lasurfarbe 24, 28, 40
Lasurhandschuhe 24
Lasurmalerei 26
Lasurspachtel 138
Lasurtechnik 23, 71, 91, 93, 97 f., 102, 106, 112, 120-122, 135
Lasurvermögen 26
Leitfarbe 136
Leuchtkraft 24, 26, 142
Lichtechtheit 28
Malerbetrieb 117
Malerwerkstätte 151
Malgrund 24, 26, 28, 34
Marmorimitation 121
Marmormehlhaltige Kalkpreßtechnik 109
Materialsprache 24
Mediterran 56, 68, 141
Mediterrane Fassade 142
Mediterrane Patina 46
Messe 91
Messebau 92
Mineralische Lasur 146, 148
Mineralputz 19, 24, 28
Mode 96
Modepräsentation 97
Monet, Claude 32
Musikhochschule 138
Naß in naß 54
Naßräume 46
Naturleder 24
Naturschwamm 24
Neoimpressionisten 32, 34
Oberflächenfarbe 12
Ökologie 17
Ölspachteltechnik 71
Optiker 83, 98
Optische Mischung 32
Organische Pigmente 28
Pastelltöne 32
Patina 141 f.
Patinieren (Patiniertechnik) 18 f.
Patinierender Lasureffekt 24, 68
Patinierte Wischtechnik 98
Patinierter Grünspaneffekt 74
Patinierung 87
Penthouse 59
Pigment 28
Pigmentanteil 28
Pigmentierungshöhe 28
Pinsellasur 40, 42, 46, 80, 99, 107, 129, 138, 144
Pinsellasurtechnik 39, 40, 45, 95
Pinseltechnik 67
Pointillismus 32
Pointillistische Manier 32, 34-36
Pompejanischrot 12, 138, 151
Postmoderne 138
Preußischblau 28
Rathaus 106
Reflexion 26
Reißlack 74
Reißlacktechnik 80
Restaurant 67, 74
Sanitärbereich 109
Sättigung 34
Saugverhalten 26
Schablone 85
Schlafbereich 61
Schlagmetall 26
Schönheit des Vergänglichen 17, 19
Schule 131 f.
Schwamm 131
Schwammtupftechnik 145
Seccoverfahren 20
Seurat, George 32
Sichtbeton 83
Sichtbetondecke 136
Silikatlasur 142
Spachtelauftrag 138
Spachtelcharakter 132
Spachtelstruktur 91
Spachteltechnik 92, 113, 132
Sprenkeln 34
Sprezzatura 39 f.
Stahltraufel 143
Stil 18
Stofflichkeit 24
Stuckfries 87
Stupfen 34
Stupftechnik 31, 33-36, 80, 141
Subtraktive Mischung 32
Summenfarben 34
Temperafarbe 26
Terracotta 77, 125
Terracottafarben 133
Textur 11, 42, 45
Tiefe 142
Tiefenfarbe 11
Tiefenlicht 11 f., 26
Tiefenwirkung 138
Ton 20
Transparenz 24, 142
Transzendentes 26
Treppenhaus 54, 126
Trockenpigment 87
Tupfen 34
Tupftechnik 80, 120, 132
Ultramarin 12
Unternehmensfarbe 109, 115
Venezianische Glättechnik 143
Verdünnungsmittel 28
Verkaufsraum 80
Verlauf 134, 136, 150
Verwaltungszentrum 107
Vierfarb-Offsetdruck 32
Volltonfarbe 32
Wandmalerei 120
Werbeagentur 102
Wickeln 34
Wickeltechnik 120 f.
Wischtechnik 81, 87, 125, 129, 131 f., 141 f.
Witterungseinfluß 143
Wohnstile 18